高等学校教材

高分子材料加工厂设计

徐德增　郭静　冯钠　主编

化学工业出版社

·北京·

本书介绍了高分子材料成型工厂设计的原则、步骤和方法。内容包括总论篇、化学纤维工厂设计篇、公用工程篇和塑料厂设计篇。主要阐述了化学纤维工厂和塑料厂设计的特点及设计中对相关的公用工程技术，提供了相关的技术数据和范例。

本书可以作为工科高等院校高分子专业学生的教材，也可以作为从事高分子材料生产工程技术人员的参考书。

图书在版编目（CIP）数据

高分子材料加工厂设计/徐德增，郭静，冯钠主编.—北京：化学工业出版社，2007.2（2022.2重印）
高等学校教材
ISBN 978-7-122-00025-5

Ⅰ.高… Ⅱ.①徐… ②郭… ③冯… Ⅲ.高分子材料-加工厂-建筑设计
Ⅳ.TU276.99

中国版本图书馆 CIP 数据核字（2007）第 023266 号

责任编辑：杨　菁　　　　　　文字编辑：林　丹
责任校对：宋　夏　　　　　　装帧设计：潘　峰

出版发行：化学工业出版社（北京市东城区青年湖南街 13 号　邮政编码 100011）
印　　装：北京虎彩文化传播有限公司
787mm×1092mm　1/16　印张 17¾　插页 3　字数 438 千字　2022 年 2 月北京第 1 版第 7 次印刷

购书咨询：010-64518888　　　　售后服务：010-64518899
网　　址：http://www.cip.com.cn
凡购买本书，如有缺损质量问题，本社销售中心负责调换。

定　　价：50.00 元

前　言

　　高分子材料广泛地应用于人们生活的衣食住行和各产业领域，成为国民经济的重要组成部分。为了适应高分子材料加工工业的发展和培养高分子材料方面的工程技术人才，结合工厂设计资料和教学经验，编写了这本《高分子材料加工厂设计》。

　　工厂设计是基本建设过程中的一个重要环节。高分子材料成型加工工业的建设和发展，首先涉及规划和设计问题。随着高分子材料工业的迅速发展，要使其各种产品工业化，必须有高质量、高速度的设计工作先行，而在生产上的革新、挖潜和技术改造，在很大程度上也依赖于设计工作的支持。科研成果的工业化更需要设计工作的密切配合。因此，做好工厂设计工作对于高分子材料工业的发展具有重要意义。

　　本书针对培养高分子专业工程技术人才的要求，在高分子加工原理的基础上，介绍了高分子工厂设计中化纤厂和塑料厂的设计基础知识，一般的设计步骤和方法。包括总论篇、化学纤维篇、公用工程篇和塑料篇。介绍了工厂设计中经常采用的相关技术参数。

　　由于书中的各章之间相对独立，读者可以根据自己的需要取舍，对于非高分子专业的工程技术人员，例如自动化、土建、电力工程、给排水等，可以通过本书将自己的专业与高分子专业相联系，扩大其专业的应用领域，增加学科间的相互协作。

　　本书可以作为工科高等学校高分子专业学生的教材，也可以作为从事高分子材料生产工程技术人员的参考书。由于高分子材料的发展迅速，新技术不断更新，书中的设计数据与现行的生产可能有出入，仅供参考，建议不要作为工厂设计和申请物资的依据。

　　本书的第一章～第三章，第十章～第十五章，第十七章及设计范例由大连轻工业学院徐德增教授编写，第四章～第九章，第十六章由大连轻工业学院郭静教授编写，第十八章～第二十三章由大连轻工业学院冯钠教授编写。在编写中得到了失显成老师的帮助，在此表示感谢。

　　工厂设计是一个综合性的工作，涉及各方面的专业内容，限于编者的水平，书中的内容、编排及文字等方面的缺点和错误在所难免，恳请读者批评指正。

编　者
2007 年

目　　录

第一篇 总 论

第一章 概 述

高分子材料加工成型是将合成树脂或天然高分子材料制造成生活中所需要的各种产品的工业生产过程。例如化学纤维、塑料零件、橡胶轮胎等产品的生产加工。它是国民经济的重要组成部分，对于提高人民生活水平，满足工农业生产和国防需要以及发展文化和科学技术都有重要的作用。

我国的高分子材料加工工业是近几十年发展起来的，特别是在改革开放以来，有了长足的进展。塑料、化学纤维、橡胶、胶黏剂、涂料和复合材料，几乎进入了国民经济的所有领域，不仅满足了人们日常生活衣着、装饰、医疗卫生、文化体育等各方面的需要，而且已经成为工农业生产、能源电力、军工国防、航空航天等领域和现代高新科学技术部门中不可缺少的重要材料。

要进行工业化生产，第一步就需要进行工厂设计。工厂设计是基本建设过程中一个重要环节。高分子材料成型加工工业的建设和发展，首先涉及规划和设计问题。随着高分子材料工业的迅速发展，要使其各种产品工业化，必须有高质量、高速度的设计工作先行，而生产上的革新、挖潜和技术改造，在很大程度上也依赖于设计工作的支持。科研成果的工业化更需要设计工作的密切配合。因此，做好工厂设计工作对于高分子材料工业的发展具有重要关系。

工厂设计在实践上的含义是指将一个待建项目（例如一个工厂，一个车间）用图纸、文字和表格详细说明，然后，由施工建设人员完成。工厂设计工作是运用多种科学技术进行有机组合的过程。这是一门政治、经济，技术密切相关的应用科学，是在同一目标下进行的集体性的劳动与创作。高分子材料加工工厂的设计工作，一般会涉及高分子反应工程学、化学工程学、土木工程学、机械工程学、电气工程学、控制工程学、地质工程学以及工程制图、机械制图等专业。在设计工作中，直接为高分子材料加工工艺服务的有建筑、结构、采暖通风、上下水、电气、自控、机械、锅炉、冷冻、概算、电算等部门。将各种专业的设计人员组合在一起，协调工作，最后以图纸和文字的形式表现出来，这就需要有严格的科学态度和一定的设计程序。

本书涉及的高分子材料加工工厂设计主要包括化学纤维工厂设计和塑料制品的工厂设计两个部分。

第一节 可行性研究

一、可行性研究的目的和作用

随着高分子材料加工工厂生产规模的扩大，投资金额的增加，最终产品的多样化，生产技术的复杂化以及生产同一产品的生产技术可有多种选择等情况的出现，建设项目投资前的研究工作即可行性研究工作显得越来越重要。可行性研究的目的在于，一个建设项目在未列入基本建设计划之前，先从市场需求、工艺技术、投资经济效益三个方面进行全面系统地研究。分析和论证拟建项目能否可行，有无成功的把握，供投资时决策。显然，可行性研究是编制和审查设计任务书的依据。

为适应经济发展的需要，合理运用资金，避免建设项目决策的失误，提高生产建设的经济效益，国务院有关部门已明确规定，所有建设项目都必须进行可行性研究。凡列入基本建设计划的项目，必须以经过审议通过的可行性研究报告作为依据，在可行性研究报告的基础上编制建设项目的任务书，报请审批的大、中型建设项目的设计任务书必须附有可行性研究报告。可行性研究报告的核心内容是回答市场需求、工艺技术和投资的经济效益三个方面问题。

二、工业可行性研究阶段的划分和内容

建设项目的可行性研究，可分为一段或两段进行。一般建设项目只进行可行性研究即可，而重大项目则要分成预可行性研究和可行性研究两段进行。高分子材料加工工厂项目可以根据生产的品种、规模、投资的大小等具体情况而定。具体的可行性报告应包含以下几个方面的内容。

① 总论：说明项目建设的背景（对扩建项要说明企业的现有情况），建设此项目的必要性和意义，可行性研究的依据和范围。

② 需求预测和拟建规模：说明拟建项目中产品的国内外现有生产能力；国内、外市场近期需求和预测；进行价格与产品竞争能力分析，拟建项目的规模，产品方案和发展方向；合理建设规模的技术经济比较和分析；老企业技术改造与新建项目的技术经济比较和分析。

③ 原材料及公用设施情况：说明项目生产中所用原料、辅助材料、化学药品、燃料的种类，数量、主要技术规格、供应来源以及水、电、汽等公用工程的数量、规格、来源和供应方式。

④ 厂址方案和建厂条件：说明拟建项目所在的地理位置和自然、社会经济条件；交通和能源供应现状以及今后发展趋势；厂址方案的比较与选择意见。

⑤ 设计方案：项目的构成范围（指包括的主要单项工程），技术来源和生产方法。主要技术工艺和设备选型方案的比较。引进技术、设备的来源国别。设备的国内外分割或与外商合作制造的设想。包括全厂总体布置和厂内、外交通运输方式的比较和选择；全厂土建结构形式和工程量估算及其他公用设施的考虑等。

⑥ 环境保护和三废治理：用可持续发展的观念，调查环境现状、预测对环境的影响，提出环境保护和三废治理和回收的初步方案，最终做出可靠地评价。

⑦ 生产组织：劳动定员和全厂人员情况。

⑧ 拟建项目的实施计划：包括勘察设计，设备订货与制造，工程施工和安装，调试和投产时间，拟建项目实施的进度方案。

⑨ 投资估算和资金筹措：包括各单项工程及外部协作配套工程的资金估算和建设资金总额，生产流动资金的估算，资金来源，筹措方式、数额和利率估计等内容。投资估算应该有较高的精度，一般要求误差小于10％。

⑩ 产品成本估算：包括原材料消耗定额、价格、各种费用的定额标准、折旧、税金、利息及总成本与单位成本估算。

⑪ 经济效果评价：包括财务评价（主要是计算项目的内部收益率和资金回收期）、敏感性分析、国民经济评价和评价结论。

承担可行性研究的单位，应按要求对项目进行研究并提出报告。对原始数据、工艺方法、计算方法、经济分析和对项目的结论负有责任。承担可行性研究的单位需经国务院有关部委或省、市、自治区进行资格审定。

第二节　设计依据和设计程序

一、设计任务书

设计工作的依据是设计任务书（或称计划任务书）。它是设计工作的指令性文件。其作用是为拟建项目的设计工作提出有关设计的原则、要求和指示。这些原则和要求应尽可能地规定得明确，具体，以便于设计工作的开展。

设计任务书应在可行性研究的基础上，由筹建单位的上级主管部门编制和下达委托，过程复杂时，也常吸收设计单位参加或委托设计单位进行编制。

高分子材料加工工厂设计的设计任务书，可根据拟建厂的产品类型、生产规模、投资规模等有所不同，主要包含下列内容。

① 编制设计任务书的依据（上级领导机关确定拟建项目的文件或筹建单位的指示）。

② 建设规模、生产方法或工艺方案，产品规格（产品、副产品名称，规格及年产量）。

③ 建设地区或地点占地面积的估算。

④ 工厂组成和劳动定员控制数。

⑤ 原材料技术规格、燃料种类及其供应情况。

⑥ 水、电、汽等动力的主要规格及来源。

⑦ 与其他工业企业的协作关系（主要指交通运输）。

⑧ 设计分工和进度要求。

⑨ 施工单位和建厂期限。

⑩ 投资估算和要求达到的经济效益。

设计任务书一般均应有上述诸项的附件，有时还需附有说明书，以论证其中重要的部分。

二、设计的类型和阶段划分

高分子材料成型加工工厂的设计类型可分成三类：新建工厂设计、老厂改建以及局部修建设计。其中以新建工厂设计所涉及的内容全面，有代表性，故为本书的重点。

新建厂的设计采用由浅入深，由原则到具体，分阶段进行的办法。在确定主要的设计原则的基础上，考虑技术上的细节。设计阶段的划分，一般按工程的大小，技术的复杂程度，设计水平高低等因素而定。对于塑料单一产品的生产厂，因为工艺路线和操作过程比较简单，有成熟的工厂作参照，可采用一段式设计。对于化学纤维厂，一般采用两段设计，即初步设计和施工图设计。对于重大项目和特殊项目，根据需要可以增加技术设计阶段。

初步设计的要求是，着重解决设计中各个专业的设计原则和主要技术经济问题。由工艺设计和非工艺设计（土建、给排水、动力、电气、采暖通风等）两部分组成。在初步设计时，对可行性研究报告中的经济效果评价部分如有变化，在设计说明书中还需增加工程经济部分内容（产品成本、贷款偿还平衡表、经济评价等）。完成的初步设计由三部分组成：文字说明（总论说明书及各专业的说明书）；图纸（如总平面布置图、有关专业的工艺流程图、平面布置图及设备布置图等）；表（设备表，定员表、原材料及公用工程消耗量汇总表及总概算表等）。

初步设计的主要内容包括：设计依据和设计指导思想，设计条件和原则，厂址概况，车间组成和设计分工，生产能力，产品方案及发展远景，设备特征及数量，原材料及水、电、汽等公用工程用量，规格及来源，工厂总平面图的布置及原则，厂内外运输方案，主生产车间，辅助车间，生活福利设施建筑物及构筑物的设计原则，厂区供排水，"三废"治理，环境保护的设计原则及方案，供电、供热系统的设计原则，采暖通风设计原则，劳动组织和定员，综合概算基建投资以及存在的主要问题等。

初步设计供筹建单位的主管部门进行设计审查之用。在初步设计审查通过之后，设计中已经确定并审定的原则，便成为下一阶段进行施工图设计的依据。

施工图设计是工厂设计的最后阶段，在已经审批的初步设计的基础上进行。把初步设计的内容进一步具体化。这一设计阶段的成品是工艺设备布置及安装图，管道设计图，建筑、结构等有关专业的施工图，供电、供水等各有关专业的设备，管线施工，安装图及必要的文字说明，以及工程预算书等。施工图设计的成品是施工，安装部门进行施工和安装的唯一依据。

第三节　高分子材料成型的分类及制造

通用型高分子材料主要有橡胶、化纤、塑料三个大方面的产品。本书高分子材料成型加工的工厂主要是化学纤维工厂和塑料加工厂，分别加以介绍。

一、化学纤维工厂

1. 化学纤维的品种和分类

化学纤维品种繁多，目前发展速度最快的是聚酯纤维、聚酰胺纤维、聚丙烯纤维、聚丙烯腈纤维四个大的品种。黏胶纤维、聚乙烯醇纤维等近年来基本上维持在原有的水平上。根据化学纤维生产所用原料性状和加工方法，可以把纺丝过程分成三种类型：熔融纺丝、溶液纺丝和干法纺丝。后两种情况是由于原料的熔点高于分解温度或分子量过大，在熔融条件下仍有很高的黏度，不利于成型，所以不能选择熔融纺丝技术。

2. 化学纤维的制造

化学纤维品种繁多，生产过程也较为复杂。但是，若以制造过程的功能来分，大部分的化纤生产过程都要包括原料准备、纺丝成型和后处理三大部分。

（1）原料准备　对于不同的纺丝品种原料准备的内容不同，聚丙烯纤维是所有化学纤维生产中原料准备最简单的。对聚丙烯切片进行筛选，除去过大或过小的颗粒和金属等杂质就可以进入挤出机了。聚酯纤维、聚酰胺纤维的原料只要含有少量的水分，在高温下就会产生降解，影响纤维的强度，色泽等多项指标。所以在原料准备中，除了经过筛选以外，除去水分是重要的环节。一般要采用预结晶和充填式干燥机联合干燥，使含水量降低，达到纺丝的要求。对于聚丙烯腈纤维，因为熔点高于分解温度，通常采用溶液把聚丙烯腈的原料溶解，调节成纺丝要求的浓度，完成纺丝的准备工作。

（2）纤维的纺丝成型　将成纤固体高聚物经挤出机加工成熔体或经溶剂溶解成溶液，流经纺丝组件和喷丝板形成聚合物细流，细流在凝固浴中凝固或空气中冷却固化制成初生纤维。目前，聚酯纤维、聚酰胺纤维和丙纶纤维的生产，所采用的纺丝方法为熔融法。把准备好的切片导入到螺杆挤出机中，挤压熔融成为聚合物熔体。再经计量泵精确计量，经喷丝板组件过滤和喷丝板孔形成熔体细流，冷却后成为涤纶、锦纶、丙纶的初生纤维。腈纶纤维采用湿法或干法纺丝。纺丝过程是，将聚丙烯腈溶液用计量泵精确计量，经喷丝板组件过滤，经喷丝帽孔形成溶液细流，进入到凝固浴或甬道中进行质量交换，溶剂进入到凝固浴或挥发到甬道中，溶质制成腈纶纤维。

（3）后处理 用上述方法得到的纤维，除 FDY 丝以外，都有要进行后加工处理。不同的品种后加工处理的方法也不同。短纤维的后处理主要包括集束、拉伸、卷曲、热定型、切断打包等工序。长丝的后加工发展比较快，形式多样。例如拉伸、加捻制成复丝；拉伸假捻变形可以生产成高弹丝或低弹丝；用空气喷嘴生产空气变形丝；也可以使用热蒸汽变形，生产 BCF 纤维。

二、塑料厂

塑料行业近年来发展速度很快，新工艺和新品种不断出现，生产过程变化也比较快。若以制造过程的功能来分，可以分成准备、产品成型两个大的部分。

产品成型时，工艺过程不同成型的方法也不同。对于热塑性塑料零件加工以注塑成型为主。用注塑机完成，属单元操作过程。设计所涉及的内容较少。对热固性塑料，将预聚原料加入到模具中，加热固化成为产品。

第四节 高分子材料成型工厂设计特点及主要内容

高分子材料成型生产兼有化工、轻工和纺织品生产的特征。因此，设计上也兼有化工厂、轻工生产厂和纺织厂的特点。高分子材料成型工厂的设计必须充分反映出这些类型企业的特征。

塑料生产和化纤生产过程中使用大量化工原料和化学药剂。而且塑料和化学纤维其原料本身就是化工产品。生产中还需一定量的溶剂、助剂、添加剂、改性剂、油剂等，绝大部分是化工原材料。例如采用硫氰酸钠（NaSCN）法生产腈纶，所用化工原料多达二十余种。化纤生产过程中相当数量副产物是化工产品，如聚酯生产中副产物乙二醇、甲醇，黏胶纤维生产中副产物芒硝（Na_2SO_4）等。塑料生产中的添加剂是塑料产品中的重要部分。塑料生产过程的添加剂可以大体上分为有助于加工的添加剂、改进机构性能的添加剂、表面改性剂、光学性能改性剂、防老化剂和阻燃、抗静电等其他功能性添加剂。这些添加剂大部分都是活性物质，保存和使用时都有与化工产品相关的保存具体要求。因此，化纤厂设计时必须考虑化工原料和化学药品的使用、运输和贮存。

化纤厂的某些车间，如黏胶纤维厂的二硫化碳（CS_2）生产车间，涤纶，锦纶，腈纶等聚合部分完全是化工生产性质，所以有不少国家把包括聚合在内的车间称为化学车间。有些工段，如黏胶纤维和维尼纶生产中凝固浴的精制和调配，涤纶生产中缩聚部分甲醇，乙二醇的回收，聚酯切片的干燥，腈纶生产中溶剂的回收、溶液的精制和单体回收等，则是化工过程中常见的蒸发、精馏、干燥、结晶等单元操作。

由于上述两种情况，高分子材料成型加工的不少车间和工段与化工厂一样，属于易燃，易爆、易腐蚀部门。在厂房设计上要重点考虑防火、防爆、防腐蚀的问题。在生产中用水量较大，对水质有一定的要求，设计时考虑水源和排水的问题。原料和动力费用在总成本中占相当大的比重，在进行设计时，选择原料和公用工程单耗低的生产技术，对于降低生产成本有重要的作用。

塑料和化纤行业的技术更新很快，几乎每隔 5 年就会发生一次跳跃式的变化。例如国内的化纤企业已经有了相当成熟的聚酯直纺技术。改变了原来涤纶生产由聚酯切片开始的工艺流程，省去了筛选和干燥过程，大幅度地降低了成本。这个工艺过程包含较复杂的化工操作，对苯二甲酸与乙二醇的聚合过程，工艺参数要求严格精确。包含很多先进行化工反应设备和精密的控制设备。给设计带来了一定的难度。

化学纤维生产中的不少工序和纺织厂一样，要求有较高清洁度和稳定温、湿度的操作环境。为达到上述条件，对厂房形式和空调有特殊要求，需要配备较大的空调设施。采暖、通风、空气调节系统的设计和管理在化纤生产过程中同样极为重要。化纤厂的后加工部分，特别是长丝，间歇操作较多，操作人员多，车间内部运输量大，各种运输车辆也较多，在工厂设计时，要从生产管理、生活设施以及安全生产等各个方面充分体现这一特征。

高分子材料成型加工厂的设计内容是比较广的。按功能作用可分为总图设计、生产车间（主厂房）、辅助生产车间、生活福利设施、安全和三废治理等设计，各类设计的内容如下。

① 总图设计：确定各车间相互关系，厂区综合管线以及厂区道路，防洪排涝措施等整个建设范围内地面上的布置原则等。上述设计内容以总平面图的形式体现出来。

② 生产主车间（主厂房）设计：主厂房设计是指原料准备、调配、生产和产品包装的设计。

③ 辅助生产部门设计：指为工艺生产服务的各辅助生产部门的设计，如冷冻站，电站、锅炉房、供排水设施、中心试验室、空调室、成品及原材料库以及机修、电修，仪表检修间等设计。

④ 生活福利设施的设计：通常包括厂部办公楼、食堂、车库、传达室、医务室等。对于规模小而且又位于居民区或者附近有可以协作的厂矿的工厂，拟建工厂的生活福利设施，可视具体情况从简考虑。最好由工厂所在地区的行政部门统筹设置生活福利设施，以实现社会化。

⑤ 安全和三废治理问题的考虑：包括消防系统，污水处理及排气塔等。

习题

1. 可行性研究主要包含哪些主要内容？
2. 可行性研究报告有哪些项目，按名称列表。
3. 写一个有关高分子产品开发的可行性报告。
4. 简单扼要地写出完成一个工厂设计的主要步骤。

第二章 厂址选择

厂址选择是指确定工厂建设的位置，是工厂建设过程中一个重要环节。选择的厂址要与国民经济建设和工业布局相适应。厂址选择工作的好坏对工厂的建设进度，投资数量，经济效益，工厂的后续发展以及环境保护等方面会带来重大的影响。是一项政策性和科学性很强的工作。

第一节 基 本 原 则

① 服从国家的总体规划布局的要求，遵守国家法律、法规，坚持基本建设程序。

② 合理利用土地，既考虑不占和少占耕地又要照顾到后续发展空间的需求。

③ 充分利用地区的有利条件，注意资源合理开发利用，对建厂的基本条件进行科学的分析和比较，应有多个可供选择的方案进行比较和评价。

④ 注意选址的自然条件，避开洪水、地震等灾害多发地区。

⑤ 注意保护环境，满足可持续发展的要求，尽量减少对生态、自然风景的破坏和影响。

⑥ 重视对三废处理场地的确定，防止对周边产生不良影响。

第二节 工 作 程 序

厂址选择工作一般可划分为三个阶段：准备工作阶段，现场工作阶段和编制报告阶段。

一、选厂前的准备

为了避免和减少建厂决策的失误，提高建设投资的综合效益，国家要求工业建设必须做好建设前期工作。在一般情况下，建设前期工作包括项目建议书、可行性研究报告，计划任务书和初步设计各个阶段。厂址选择工作阶段属于建设前期中可行性研究的一个组成部分。在有条件的情况下，编制项目建议书阶段可以开始选厂工作，选厂报告也可以先于可行性研究报告提出，但仍应看作是可行性研究的一个组成部分。可行性研究报告一经批准，便成为编制计划任务书的依据。

厂址选择经常由领导部门组织建设、设计、财经、勘测等有关单位，组成选厂小组到现场实地调研，进行方案比较，然后做出合理的厂址方案，通过方案会审，编制选厂报告，提供上级批准。

近年来，国内采用工业园区和高新技术开发区，集中建厂的方法，是厂址选择的一个较好的做法。在几十公顷到几百公顷的地段内布置若干个同一行业或多种行业的工厂，它们之间在生产上可以协作，同时还可把动力设施、辅助设施、行政办公等生活设施分别按公用独立区的原则规划，从而可节约用地，减少基建投资和生产管理费用。此外，还可统一考虑和居住区之间的环保措施，统一布置绿化带或公园，使工业小区成为城市建设的有机而又良好的组成部分。

开始选厂工作首先要做好必要的准备工作，搜集同类型工厂的有关参考资料，选厂指标的主要内容是根据计划任务书要求估算。

① 全厂职工总人数。

② 全厂设备总重量及主要生产设备台数。

③ 全厂建筑面积（分列生产区、仓库区、厂前区、生活区）的建筑面积及主要厂房的尺寸。

④ 厂址总用地面积，并分列生产区、生活区及厂外工程的占地面积。

⑤ 原材料及成品运输量（包括运入及输出量）及运输方式。

⑥ 用电量及规格，用水量及对水质的要求。

⑦ 有害或无害污水排出量，三废处理量。

⑧ 燃料（煤、油）及蒸汽用量。

⑨ 投资估算数。

⑩ 施工期间主要建筑材料（包括地方建筑材料）的运输量。施工用电、用水量及劳动力的需要数量。

二、现场踏勘

现场踏勘的主要任务是按照厂址选择的主要技术条件调查研究和搜集技术资料，具体落实厂址条件。通过资料的整理，确定建厂的可行性。在踏勘中应取得当地政府部门对踏勘和建厂两个方面的支持。同时也要对铁路、公路和航运进行调查。确定最佳的运输方式。

三、编写选厂报告

根据踏勘所取得的资料，进行归纳整理，把几个厂址的自然情况和与建厂有关的情况编写成选厂报告。对可供比较的几个厂址方案进行简单叙述，推荐其中一个作为该厂厂址。选厂报告的内容包括以下几方面。

（1）概述 简述选厂的依据、原则、几个厂址的对比和推荐的厂址。

（2）说明的内容。

① 全厂占地面积（公顷），其中包括厂区占地、生活区占地。

② 全厂建筑面积（m^2），其中包括厂区建筑面积、生活区建筑面积。

③ 全厂职工总人数（人）。

④ 公用工程消耗，包括用电量（kW）、用水量（t/d）、用气量（t/h）、耗煤量（t/a）。

⑤ 运输量（t/a），其中包括运入、运出。

（3）区域位置及厂址状况 说明所选择厂址的地理位置，海拔高度，行政区域，所在县（市）、乡、镇、村和详细地点名称，厂址与周围乡镇的距离及市区条件，与附近工矿企业的协作条件等，并附区域位置图（1∶50000～1∶100000）。

叙述厂址的地形地貌及可利用场地的面积与形状。根据工厂生产特点，说明拟定的厂区、生活区及三废处理场的规划意见。画出比例为 1∶5000～1∶2000 的总平面规划示意图。

（4）估算占地和搬迁居民所需补偿费用。

（5）提供工程地质及水文的分析资料。

（6）地震及洪水情况。

（7）气象资料。

（8）交通运输 说明公路、铁路、航空、水运等交通运输条件及规划发展情况。根据工厂生产规模，提出初步的公路、铁路、水运码头的修建和利用方案及其工程量估算。

（9）给水排水 根据水文地质等条件，提出取水方案及工程量。简述工厂的排水方污水处理与排放意见。

（10）供电及通讯 电力资源及发展情况，简述供电方案及可靠性，施工用电的解决方案与地方有关供电部门对工厂供电所达成的初步协议（书面协议书作为选厂报告的附件），简单叙述通讯设施及系统方案，提出供电通讯工程量。

（11）原料、燃料、材料的供应及能力　施工力量状况：简述工厂生产及建设所用的原材料、燃料等的可能供应情况、运输里程、运输价格、装卸费用等。介绍当地施工状况、技术力量、施工水平及施工机具配备情况。

（12）社会经济状况　简述厂址附近的乡、镇、村的人口及劳动力，经济收入水平，文教卫生情况。

（13）方案比较　对可供选择的厂址方案列表进行技术经济综合比较，见表 2-1。

表 2-1　厂址方案技术经济比较

序号	比 较 项 目	第1方案	第2方案	第3方案	序号	比 较 项 目	第1方案	第2方案	第3方案
1	区域位置				9	给水排水			
2	附近成区的关系				10	供电及通讯			
3	面积、地形、地貌				11	土方工程量			
4	占地和搬迁居民				12	原材料供应情况			
5	工程地质及水文				13	优点			
6	地震及洪水情况				14	缺点			
7	气象情况				15	综合评价			
8	交通运输情况								

（14）厂址鉴定　通过方案比较，做出鉴定性汇总意见，推荐其中一个，并说明推荐方案的优缺点，建厂后对自然环境、社会环境、交通、公用设施等的影响和发展，供上级批准机关审批。

（15）附件。

① 厂址区域位置图（1：50000～1：100000）。

② 总平面规划示意图（1：2000～1：5000）。

③ 当地领导部门对同意在该地建厂的文件或会议纪要等。

④ 有关单位的同意文件、证明材料或协议文件。

习题

1. 厂址选择的原则是什么？

2. 说明厂址选择的程序。

3. 在厂址选择中要收集哪几类资料？

4. 怎么样理解对地面的坡度要求？

5. 简要说明选择厂址的核心条件。

第三章 总平面设计

第一节 概 述

总平面设计的任务是根据高分子材料加工工厂的特点和施工现场的具体条件确定厂内各个设施的平面及竖向关系。设计确定的条件要满足计划任务书规定的工厂建设规模、生产工艺流程、工厂各建（构）筑物布置、堆场布置、运输线路、工程管网和安全等要求。在设计中应从实际出发，因地制宜，进行综合分析，尽量做到流程合理，布置紧凑，用地节约，投资节省，管理方便，技术经济合理。还要考虑绿化和美化，为工厂创造出良好的生产管理条件，为工人创造良好的工作环境。总平面设计是一项综合性的工作，需要各方面的工程技术人员参加，相互密切配合共同完成。

总平面设计的主要依据是上级审查批准的设计任务书、厂址报告及建厂计划。其设计程序，一般先依据工艺流程简图、车间性质、工段划分、管理体制等资料，将全厂划分成若干生产区，使功能分区明确，运输管理方便，生产协调顺畅。然后根据生产使用要求，合理布置各区的建（构）筑物等设施，做好总平面设计。

总平面可包括以下内容。

① 生产建筑：包括由原料加工到成品包装等各主要生产车间。

② 辅助建筑：为生产车间服务的车间，如实验楼、生产设备维修车间等。

③ 仓贮设施建筑：包括原料、成品、燃料以及其他各种材料的仓库或露天堆场。

④ 行政建筑：包括全厂的行政福利建筑，如办公楼、食堂、俱乐部等。

⑤ 动力建筑：如供应蒸汽或热水的锅炉房，供应各种气体的站房，如煤气站、氧气站、压缩空气站等。

⑥ 运输设施：铁路、道路、水运码头、机械化运输设施。

⑦ 工程技术管线：给排水、供电、压缩空气、热力管线等。

工艺流程的合理布置首先在于保证主要生产工艺流程无交叉和逆行现象，并使其生产路线尽可能最短。主要厂房的布置可以根据不同建厂条件及生产特点采用直线式、环状式、迂回式或其他方式布置。辅助建筑及动力建筑的位置应和主要使用的厂房靠近，并在负荷中心。随着技术的发展和国外先进技术的引进，对生产、安全、卫生等方面有了更高的要求，因而在总平面设计中应尽量做到在大的方面不留隐患，满足生产安全和发展等要求。

总平面设计的内容主要应包括四个方面：

① 厂区总平面布置；

② 厂区竖向布置；

③ 厂区工程管线综合；

④ 厂区绿化、美化。

第二节 厂区总平面布置

一、布置原则

根据生产工艺的要求，按生产的性质进行功能区的划分，保证有良好的生产联系和工作环境。划分时主要考虑运输和作业时线路短捷，避免往返线路交叉，避免人货流交叉，保证生产过程安全。要相对集中布置主产品生产车间、公用工程车间、原料和产品仓库、厂部办公楼、进出厂区等。对各种动力设施要尽量靠近负荷中心，以缩短管线，节约能源。要结合场地地形、地质、地貌，尽可能紧凑布置，节约用地。对易燃易爆等危险作业区在布置时必须满足安全要求。建（构）筑物的布置应符合防火、卫生规范及各种安全要求，满足地上、地下工程管线的敷设、绿化布置以及施工的要求。要考虑工厂发展要求，使近期建设与远期发展相结合。要注意厂容与城市或区域总体规划相协调。

二、技术要求

高分子材料加工工厂设计的总平面布置的主要技术要求有以下几个方面。

1. 生产要求

从原料进厂到经过生产加工制成产品出厂的完整生产工艺流程，是总平面布置中应当重点考虑的主要方面。总平面布置首先应满足生产要求，做到流程合理，负荷集中，运输通畅。

流程合理是指功能区划分后，布置各生产车间的相互关系，要保证工艺流程连续通顺，避免迂回曲折，原料及成品的运输线路短捷。负荷集中是指水、电、汽等公用工程耗量大的车间，尽可能集中布置，形成负荷中心，同时将动力供应设施尽量靠近负荷中心，以减少或缩短各种工程管线，节约能源。在总平面布置中，要重点考虑厂内外运输线的走向以及地形、地质等条件，对交通运输进行合理的组织避免倒运，减少交叉。而运输线布置的通畅，表现在生产流程线的布置上也必然是合理的。因此，在这种意义上说工厂总平面布置实际上是对运输线的布置。

2. 安全要求

在总平面布置时必须满足防火、防爆、卫生、环保等安全要求。采取的主要方法如下。

根据生产性质及组成部分的火灾危险性类别，工艺生产车间、仓贮设施、生活福利设施等分区集中布置，做到安全合理，降低发生危险的可能性，以防为主。

结合自然条件（如气象、地形等）尽量减小危险因素的影响范围。对卫生条件要求高，火灾危险性较低的车间，应布置在其他设施的上风向和地形、地质条件较好的地段。对仓贮设施中的可燃液体贮罐和有危险性的库房，应力要求远离火源和人员经常来往集中的地段，一般应布置在厂区边缘、主导风向的下风向以及地势较低的地段。

保持一定的安全防火距离，减轻危害程度。根据生产的火灾危险性，建（构）筑物的耐火等级，建筑物面积等综合因素，合理保持各建（构）筑物的间距，并应符合国家现行有为卫生，防火规定，以防止事故发生后相互影响，减轻危害。

合理组织人流和货流，使货运线路合理和人行路线的短捷方便，尽量避免二者交叉，以防止事故的发生。在设计中人流和货流的方向最好相反，并相互平行布置。单独设置货运出入口，货运量大的仓库等设施要靠近运输线路布置。人员较集中的车间、厂前区等，要尽量靠近生活区和工厂的主要出入口布置，以使人流线路短捷，疏散时间缩短。结合生产特点和自然条件，因地制宜，对生产车间和其他设施进行妥善安排，平面布置可以做到既能符合生产要求又能满足安全要求，二者可以获得合理的兼顾。

3. 防腐蚀要求

高分子材料加工工厂在生产过程中，生产和使用具有化学腐蚀性的介质，它们散发到大气中或渗遇到土壤里会造成一定的危害。因此，在总平面布置中要对气压、湿度、风向、风速等自然条件及地下水位、流向，土壤颗粒成分与渗透性等地质条件进行了解和分析，以便更好地满足防腐蚀要求。在总平面布置时，尽量缩小腐蚀性介质的影响范围，以减少危害。主要的措施如下。

① 要把可能散发或排除有腐蚀性介质的车间布置在厂区或街区的下风向和地下水流的下游，对排除的腐蚀性介质进行处理后排出。车间长轴方向尽量与主导风向垂直或成45°左右的交角。

② 散发腐蚀性气体、粉尘的车间、仓库等设施与相邻建（构）筑物的间距，除满足防火、卫生等规定外，尚应考虑防腐蚀的要求，适当增大间距或增加防护措施。

③ 对贮存腐蚀性液体介质的贮罐区、仓库、装卸站台场地和能引腐蚀的邻建（构）筑物，均应做耐腐蚀处理。并设排除介质的设施，发生事故时不能使其任意疏散。

④ 对运输腐蚀性液体、气体的管道应尽量集中布置，架空设置时，支承在专用的管架上。

4. 发展要求

在总平面布置时还应考虑满足生产发展的要求。总平面布置应该对发展予以充分估计，合理留有发展用地。对近期建设要尽量集中，远期发展要朝向厂区外围，从小到大逐步发展。对于满足发展要求的布置原则可以归纳为：近期集中，远期外围，自内向外，由近及远。

三、各类建（构）筑物的布置要求

1. 生产车间的布置

按工艺流程的顺序，设计生产车间的建（构）筑物，从原料进入车间到产品离开车间，可采取水平一字排开的建筑，也可以垂直从上向下与水平相结合的建筑。多个相同的车间可以平行排列。要考虑人流和物流不能交叉，路线短捷。符合防火和卫生的规范。

2. 辅助车间设计

辅助车间一般包括锅炉房、变电所、污水处理站、空压站、循环冷却水建筑、维修车间等。

（1）锅炉房的布置要求　要考虑贮煤场、运煤系统、水处理系统的占地面积。应尽量靠近用热负荷中心，使管线短捷，减少压力及热量损耗。考虑锅炉房本身烟尘对环境的污染设置在下风向。为争取自流回收凝结水，应尽量将锅炉房布置在厂区标高较低处。

（2）变电站的布置要求　靠近用电负荷中心，以缩短线路，节约投资。变电站的位置应考虑高压进线和低压出线的方便。构成一个独立区域，并应设置防护围栏。

（3）污水处理站的布置要求　高分子材料加工工厂在生产过程中会有污水排出。应建设污水处理站，对所有污水进行物理、化学及生物处理，使其达到国家规定的排放标准后，才能排入自然水体。污水处理站应布置在厂区和生活区的下风向，保持一定的卫生防护距离。根据地形条件尽量布置在标高较低的地段，使污水尽量自流到污水处理站。

（4）空压站的布置要求　要尽量靠近用气部门。布置在空气较清洁的地段，位于排放有害气体、灰尘的车间和露天煤场的上风向。空压机工作时振动大，应考虑振动、噪声对邻近建筑物的影响。规模大的空压站常自设循环水系统，应合理地考虑其位置和占地面积。空压站用电量一般较大，应靠近变电所或自设变电所。空压站与其他建筑物间的防护距离见表3-1所示。

表 3-1　空压站与其他建筑物间的防护距离

建 筑 物 名 称	最小防护间距/m	建 筑 物 名 称	最小防护间距/m
露天堆厂及散发粉尘地点	50	厂外铁路中心线	100～200
乙炔站	20	厂内铁路中心线	50
冷却塔	40	厂外公路边缘	15
喷水池	20	厂内公路边缘	5
居住及公共建筑物	50		

（5）循环水冷却构筑物的布置要求　应布置在通风良好的开阔地带，并尽量靠近使用车间。冷却喷水池、开放式冷却塔（自然通风）的长轴应垂直于夏季主导风向。机械通风冷却塔单列布置时，长轴应垂直于夏季主导风向。双列布置时，则应平行于主导风向。应位于主要建（构）筑物的冬季主导风向的下侧以免产生结冰，与建（构）筑物要有一定的距离。

（6）冷冻站的布置要求　为了满足生产及空调等用冷量要求，一般要根据工厂生产规模设置一定的制冷设施，冷冻站的制冷剂目前主要采用氨（有毒，有臭味）、氟里昂（无毒，无味）、溴化锂等。

（7）软水站布置要求　软水站的布置应尽量靠近主要负荷车间，应考虑对药剂、酸碱等原料的运输条件影响和风向关系。应布置在煤堆场及散发粉尘地点的上风向。

（8）维修设施布置要求　维修设施应尽量布置在一个区城内，以使管理方便。对规模小的工厂，将维修设施设置在联合厂房内。一般应留有适当的空地，便于堆放器材。

四、山区建厂的总平面布置

一般把山区地形坡度<3％时为平坡，3％～10％时为缓坡，10％～25％时为中坡，25％～50％时为陡坡，>50％时为急坡。一般建（构）筑物应布置在平缓坡上，并应使建（构）筑物的长轴方向尽量平行地形等高线布置。在生产和运输条件允许的情况下，可尽量缩短建（构）筑物的长度或适当改变其外形，使与自然地形相吻合。例如利用山区的凹形和折线形地段，可将建（构）筑物外形布置成"T"字形或"八"字形（图 3-1），以充分利用缓坡地形，减少土方量。

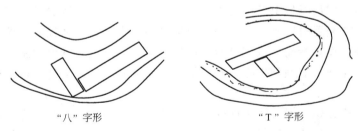

"八"字形　　　　　　　　　　"T"字形

图 3-1　结合地形布置建筑物

当场地地形坡度较大且较为开阔时，应布置成不同宽度的台阶，地形尺寸尽量与台阶地相适应，并尽量布置在挖方地段，以节约土建投资。要尽量合理利用地形高差设置高位水池、高位卸货台等。可节约动力消耗，方便运输。

要充分注意防洪排洪问题，摸清山洪暴发的时间，汇水面积，流量大小及流经路线等情况。建（构）筑要避开山洪的侵袭或采取切实可靠的防洪排洪措施，以保证生产安全。

五、总平面布置的技术经济指标

1. 指标内容

① 厂区占地面积（hm²）。

② 建（构）筑物占地面积（hm²）。

③ 露天仓库、露天堆场占地面积（hm²）。

④ 铁路占地面积（hm²）。

⑤ 道路占地面积（hm²）。

⑥ 地上地下工程管线占地面积（hm²）。

⑦ 建筑系数（%）。

⑧ 场地利用系数（%）。

⑨ 土方工程量（填、挖方量）（m³）。

2. 建筑系数 N 和场地利用系数 F 计算

建筑系数 N

$$N=\frac{a+b}{c}\times 100\% \tag{3-1}$$

式中　a——建（构）筑物占地面积，hm²；

b——露天仓库、露天堆场占地面积，hm²；

c——厂区占地面积，hm²。

场地利用系数 F

$$F=\left(\frac{d+e+f+g}{c}+N\right)\times 100\% \tag{3-2}$$

式中　d——铁路占地面积，hm²；

e——道路和人行道占地面积，hm²；

f——地上地下工程管线占地面积，hm²；

g——建筑物散水占地面积，hm²。

第三节　竖　向　布　置

竖向布置是确定建设场地上各建筑物、道路、堆场、各种管线的高程（标高）关系，合理组织场地排水。在布置时应满足建（构）筑物之间生产联系对高程的要求，为厂区内外运输创造良好的条件。设计标高尽量与自然地形相适应，力求土石方填挖总量最小，并使场地有适当的坡度，保证雨水能顺利排除，但又不受雨水冲刷。在进行竖向布置时，要注意厂区内外标高的衔接。

竖向布置基本任务是根据自然条件确定厂区竖向布置的方式。确定建（构）筑物、露天仓库、铁路、道路与标高的相互关系。确定场地平整方案，计算土石方工程量。计算雨水流量，确定场地排水方式。确定必须建立的人工构筑物（护坡、挡土墙）和排水构筑物（散水坡、排水沟）。

竖向布置方式一般采用连续式和重点式两种。连续式以可分为平坡式布置和阶梯式布置。当场地自然地形坡度大于 3%，一般应布置成不同标高的台阶，其间采用陡坡连接的方法，即称为阶梯式竖向布置。阶梯式竖向布置是因地制宜，结合地形考虑的，所以一般可以减少土方量，但对建筑物的平面布置，运输线路及管线的敷设会受到一定的限制。

当场地的自然地形比较平坦时，一般把场地设计成一个方向或几个方向倾斜的平整面，设计坡度及标高没有急剧的变化，即称为平坡式竖向布置。平整面的坡度不宜小于 0.5%，有利于插地排水，但也不宜大于6%，避免产生雨水对场地的冲刷。

重点式布置方式的其特点是仅对布置建（构）筑物的场地，道路，铁路占地进行局部平整。对建筑密度不大，建筑系数小于15%，运输线及地下管线简单的工厂，一般采用这种方式。

山区建厂的竖向处理；山区地形复杂，坡度较大，要的结合生产运输要求，充分利用地形，采取一定的竖向处理方法，尽量做到经济合理。

① 选择阶梯式布置（图3-2），每个台阶划分大小及高差，应结合具体自然地形和建筑物的大小等到综合考虑确定。每个台阶之间的道路连接坡度要符合车辆运输技术要求。台阶之间一般设斜坡或挡土墙连接。也可与建筑物外墙或排水沟壁一起考虑。

② 错层建筑的竖向处理（图3-3）：将建筑物的地面和楼层面做成台阶式错层。减少工程土方量。

图 3-2   阶梯式竖向布置

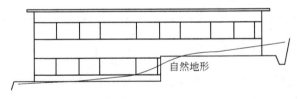

图 3-3   错层建筑的竖向处理

竖向布置的另一个关键内容是厂区的排水，将厂区的雨水排出厂外。排水的方式有明沟排水和暗沟排水两种，可以密切结合厂区的地形、地质确定排水的方式。

排水方式的选择，一般采用明沟排水情况是厂区的面积比较小，地面坡度与排水沟底相近，沟不太深的地区；土质较硬或岩石地区，不宜深挖的场地；容易水冲刷砂土阻塞管道的场地。明沟排水的优点是施工容易，投资省。缺点是容易淤塞积污，需要定期清理疏通。另外交通跨越地段应设加盖板。

一般采用暗沟排水情况是厂区面积大，地势平坦，用明沟沟底过深的场地条件；厂房采用内排水系统；与成市道路管网中水井排水联结；厂区出水口位置较低，能满足暗管排水坡度要求。暗管排水的优点是场地整洁，便于管理，方便交通。缺点是施工复杂，造价较高。

计算雨水的流量和管渠断面

（1）计算雨水流量

$$Q = aqf \qquad (3-3)$$

式中 Q——雨水流量，L/s；

15

a——经流系数（见表3-2）;

q——设计暴雨强度，L/(s·hm²)（根据不同地区采用不同强度公式，其重现期厂区采用1～2年，生活区采用1～1.5年）;

F——汇水面积，hm²。

表 3-2　经流系数 a 值

地 面 种 类	经流系数 a	地 面 种 类	经流系数 a
各种屋面、混凝土和沥青路面	0.90	平砌砖、石和碎石路面	0.40
大块石铺路面、碎石路面	0.60	非铺砌土地路面	0.30
级配碎石路面	0.45	绿地和草地路面	0.15

（2）管沟断面确定　根据计算的排水量，查相关手册确定管、沟的断面尺寸。确定时要考虑下述情况，道路的边沟超高应小于0.03m。各种明沟超高不得小于0.2m；最小允许流速，管道（在重力条件下）一般不小于0.75m/s。路边沟和各种明沟一般不小于0.4m/s；厂区内雨水管道直径最小为200mm，最小坡度为0.004；梯形明沟的最小底宽为0.3m；无铺砌的梯形明沟，边坡应采用表3-3。

表 3-3　无铺砌梯形明沟坡的边坡

土　　质	边　　坡	土　　质	边　　坡
黏质砂土	1:1.5～1:2	半岩性土	1:0.5～1:1
黏质黏土、黏土	1:1.25～1:1.5	风化岩石	1:0.2～1:0.5
卵石土	1:1.25～1:1.5		

第四节　管线及绿化

高分子材料加工工厂的工程管线较多，在布置管线时要综合应全面了解各种管线的特点和要求，选择适当的敷设方式。管线布置与总平面设计密切相关，应尽量使管线与建（构）筑物之间在平面和竖向布置上互相协调紧凑，既要节约用地，又要考虑施工、检修及安全生产的要求。要处理好局部与全局的关系，使各种管线的敷设对全局能达到最大限度的经济合理。

一、管线的布置及敷设

管线布置的要求如下。

① 应满足生产使用的要求，力求短捷，方便施工和维修。

② 管线宜直线敷设，并与道路、建筑物的轴线以及相邻管线平行。干管应布置在靠近主要用户及支管多的一边。

③ 尽量减少管线之间以及管线与铁路、道路的交叉，当交叉时，一般设计成直角交叉管线敷设。

④ 应避开露天堆场及建（构）筑物的基建用地。

⑤ 除雨水、下水管外，其他管线一般不宜布置在道路下面。

⑥ 易燃、可燃液体及可燃气体管线，不得穿过可燃材料的结构物和可燃、易燃材料的堆场。

⑦ 地下管线应满足一定的埋深要求，一般不宜重叠敷设。

⑧ 地上管线应尽量集中共架（或共杆）布置，并不应妨碍运输及行人通行，不影响建筑物采光，不影响厂容整齐美观。管线跨越道路、铁路时，应满足公路、铁路运输和消防的净空要求。

管线的敷设方式有以下几种。

（1）地下直埋　这种方式施工简便，投资较省，检修时很不方便是通常采用的一种。地下管线的直埋深度要考虑防冻、防压的要求。一般地下管线按照埋置深度由浅到深，从建筑物边线向道路边缘布置，其次序大致为：弱电电缆、电力电缆、热力、压缩空气管道、氮气、氧气、乙炔管线、上水管道、污水管道、雨水管道、明沟。

（2）地下综合管沟（如图 3-4 所示）　这种敷设方式可以少占土地，检修方便，但要增加建设投资，应注意互相干扰的管线不得敷设在同一管沟内。例如：热力管道与冷冻管道、易燃、可燃液体管线与强、弱电电缆、氧气管线、乙炔管道与氧气管道或电缆、燃气体管道与电力电缆。地下管沟要注意解决防水、排水、通风及安全等问题。

(a) 通行地沟　　　　　　(b) 不通行地沟

图 3-4　地下综合管沟

（3）沿地敷设（管墩或低支架如图 3-5 所示）　这种敷设方式施工较简单，可节省投资，维修方便，厂容视线开阔。但与道路交叉时需做高支架跨越或管涵、套管穿越道。这种布置方式一般是管线单层布置，占地较宽，特别适用于全厂综合系统管线较多时。

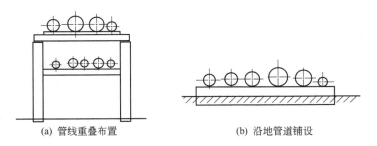

(a) 管线重叠布置　　　　　　(b) 沿地管道铺设

图 3-5　管线布置

（4）管线架空敷设　架空敷设是将管线布置在高支架（或杆）上，可单层也可多层，可使管线集中，减少占地。但管架高，检修不方便，投资也较大。在跨越铁蹄和道路时，应满足其净高要求。

二、厂区绿化及美化

厂区绿化是城市绿化的一个组成部分，但厂区绿化又有自己的特点。厂区绿化可以改善工厂环境卫生、改善小气候，对生产过程中产生的灰尘、有害气体、噪声等可以起隔离阻挡的作用。

厂区绿化的主要功能是改善生产环境，改善劳动条件。要因地制宜，力求做到整齐、经济、美观。绿化种植要避开地下管线，选择合适的植物种植，要经常整理和维护。工厂大门的入口以美化为主，对噪声和粉尘大的车间绿化是以隔离为主。

厂前区的设计是美化工厂的重要内容，厂前区的布置方式可以根据工厂规模和生产特点的不同进行布置。一般大型工厂，在厂前独立布置成一个区域，全厂性行政福利建筑在厂前区集中布置在围墙之外，这种方式适于建筑面积大、数目多的情况。也可以与主厂房组合在一起形成厂前区，这样不但可节约用地，还可获得较好的建筑艺术效果。

有的厂区地形不整齐，厂前区可结合地形特点布置。在建筑的地段进行绿化，可以达到美化了工厂的效果。当工厂规模较小，厂内建筑数目很少时就不宜勉强组织厂前区。有时可以把全厂性行政福利建筑与主厂房完全组织为一幢建筑，厂前区和出入口进行综合适当的绿化。

习题

1. 总平面图要包括哪些内容？
2. 厂区平面布置的技术要求内容是什么？
3. 写出计算场地利用的公式，说明公式中各符号的含意。
4. 管线布置有哪些要求，设计中要注意哪些问题？
5. 厂区绿化有哪些重要作用？

第二篇 化纤厂设计

第四章 工艺设计概述

化纤厂工厂设计由化纤工艺、土建、给排水、暖通空调、电气及自控等专业协同配合完成的。工艺是工厂设计的主体，其他各专业是为满足工艺设计的需要而设置的，并为其服务的。化纤厂设计中的工艺设计化纤厂设计的核心。因此在完成工艺的设计工作的同时，还要为其他专业提供有关设计资料及技术条件和基本要求。在设计中，要求工艺专业的设计要比其他专业先行一步。

工艺设计一般包括以下内容：

① 生产方法的选择与工艺流程设计；

② 设备选型与计算；

③ 工艺计算；

④ 车间布置设计；

⑤ 管道设计；

⑥ 编制设计说明书。

其中设备选型与计算，工艺计算主要在初步设计阶段完成。管道设计一般在施工图设计阶段完成。生产方法的选择与工艺流程设计、车间布置设计、编制设计说明书要在初步设计和施工图设计两阶段进行。

第一节 初 步 设 计

初步设计是根据已批准的可行性报告确定设计原则、设计标准和设计方案。如生产方法、工艺流程、关键设备和仪表选型、原材料与贮存方案、劳动定员、消防、职业安全、环境保护和资源综合利用等。编制出初步设计文件和概预算文件。初步设计是确定项目投资总额、征用土地、组织设备和原材料采购及编制施工说明的依据，也是项目投资的依据。初步设计质量对未来的建设项目有重要影响。因此，必须对初步设计给予足够的重视。

一、初步设计的工作程序

① 设计准备阶段、做开工报告，由各专业做设计的准备工作。准备工作包括：

a. 拟建项目产品的原材料与辅助材料的来源、消耗和价格；

b. 拟建项目产品的技术含量、质量、市场需求情况和价格；

c. 拟建项目产品生产所用水、电、汽、燃料的规格、用量和供应；

d. 实现产品生产所须建筑面积和占地面积；

e. 基建投资；

f. 劳动力资源、价格和车间定员等。

② 工艺专业设计方案的讨论确定，在这个阶段里要选定工艺路线和设计生产流程，这是决定全局概貌的关键一步。

③ 以工艺专业为主导，各专业互相协调彼此之间条件，确定方案；这时工艺专业应当主动为其他专业提供方便，创造有利条件。

④ 完成各专业的具体工作，工艺专业应从方案设计开始到这一阶段为止，陆续完成物料计算、能量计算、设备设计和布置设计，最后完善流程设计，绘出带控制点工艺流程图，其他专业也应完成这一阶段的工作任务；此外，要组织好中间审核及最后校核，以便及时发现和纠正工作中产生的差错，保障设计质量。

⑤ 在完成各专业的设计文件和图纸，并进行审核之后，由各专业进行有关图纸的汇签，以解决各专业间发生的漏失、重复、顶撞等问题，确保设计质量。

⑥ 编制初步设计总概算，论证设计的经济合理性，这一步工作应尽量做细做好。

⑦ 审定设计文件，并报送上级主管部门组织审批，审批核准的初步设计文件，即作为施工图设计阶段开展工作的依据。

二、初步设计阶段成果

初步设计阶段工艺专业的工作成果主要包括：

① 工艺流程图；

② 车间平面布置图；

③ 设备一览表；

④ 初步设计说明书。

下面分别介绍这几个部分。

1. 工艺流程图

根据已经确定的生产路线和选定的设备，按主物料的进出顺序绘制成图，形象地表示出生产过程。如涤纶工业丝生产过程中，切片预处理的带控制点工艺流程图如图 4-1 所示。

2. 车间平面布置图

车间平面布置图由工艺专业设计人员会同其他各专业集体商讨决定。其中确定生产设备和车间内各类辅房位置关系的车间总平面图，由工艺专业协助建筑专业完成。其余的设备布置图由工艺专业完成。

3. 工艺设备一览表

将选定的设备和经过一系列计算得出的设备台数（包括备台），按流程图中的位号顺序以表格的形式全部列出。包括全部主机、辅机、专用设备、非标设备、分析检验仪器、维修设备、安全设备和运输车辆。设备一览表一般包括设备位号、设备名称、主要技术规格、数量、材料重量、制造厂等。格式见表 4-1。

表 4-1　设备一览表

序号	设备位号	设备名称	主要技术规格	单位	数量	重量	制造厂	备注
1	1029	螺杆挤压机	DQJI-105-25	台	8			
2	1044	测量头	SF800-1000	台	8			
3	1030	熔体预过滤器	NSF3	台	8			
4	1031	管道静态混合器		台	20			
5	1058	计量泵	$4 \times 2.4cc$	台	128			
6	1040	纺丝箱体	Sp47/8	台	8			
7	1033	侧吹风装置	700×1000	个	64			
8	1055	纺丝甬道	700×700	个	64			
...	...	...		...	...			

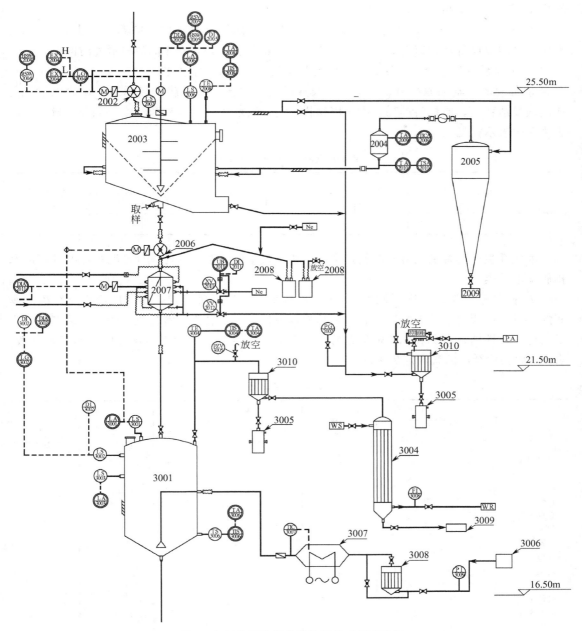

图 4-1　切片预处理的带控制点工艺流程图

4. 说明书

说明书是初步设计的文字说明部分，是对化纤生产车间工艺设计的全面介绍。主要包括以下内容。

① 概述，以设计任务书为依据，概括说明化纤生产车间设计的生产规模、产品方案、生产方法和工艺流程的特点，并阐明所采用生产方法的技术先进性、经济合理性和安全可靠性。并说明车间组成、生产制度（包括年操作时间，生产天数，连续或间断生产情况等）。

② 技术经济，包括基础经济数据、经济分析及附表。

③ 生产流程简述，即按生产工序叙述物料经过工艺设备的先后顺序及生成物的去向。

产品及原材料运输和贮备方式。

④ 主要工艺参数用以说明主要操作部位的生产操作技术条件，如温度、压力、流量、配比、时间及设备运转速度等。对于间断操作，还需说明一次操作的加料量和时间等。

⑤ 主要设备的选择及设备计算、设备技术特征、主要设备总图。

⑥ 原材料、辅助原材料、中间产品及成品的主要技术规格或质量标准。动力规格、消耗定额及消耗量。原材料单耗和用量用物料平衡表表示。公用工程和动力单耗和用量一般以表格形式表示，见表 4-2。

表 4-2　公用工程和动力单耗

序号	名称	规格	单位	单耗	消　耗　量				备　注
					每小时	小时最大	每天	每年	

因化纤生产（特别是溶液纺丝）中产生相当数量的废水，因此设计说明中还要开列废水排放量汇总表。

⑦ 确定劳动定员。工艺设计人员按生产情况和国家有关规定，逐工序确定化纤生产车间的定员，一般用定员表的形式表明。其内容包括：工种名称，常日班，倒班人数等，并表示出男、女性别。定员表中的定员数为理论数值，还要考虑出勤率经换算即为实际定员数。表 4-3 为某化纤厂的车间定员情况。

表 4-3　车间定员表

工　序	常　日　班		四　班　制		小　计	
	男	女	男	女	男	女
投料	4				4	
PET 干燥			2		8	
COPET 干燥			2		8	
纺丝			4		16	
卷绕				4		16
废丝处理		2				2
假捻				10		40
检验分级		4				4
打包	6				6	
化验		4				4
物检		6				6
组件清洗	6				6	
油剂调配	2				2	
电气、仪表	4				4	
空压站			2		8	
空调室			2		8	
冷冻站			1		4	
保全			4		16	
车间主任	2				2	
工程师	1	1				1
车间合计	理论定员为 164 人，考虑出勤率车间定员 170 人					

⑧ 土建、电信。

⑨ 设备表、材料表。

⑩ 给排水。

22

⑪ 供热与空调。

⑫ 维修（机修、仪表修理等）。

⑬ 原料与产品检验，包括物检与化验。

⑭ 环境保护与综合利用设计采用的环保标准，主要污染源及污染物，设计中采用的环保措施及简要处理过程，绿化概况，环境检测体系，环保投资概算，环保管理机构及定员等。

⑮ 消防。

⑯ 劳动安全与工业卫生，包括生产过程职业危害因素分析及控制措施，劳动安全及工业卫生措施，预期效果及防范评价，劳动安全与工业卫生专业投资等。

⑰ 节能，包括主要耗能装置耗能状况，主要节能措施、节能效益等。

⑱ 提出本设计中工艺专业存在的问题及解决意见。

⑲ 概预算，即根据初步设计深度对本建设项目工艺部分的投资（包括设备、管材及其安装费用）进行分项编制，做出单项概预算，供编制项目的总概算用。

⑳ 其他，包括材料估算表、生产控制分析、产品成本估算等工作。

第二节　施工图设计

施工图设计是在经过审批的初步设计基础上进行的。这是把初步设计内容具体化的设计阶段。在进行施工图设计之前应做好准备工作。

一、施工图设计前的准备工作

1. 落实设备及图纸

施工图设计之前，要对初步设计中所选用的设备逐台、逐件地落实制造厂家，并收集最新版本的设备图纸，包括设备的总装配图、管口方位图、基础地脚图及产品说明书。

对于通用设备要选择合适的设备生产厂，收集该厂有关产品最新版样本或图纸。

对于选用的非标准设备及其图纸也要进一步落实。

2. 解决遗留问题

对于初步设计中一些尚未落实或需要进一步解决的遗留问题要进行进一步调查、落实，确保在开展施工图设计以前解决。

二、施工图设计阶段的工作

施工图设计任务是根据初步设计审批意见，解决初步设计阶段待定的各项问题，并以它作为施工单位编制施工组织设计、编制施工预算和进行施工的依据。施工图设计内容与初步设计有较大变动时，应另行编制修正概算上报原审批单位核准，施工图设计不能随意改变初步设计。

施工图设计一般由设计单位负责，不再报上级主管部门市批。但在编制过程中，应根据初步设计审批意见加强与基建施工单位的结合，正确贯彻和掌握上级部门的审批精神和原则。

编制施工图设计的主要工作内容是在初步设计的基础上，完善流程图设计和车间布置设计，进而完成管道配置设计和设备、管路的保温及防腐设计，其详细内容包括：图纸总目录，工艺图纸目录，所有管道和仪表的工艺流程图，首页图，设备布置图，设备表，管路安装图，综合材料表，设备管口方位图，设备、管路保温及防腐设计等。施工图设计成果为分为以下几个部分。

（1）设备表　施工图设计阶段的设备表，是在初步设计阶段的设备表的基础上，经进一步调查落实和适当修改完善而成的。表格形式与初步设计时的设备表相同。

（2）施工阶段工艺流程图　此设计阶段的流程图是在初步设计阶段流程图的基础上经充实完善而成。这是一种带有控制点的流程图。因此，需要由工艺与自控两个专业共同协作完成。在此流程图中，标明了主要管线连接，设备和管线控制情况。

（3）设备平剖面布置图　这是按车间各工序绘制的设备布置图，是设备安装时设备就位的依据。

（4）管道平剖面布置图　这是按工序或车间绘制的工艺管道布置图，是管道安装定位的依据。除平剖面布置图外，视具体情况还须绘制透视图以及局部放大详图等。

（5）管架图　此类图需表示出管架的形式、尺寸及选用的材料，是管架制作的依据。

（6）材料汇总表　主要是对管路中所用材料的汇总，即根据配管设计图及管架图，逐项分门别类计算材料用量。需包括所有的管道、管件、阀门、管架和保温材料等的用量及汇总量。材料汇总的一般形式见表 4-4。

表 4-4　材料汇总

序　号	材料名称	规格	图号	单位	数量	重量	备注

汇总表中的材料用量为理论用量，还应考虑到损失，损耗系数目前一般按 10％ 计算。

（7）施工图设计说明书　施工图设计说明书是文字文件。其作用是把施工图设计的意图进行全面介绍，并提出施工安装时应注意的事项，供施工安装单位施工使用。主要内容如下。

① 设备清单说明：若施工图设计中初步设计已确定的设备一览表有所变化，需在此说明情况。

② 施工图纸组成说明。

a. 说明施工图纸的编号方法：

如 AAA—X　　X　X　　X

第三、四位数字表示图纸的编号。

第二位数字表示工段或车间。

第一位数字表示专业，如 0—工艺，1—建筑等。

AAA 表示设计项目号。

b. 图纸目录编制说明：主要说明总目录包括的图纸内容及分目录包括的图纸内容。

③ 设备安装说明。

a. 说明每个工段的安装路线，各个安装门、安装墙（后砌墙）的坐标。

b. 说明设备安装中的注意事项，主要交代清楚有特殊要求的设备及其内容。

④ 施工图纸的标注说明。

a. 列出设计采用的全部图例代号，并作图例说明。代号包括介质代号、管材代号、阀门代号及仪表代号。

b. 图纸标注方法说明。一般采用下列标注方法：$A\text{-}B \times C\text{-}D\text{-}E$

式中　E——标高，mm；

　　　D——介质；

C——管壁厚，mm；

B——管外径，mm；

A——管材。

如 G-108×4-Z_3-＋45000，表示地上 4.5m（标高）；Z_3 0.3MPa 蒸汽（介质）；4mm（壁厚）；108mm（外径）；G 无缝钢管（管材）。

⑤ 管材选用说明。

a. 说明本设计中流经各种介质流体的管路所选用的管材。

b. 说明需要保温的介质管路。

⑥ 管路安装说明。

a. 说明所用管材、管件的规格标准以及进行处理的方式。如不同介质管道的防锈处理及要求等级，不锈钢管的酸处理要求及其配方，阀门、管件的测试等。

b. 安装中应注意事项，说明不同介质的管道在安装中的各种要求。

c. 管道连接方式说明。

d. 填料、垫片的选用说明。

e. 管道安装后的系统试压要求，各种介质通过的管道试压时的最大压力和时间。

⑦ 管道支架说明：着重说明安装时应注意的事项。

⑧ 管道的油漆和涂色：说明油漆工作的要求和方法以及涂色的规定。

⑨ 设备与管道的保温：说明需要保温的设备和管道（一般列表说明），选用的保温材料及保温层的做法。

习题

1. 工艺品设计主要包括哪些内容？

2. 简述初步设计的工作程序。

3. 施工图设计与初步设计有哪些区别？

第五章　工艺流程设计

选择工艺路线也就是选择生产方法。从这项工作开始，设计工作不仅要做定性的分析，还要做定量的计算。由于这一步骤是决定设计质量的关键。它将决定整个生产工艺能否达到技术上先进、经济上合理的要求、所以要全力以赴、认真做好。化纤厂工艺特点是一种产品常常有多条工艺路线和多种生产方法，因此，必须逐个进行分析研究，通过多方面比较，从中找到一个最好的方法，作为下一步进行工艺流程设计的依据。

生产工艺流程设计和车间布置设计是工艺设计的两个最重要的内容。生产工艺流程的选择，在可行性调查阶段时已开始进行，经过论证后得到确定。在可行性报告中已有初步的流程设计。在初步设计和施工图设计阶段，都要进行深度不同的工艺流程设计，而且两个阶段中，随着设计工作的深入和其他非工艺设计人员有关条件的反馈，还须对流程作进一步修改。所以工艺流程的设计往往是最先开始，而最后完成。工艺流程设计最终以工艺流程图概括了整个化纤生产过程的全貌。既形象地反映出化纤生产过程中，由原料进入到产品输出，物料和能量发生的变化、流向以及生产中所经历的工艺过程、设备和仪表等。

第一节　生产方法和工艺流程的选择

化学纤维生产的特点之一是生产方法的多样性，即技术路线的多样化。生产同一化纤品种可采用不同的初始原料生产同一种产品。用同一种原料也可采用不同的生产方法生产不同的产品。如涤纶生产可以采用对苯二甲酸二甲酯为原料也可用对苯二甲酸为原料，生产可采用直接纺丝和切片纺丝等。其他纤维品种也有类似情况。如何进行合理的生产方法和工艺路线的选择是设计人员面临的问题。生产方法和工艺流程的选择应力求做到技术先进、经济合理、生产可靠。

一、生产方法和工艺流程确定的步骤

确定生产方法，选择工艺流程一般要经过三个阶段。

1. 全面收集该产品在国内外的各种生产方法资料

这是确定生产方法和选择工艺流程的准备阶段。在此阶段。要根据建设项目的产品方案及生产规模，有计划、有目的地搜集国内外同类型生产厂的有关资料，其中包括：

① 各国生产情况；

② 各种生产方法及工艺流程；

③ 原材料来源及成品应用情况；

④ 原料、中间产品、产品及副产品的规格和性质；

⑤ 原料和主要材料的消耗；

⑥ 综合利用与三废（废水、废气、废渣）的治理；

⑦ 生产技术是否先进可靠，生产机械化、自动化程度；

⑧ 设备制造、运输情况；

⑨ 基本建设投资，产品成本，市场需求；

⑩ 安全技术及劳动保护措施；

⑪ 水、电、蒸汽、压缩空气、冷冻、真空等动力的消耗及供应，主要基建材料的用量与供应；

⑫ 厂置、地质、水文、气象等资料；

⑬ 车间环境与周围情况等。

2. 落实设备

设备是完成生产过程的重要条件，是确定技术路线和工艺流程时必然要涉及的因素。在搜集资料过程中，必须对设备予以足够重视。在汇集了各种资料的基础上，必须着重研究各种路线的设备情况。对于各种生产方法中所采用的设备，分清国内已有的、需要进口的及国内需要重新设计制造的几种类型。对设计制造单位的技术力量、加工条件、材料供应及设计、制造的进度等均应加以了解。

3. 对各种生产方法进行技术、经济、安全方面的比较

在上述两项工作的基础上，将有关资料进行整理归纳，分析对比。全面分析对比的内容很多，一般要详细比较下列几项。

① 几种工艺在国内外采用情况及发展趋势。

② 产品的质量情况。

③ 生产能力及产品规格。

④ 原材料、能量消耗情况。

⑤ 建设费用及产品最终成本。

⑥ 三废的产生和治理情况。

⑦ 其他特殊情况。

二、化纤工艺设计中应考虑的几个问题

1. 连续化流程考虑

生产连续与间歇方式，采取哪一种，要考虑。表 5-1 为涤纶切片纺与直接纺的经济对比。以上对比表明，连续式工艺经济效益高，是发展方向。但还应注意连续化生产的另一方面。

表 5-1　涤纶切片纺与直接纺的经济对比

项目＼工艺	切片纺丝	直接纺丝	项目＼工艺	切片纺丝	直接纺丝
设备费用	81	54	成品成本	84	70.9
动力消耗	62	38	原料	46.1	45.9
动转保全人员	77	42	能量费	11.4	6.4
			其他费用	26.5	18.6

① 对生产稳定性要求高，从而要求较高的操作和管理水平。

② 对建厂条件和车间布置有一定限制条件。如涤纶生产直接纺丝时，要求聚合与纺丝两个工序距离短，熔体中速输送时间一般不大于 15min。

③ 连续化大生产，不易经常更换产品品种，不利于产品多样化以适应经常变化的市场需要。

④ 两步法的产品质量一般优于一步法。例如，采用两步法生产的腈纶质量普遍比采用

一步法好。

2. 产品品种规格对工艺流程的影响

化纤品种多,用途广。同一品种的产品,为使其具有不同的性能和风格,要求不同的规格。为满足产品性能规格上的不同要求,需要不同的生产工艺流程。

如生产不同规格的涤纶短纤维可以使用四种不同的流程,见表5-2。

表 5-2   不同规格的涤纶短纤维的工艺流程特点

规格品种	流 程 特 点	规格品种	流 程 特 点
标准型	二道拉伸	高模量型	固相缩聚、二道拉伸加一道紧张热定型
高强低伸型	二道拉伸加一道紧张热定型	高强高伸型	固相缩聚、二道拉伸

3. 物料输送方式的考虑

化纤生产中的原材料及半成品有相当一部分是呈颗粒状、絮状、片状等固体物料。其输送方式直接影响工艺流程的面貌,并对整个车间的设备布置、厂房建筑形式有直接影响。因此,物料输送方式是流程设计具体化时必须考虑的因素。

在化纤生产中,固体物料的输送大致有以下几种方式。

(1) 车辆运输   一般用于同一层高各工段之间或车间之间的运输。如长丝生产中丝筒的运输、维纶生产中的丝轴的运输等。这种运输方式能较好地保持物体外形,使用灵活方便但占用大量车辆和劳动定员。

(2) 风送   物料在密闭管道内借风力输送。此方式灵活性较大,可水平及垂直输送,也可过一处同时送到几处。设备也较简单。缺点是对硬质物料有一定磨损对输送距离及高度有一定要求多动力消耗也较大。常用于聚合体颗粒和短纤维的输送。

(3) 真空抽吸   借助密闭管道的真空度抽吸物料。特点风送相同,只是动力为真空,受料处不需设置物料分离装置。

(4) 脉冲输送   脉冲输送是管道气流输送的另一种形式。它是利用压缩空气将切片一股股的送往容器。脉冲输送具有下列优点。

① 气流速度低,最大为 $6 \sim 12 m/s$。

② 由于气流速度低,物料与管壁之间的摩擦小,物料之间的碰撞和摩擦也少,故产生的粉末也少。

③ 脉冲输送固气比大,输送密度高,耗气少,耗能低。

④ 输送距离长。

⑤ 尾气处理简单,不需要旋风分离器。

⑥ 在管径相同的情况下,输送效率高。

⑦ 运转稳定可靠,并能输送干切片。

上述各种输送方式均有不同的特点和使用范围,在实际的流程设计中,必须根据物料的性质、输送要求、车间内设备布置和操作情况而定。有时对于同一种物料,根据不同的具体情况,采用的输送方式也不同。

4. 重力流程的考虑

重力流程是指借助于两个相邻设备在空间位置上的差异,使物料借自身重力作用流到下面设备的流程。显然,这种流程可减少输送设备及运行、维修费用。在化纤厂工艺流程设计中广泛采用。涤纶、锦纶生产中干燥系统的预结晶器与充填干燥塔间的物料输送、充填干燥塔与螺杆挤压机之间的物料输送等，经常采用重力流程。当然，由于重力流程的采用，也造成化纤厂出现高层厂房形式，使基建费用增加在实际流程设计中，应权衡利弊，全面考虑，具体分析，合理采用。

5. 重视辅助流程的设计

化纤生产中除主流程之外，尚有辅助流程。如纺丝组件的处理、油剂调配、纺丝液调配等。这些辅助流程是化纤生产中不可缺少的组成部分，在设计中不应轻视。例如，纺丝组件处理流程设计不当会使组件处理不好，直接影响正常纺丝和纤维质量。

第二节　初步设计中的工艺流程设计

初步设计中的工艺流程设计是对工艺技术路线的具体概括和反映。

初步设计中的工艺流程设计成果是工艺流程图。由五部分构成：生产流程示意图、图例、设备一览表、图签、图框。

1. 生产流程示意图

这是流程图的主要部分，主要用来表征由原料到产品的来龙去脉。图中包括以下内容：

① 该图表示一条生产线，从原料进入到产品输出流经的主要设备、主要阀门设置情况。

② 表示各个生产设备中物料进出情况。

③ 表示进出生产设备的公用工程情况。

④ 表示生产过程中主要工艺控制点。

⑤ 表示设备间相对位置标高，不表示设备间的真实距离。

⑥ 设备流程号。

生产流程示意图的画法要求如下。

① 为给人以完整、清晰的印象，流程图尽量在一张图纸上完成，且按主物料前进方向从左向右依次绘制。

② 绘制时注意相对比例一致。

③ 设备用细实线绘制，要反映出外形尺寸以及有无搅拌、夹套等设备技术特征，相同设备只需绘制一台。

④ 主物料用粗实线表示，要贯穿始终，用箭头表示流向，并标注介质代号。

⑤ 辅助物料及公用工程管线用细实线表示，用箭头表示流向，并标注介质代号。

⑥ 必要的地方需加适当文字说明。如进出本流程的管线均要注明物料名称，并用箭头及文字表明去向。

绘制流程图的具体步骤一般按以下顺序进行。

① 根据设备所处的相对位置大体确定各楼层标高。

② 根据所选用设备情况选择绘图适当比例。

③ 从左向右依次绘制设备外形图（包括夹套、搅拌等技术特征）设备之间留有一定间隔距离。

④ 用均匀的粗实线将主物料流经的设备依次连接，并画出流向箭头。

⑤ 将动力（水、汽、真空、压缩空气等）管线用细实线连接，并画出流向箭头。

⑥ 标上设备位号及辅助线。

⑦ 绘制出主要阀门，协助自控专业表示出主要控制点的内容（温度、压力等）及控制

方法。

⑧ 最后加上必要的文字注解。

2. 图例说明及有关代号

为使图面简明，清晰醒目，化纤厂设计中常采用一些图例及代号来表示某种含义。

在流程图中采用图例和代号是比较方便的，只需按规定表示方法即可，但需注意在一个设计中，所采用的图例、代号应该统一，防止各个专业互不统一。不允许同一专业在不同图纸中，图例、代号不一致。一般在设计工作开展之前，首先应对本设计中所要采用的图例、代号作出统一规定，供设计人员工作中使用。常见图例、代号见图 5-1。

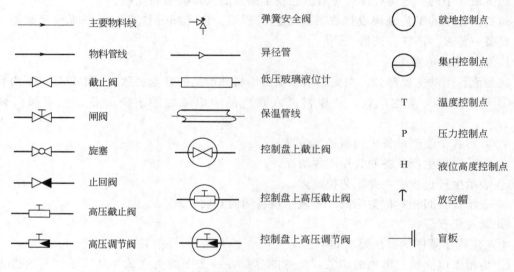

图 5-1　常用图例（介质代码，管道代码）

3. 设备表

这是以表格形式表示出流程图中所采用的设备情况，其一般设置在图签上方，由下往上写。此表宽度与图签，内容一般包括：序号、设备位号、设备名称、主要规格、台数、重量、生产厂家及备注等内容。

4. 图签

图签的作用是标明图名，设计单位，设计、制图、审核人员，绘图比例和图号等。其位置一般在流程图右下角。尺寸一般长 17.5cm，宽 4.5cm。设备一览表的长度将和图签长度取齐，使之整齐美观。

5. 图框

图框采用粗线条绘制，给整个工艺流程图以框界。框的宽度一般为 25～30cm，特殊场合可适当调整宽度。长度可按流程长短决定。

物料流程、图例、设备一览表及图签的相对位置由左至右展开排列。先物料流程，次之图例，最后为设备一览表和图签。当然，在流程图中，图示部分、图例及代号部分及设备表部分，三者的位置关系不是绝对的。图示是流程图的主体，应重点突出，其余两部分是辅助部分，位置可依图纸情况而定。纺丝生产过程部分工艺流程如图 5-2 所示。

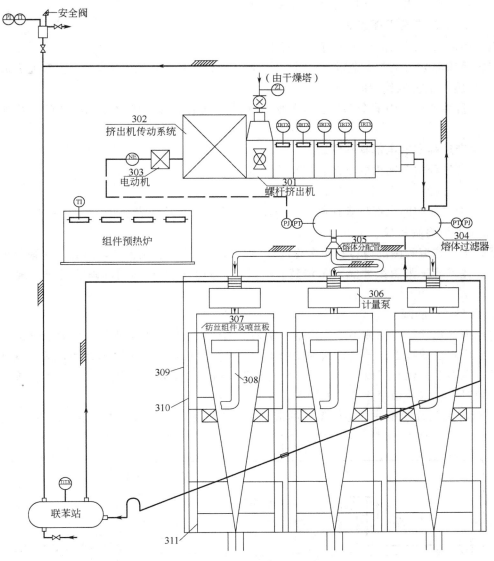

图 5-2　涤纶纺丝生产部分工艺流程

第三节　施工图阶段工艺流程设计

施工图阶段工艺流程设计是在已批准的初步设计阶段工艺流程的基础上进行的。主要是将所选用的设备、阀门、仪表等在工艺流程图中做进一步说明。此种流程图是设备布置和管道设计的主要依据，并在施工和安装中起指导作用。因此，对施工图阶段工艺流程设计的要求是全面、详细、准确。

一、施工图阶段工艺流程设计的内容

这一设计阶段的主要工作是完成施工工艺流程图。这种设计图纸有的由图示、图例和代号两部分组成，有的除上述两部分外还有设备表。这是在图纸形式上与初步设计工艺流程图不同之处。

图例和代号的意义及作用与初步设计工艺流程时相同，较之初步设计阶段的内容丰富和详细。它包括介质代号、管材代号、仪表阀门图例等。

二、施工工艺流程图设计

施工图阶段的工艺流程图带有全部控制点，并由工艺与自控两个专业共同完成。工艺设备及工艺管道部分由工艺专业进行设计，各种仪表部分的设计绘图工作由自控专业完成。

（一）施工工艺流程图的内容

① 项目生产过程中的全部设备，即所有生产系列的全部主机设备、辅助设备及现场备用设备。

② 生产过程中的全部物料管线。

③ 生产过程中车间内的全部公用工程管线。

④ 生产过程中的全部工艺阀门等。

⑤ 生产过程中的全部仪表控制点、检测点及选用的自控仪表。

（二）图纸绘制要求

因施工工艺流程图的内容和深度均远远超过初步设计工艺流程图，因此，一张图纸难以容下，往往需若干张图纸才能表示清楚。而且，不同的内容有不同的画法要求，现分叙述如下。

1. 生产系列的画法

大规模的化纤厂，往往不止一个生产系列。而施工阶段工艺流程图，则要求全部的生产系列都要反映在图纸上。显然，这种图纸上有许多重复的部分。为节约时间，减少重复绘图工作量，在多系列化纤厂设计中，允许简化绘图不作，即若有两个以上设备、工艺等完全相同的系列时，可以采用简化法，如图 5-3 所示。

① 仅详细设计绘制一个生产系列的流程图。其他系列用细实线框起来，填写注明相应

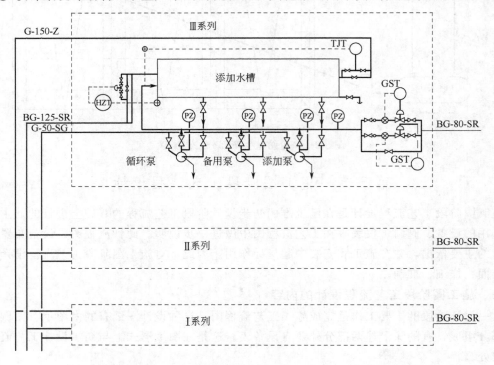

图 5-3　多系列 PVA 水洗流程

的系列号，便可以代表该系列的详细流程。最后表示清楚各生产系列与总管线的相互关系即可。

② 先在一张图纸上详细绘制一个生产系列的流程情况，表示出总管线与每个系列的关系。在另一张图纸上，根据实有的生产系列数，用细实线绘制相应数量的方框图，并注明每个方框图所占的系列号数。然后用粗实线表示清楚总管线与各系列的关系以及各系列之间的关系。

简化绘制生产系列图时，简化的部分必须完全相同，如果各系列内部情况不尽相同，则不得简化。

2. 设备的画法及定位

① 除了简略部分外，全部设备均需表示出来。用细实线绘制设备外形并表示出设备的主要技术特征（夹套、搅拌器）。

② 流程图中不可出现设备重叠情况。

③ 设备不要求按尺寸精确绘制，但各设备相对比例要协调。泵类等小型设备可按情况进行绘制。

④ 相同位号的设备，可以完整的只画一个，其余可简化成以外形表示。

⑤ 相同的或者不相同的设备，均应逐台标注位号。

不相同的设备一台占一个位号。相同设备的位号先编一个总位号，再标出设备分台数。若流程中未列设备表时，还应列出设备名称，一般是在设备引线上填写设备位号。引线下填写设备名称。

⑥ 设备应尽量按主要设备所在楼层标高进行绘制。楼层以细实线表示，当设备穿过楼层时，楼层线要断开。

3. 管道的画法要求

① 施工流程图中必须将主物料、辅助物料、公用工程管线以及放空管、排污管、取样管等全部绘出。管道如为夹套管或为变径管（大小头）也要表示清楚。异径管两端必须注明变化前后的直径。用箭头表示流向。

② 一切管道的来龙去脉、汇集分支部要表示清楚。配管上均要标注管材、管径及流体介质代号。水平管线标注在管线上，垂直管线则标注在管线左侧。例如：表示管线的材质，50 为其公称直径，Z 为流经的流体介质，即表示出一段分称直径为 50mm 的内部通 0.35MPa 蒸汽的焊接钢管。若总管上引出支管，支管可省略介质代号。

③ 当配管图中遇到横向线与纵向线交叉时，要遵守下列原则进行处理：

a. 当主物料管与公用工程管交叉时，公用工程管要让路（断开）；

b. 当主物料管与主物料管或公用工程管线间交叉时，纵向管要让路（断开）。

4. 阀门的画法要求

管线上的所有阀门均需用细实线表示，并逐个标明阀门代号及规格。

5. 管段号的设定和标注

对于不锈钢管道及夹套管等需要预制的管道，为便于管材统计，需要编制管段号。编制时，一般以某一段总管，总管到某系列支管，总（支）管到设备，设备到设备为一个编号。也可采用一个大编号再附属几个小编号的办法。

夹套管的管段号编制方法是以每段管子的法兰为界作为一个管段号。这种管段号在流程图上不需标注，只需在配管图上逐段标明。

6. 复杂管线的处理

当管线比较复杂时，可单独绘制公用工程流程图，工艺流程图中可不再出现有关公用工程的图线，而只注明见某公用工程共管线图号。

7. 控制仪表的画法

工艺专业在施工图流程绘制阶段要配合自控专业在施工流程图上标注全部仪表控制点和检测点。内容包括仪表图例代号及编号。

除上述各项外，施工阶段工艺流程图的绘制同初步设计阶段一样，图纸绘制与编号等一律从左向右依次展开。图示部分所附的图例及代号等也要安排在图纸右上或右下方。应注意，在同一设计项目中代号必须统一。

习题

1. 为什么要选择工艺流程？
2. 组成初步设计的工艺流程可分为哪五个部分？
3. 施工图工艺流程的主要内容有哪些？

第六章 原料、半成品、成品技术指标

第一节 原材料质量与规格

原材料指标对化学纤维生产有重要影响，是影响化纤厂设计成功与否的重要因素，因此必须对原料的生产指标进行控制，以保证化纤生产的顺利进行。常用原材料指标如下。

一、聚酯纤维生产用原料主要质量指标

聚酯生产用原料主要质量指标见表6-1。

表6-1 聚酯切片主要质量指标

项 目	质量指标	项 目	质量指标
特性黏度[η]/(dL/g)	0.65±0.01	凝胶粒子/个	≤0.4
端羧基含量/(mol/t)	≤27	水分/%	≤0.4
熔点/℃	260	色度(b值)	4±2
二氧化钛/%	≤0.4	切片尺寸/mm	Φ3×3
二甘醇含量/%	≤1.2		

二、聚酰胺纤维生产用原料主要质量指标

聚酰胺6原料及切片主要质量指标见表6-2和表6-3。聚酰胺66原料主要质量指标见表6-4和表6-5。

表6-2 ε-己内酰胺主要质量指标

指标名称	指标			指标名称	指标		
	一级品	二级品	三级品		一级品	二级品	三级品
高锰酸钾值/s	≥6000	≥2500	≥1000	25%水溶液的透光率/%	≥98	≥96	≥90
凝固点/℃	≥68.80	≥68.50	≥68.0	机械杂质/×10⁻⁶	≤5	≤5	≤10
挥发性碱/(mol/kg)	≤1.00	≤1.50	≤2.00	稳定性试验/号	≤20	≤40	—
50%水溶液的色度/号	≤5	≤8	≤10	含铁量/×10⁻⁶	≤1.0	≤2.0	—

表6-3 聚酰胺6切片主要质量指标

规格项目		优等品	一等品	合格品
外观		白色到淡黄色片状	白色到淡黄色(不染色)片状	
杂质及氧化颗粒数量(100g)	≤	18	18	23
粒度/mm	≥	1.5~4.0	1.5~4.0	1.5~4.0
湿度/%	≤	0.2	0.2	2.0
相对黏度	≥	2.5	2.4	2.2~3.5
可萃取物/%	≤	1.5	1.5	3.0
未切削碎片(20mm)/%	≤	0.5	0.5	0.6
熔点/℃	≥	215	213	214

表 6-4　聚酰胺 66 盐主要质量指标

指 标 名 称		优 等 品	一 等 品	合 格 品
外观		白色结晶		
35%溶液色度(铂-钴色号)	≤	5	15	20
10%溶液 pH 值		7.7~8.0	7.5~8.0	7.5~8.0
水分(质量分数)/%	≤	0.40	0.40	0.5
灰分/(mg/kg)	≤	5	10	15
铁/(mg/kg)	≤	0.3	0.5	1.0
总挥发碱/(ml[(1/2硫酸)=0.01mol]/100g)	≤	4.2	6.0	8.0
假硝酸(以硝酸计)/(mg/kg)	≤	25	35	40
假二氨基己烷/(mg/kg)	≤	10	10	15
硝酸盐(以硝酸计)/(mg/kg)	≤	5.0	8.0	10.0
UV 指数	≤	$0.10×10^{-3}$	$0.2×10^{-3}$	$0.30×10^{-3}$

表 6-5　己二酸主要质量指标

级别	外观	含量(质量分数)/%≥	熔点/℃≥	色度(铂-钴)色号≤	水分(质量分数)/%≤	灰分/(mg/kg)≤	铁含量/(mg/kg)≤	硝酸含量/(mg/kg)≤
优	白色纯晶粉末	99.7	151.5	5	0.2	7	1.0	10.0
优	白色晶体	99.9	151.5	5	0.2	7	0.7	10.0

三、聚丙烯纤维生产用原料主要质量指标

聚丙烯纤维生产用原料主要质量指标见表 6-6。

表 6-6　聚丙烯切片主要质量指标

牌号	级别	熔体流动速率/(g/10min)	密度/(g/cm³)	粉末灰/%	拉伸屈强度/MPa≥	等规指数/%≥	清洁度(色粒)	用 途
71735	优	30~40	0.91	≤0.02	≥31	96	0~5	无纺布、烟用丝束
70318	优	13~22	0.91	≤0.02	≥30	96	0~5	丙纶级聚丙烯酯
70126	优	20~32	0.91	≤0.02	≥29	96	0~5	涂膜专用流动性好
5004	优	2.6~4.4	0.91	≤0.02	≥31.5	96	0~5	扁丝、单丝和复丝
4018	优	10~16	0.9	≤0.02	≥31.5	96	0~5	注塑成型聚合物
YS835	优	35~38	0.908	≤0.0015	≥31	97	0~5	无纺布专用料
YS830	优	17~23	0.91	≤0.02	≥31	97	0~5	烟用丝束专用料
H30S	优	30~40	0.906	≤0.02	≥31	96	0~5	无纺布专用料
T30S	优	2.6~4	0.908	≤0.02	≥30	96	0~5	纺扁丝、单丝
S2040	优	33~43	0.905	≤0.01	≥34.5	96	0~5	无纺布短丝纤维
2401	优	2.5~4	0.91	≤0.02	≥33	96	0~5	纺编织袋
S1018	优	16~22	0.905	≤0.02	≥35.3	96	0~5	丙纶长丝、短丝
H30S	优	30~40	0.91	≤0.02	≥34	96	0~5	无纺布专用料
T30S	优	2.2~4	0.91	≤0.02	≥32	96	0~5	纺编织袋
Z30S	优	22~25	0.91	≤0.02	≥34	96	0~5	丙纶长丝、短丝
T30S	优	2.2~3.5	0.91	≤0.02	≥32	96	0~5	纺编织袋
H30S	优	30~40	0.91	≤0.02	≥34	97	0~5	无纺布专用料
T30S	优	2.2~4	0.91	≤0.02	≥32	97	0~5	纺编织袋

四、聚丙烯腈纤维生产用原料主要质量指标

聚丙烯腈纤维生产用原料主要质量指标见表 6-7。

表 6-7　聚丙烯腈原料——丙烯腈主要质量指标

指 标 名 称	优级品	一级品	合格品
外观		透明液体，无悬浮物	
含量/%	≥99.5	≥99.3	≥98.5
相对密度		0.800～0.807	
pH 值(5%水溶液)	6.0～9	6.0～10.0	6.0～10.0
滴定值(5%水溶液)	≤2.0	≤3.0	≤4.0
色度(Pt-Co)/号	≤5	≤16	≤20
水含量/%	≤0.45	≤0.50	≤0.70
总醛含量(以乙醛计)/%	≤0.005	≤0.010	≤0.018
总氰含量(以氢氰酸计)/%	≤0.0005	≤0.0010	≤0.0040
过氧化物(以过氧化氢计)/%	≤0.00002	≤0.00003	≤0.00004
铁含量/%	≤0.00001	≤0.00002	≤0.00005
乙腈含量/%	≤0.020	≤0.030	≤0.050
丙酮含量/%	≤0.010	≤0.020	≤0.030
丙烯醛含量/%	≤0.0015	≤0.0040	≤0.0090

五、维纶（聚乙烯醇缩甲醛纤维）树脂质量指标

纤维级聚乙烯醇树脂质量指标见表 6-8。

表 6-8　纤维级聚乙烯醇树脂质量指标（GB/T 7351—1997）

指 标 名 称	高 碱 醇 解			低 碱 醇 解		
	优级品	一级品	合格品	优级品	一级品	合格品
挥发分/%	≤8.0	≤8.0	≤8.0	≤9.0	≤9.0	≤9.0
氢氧化钠/%	≤0.20	≤0.30	≤0.30	≤0.20	≤0.20	≤0.30
残留乙酸根/%	≤0.15	≤0.20	≤0.20	≤0.13	≤0.15	≤0.20
乙酸钠/%	≤6.8	≤7.0	≤7.0	≤2.1	≤2.3	≤2.3
纯度/%	≥85.0	≥85.0	≥84.7	≥90.0	≥90.0	≥88.4
透明度/%	≥90.0	≥90.0	≥90.0	≥90.0	≥90.0	≥90.0
着色度/%	≥88.0	≥86.0	≥84.0	≥90.0	≥88.0	≥86.0
膨润度/%	190±15			145±15		
平均聚合度	$M±50$	$M±70$		$M±50$	$M±70$	

注：M 值视用户要求，在 1700～1800 范围内选定，一旦确定后不得任意变更。

六、黏胶纤维原料指标

黏胶纤维原料指标见表 6-9～表 6-17。

表 6-9　黏胶纤维木浆质量指标

指 标 名 称	规 定						试验方法
	N0		N1		N2		
	一等	二等	一等	二等	一等	二等	
甲种纤维素/% ≥	90.0	89.0	89.0	88.0	89.0	88.0	GB 744—79
多缩戊糖/% ≤	4.0	4.0	4.0	4.0	4.0	4.0	GB 745—79
黏度(铜氨黏度,落球法)/10⁻³Pa·s	19.0～22.0	19.0～23.0	19.0～22.0	19.0～23.0	19.0～22.0	19.0～23.0	
树脂、蜡、脂肪(乙醚抽出法)/%≤	0.40	0.50	0.55	0.65	0.60	0.70	GB 743—79

指 标 名 称		规　定						试验方法
		N0		N1		N2		
		一等	二等	一等	二等	一等	二等	
灰分/% ≤		0.08	0.10	0.10	0.12	0.10	0.12	GB 742—79
含铁量/(mg/kg) ≤		10	15	15	20	15	20	
白度(蓝光法)/% ≥		90.0	85.0	90.0	85.0	90.0	85.0	GB 1542—79
尘埃度	500g绝干浆中,0.08~2.5mm² 的小尘埃/(mm²/500g) ≤	15	20	20	25	20	25	
	10张浆板(相当5m²中3.0mm²以上尘埃/(个/5m²) ≤	不许有	不许有	不许有	2	2	4	
定量/(g/m²)		600±50		600±50		600±50		
交货水分/%		9±2		9±2		9±2		
计算水分/%		10		10		10		

表 6-10　黏胶短纤棉浆标准（FJ 517—82）

指　标		一等品	二等品	三等品
聚合度		500±20	500±25	500±30
黏度/10⁻⁴Pa·s		120±10	120±12	120±14
甲种纤维素/%	≤	93.0	2.5	92.0
灰分/%	≤	0.10	0.12	0.15
铁质/(mg/kg)	≤	20	25	30
吸碱值/%	≥	500	480	450
白度/%	≥	80	78	78
反应性能/s	<	250	不符合一等品	
小尘埃(0.05~3mm²)/(mm²/500g)	≤	70	90	120
中、大尘埃(>3mm²)/(个/5m²)	≤	2	4	6
水分/%		10.0±1.5	不符合一等品	
定积质量/(g/m²)　长网			700±100	不符合一等品
圆网			500±100	

注：聚合度和黏度只考核其中一项。

表 6-11　富强纤维棉浆标准（FJ 517—82）

指　标		一等品	二等品	三等品
聚合度		760±25	760±30	760±30
黏度/10⁻⁴Pa·s		200±15	200±20	200±20
甲种纤维素/%	≤	97.5	97.0	96.5
灰分/%	≤	0.08	0.10	0.12
铁质/(mg/kg)	≤	15	20	25
吸碱值/%	≥	450	不符合一等品	
白度/%	≥	82	80	80
小尘埃(0.05~3mm²)/(mm²/500g)	≤	45	60	80
中、大尘埃(>3mm²)/(个/5m²)	≤	2	4	6
水分/%		9.5±1.5	不符合一等品	
定积重量/(g/m²)　长网		700±100	不符合一等品	
圆网		500±100		

注：聚合度和黏度只考核其中一项。

表 6-12　二硫化碳质量指标（HG 1-779—75）

指　标　名　称	指　标		指　标　名　称	指　标	
	特　级	普通级		特　级	普通级
外观	无色透明液体	无色透明液体	水分/% ≤	0.02	0.06
沸程/℃	45.6～46.6	45.6～46.6	砷/% ≤	0.000004	—
相对密度（D_4^{20}）	1.262～1.267	1.262～1.267	二氧化硫含量/% ≤	99.97	99.90
蒸发残渣/%	0.005	0.01			

表 6-13　工业用固体氢氧化钠国家标准（GB 209—93）

水　银　法		苛　化　法			隔　膜　法			水　银　法		
		优等品	一等品	合格品	优等品	一等品	合格品	优等品	一等品	合格品
氢氧化钠/%	≥	99.5	99.5	99.0	97.0	97.0	96.0	96.0	96.0	95.0
碳酸钠/%	≤	0.40	0.45	0.90	1.5	1.7	2.5	1.3	1.4	1.6
氯化钠/%	≤	0.06	0.08	0.15	1.1	1.2	1.4	2.7	2.8	3.2
三氧化二铁/%	≤	0.003	0.004	0.005	0.008	0.01	0.01	0.008	0.01	0.02
钙镁总含量（以 Ca 计）/%	≤	0.01	0.02	0.03	—	—	—	—	—	—
二氧化硅/%	≤	0.02	0.03	0.04	0.50	0.55	0.60			
汞/%	≤	0.0005	0.0005	0.0015	—	—	—			

表 6-14　工业用液体氢氧化钠国家标准（GB 209—93）

项　　目		水　银　法			苛　化　法		
		优等品	一等品	合格品	优等品	一等品	合格品
氢氧化钠/%	≥	45.0	45.0	2.0			42.0
碳酸钠/%	≤	0.25	0.30	0.35	1.0	1.1	1.5
氯化钠/%	≤	0.03	0.04	0.05	0.70	0.80	1.00
三氧化二铁/%	≤	0.002	0.003	0.004	0.02	0.02	0.03
钙镁总含量（以 Ca 计）/%	≤	0.005	0.006	0.007	—	—	—
二氧化硅/%	≤	0.01	0.02	0.02	0.50	0.55	0.60
汞/%	≤	0.001	0.002	0.003	—	—	—

表 6-15　工业硫酸国家标准（GB 534—89）

指　标　名　称		特种硫酸	浓　硫　酸			发　烟　硫　酸		
			优等品	一等品	合格品	优等品	一等品	合格品
硫酸（H_2SO_4）含量/%	≥	92.5 或 98.0	92.5 或 98.0	92.5 或 98.0	92.5 或 98.0	—	—	—
游离三氧化硫（SO_3）含量/%		—	—	—	—	20.0	20.0	20.0
灰分/%		0.02	0.03	0.03	0.10	0.03	0.03	0.10
铁（Fe）含量/%		0.005	0.010	0.010	—	0.010	0.010	0.030
砷（As）含量/%		8×10^{-5}	0.0001	0.005	—	0.0001	0.0001	—
铅（Pb）含量/%		0.001	0.01	—	—	0.01	—	—

指 标 名 称	特种硫酸	浓 硫 酸			发 烟 硫 酸		
		优等品	一等品	合格品	优等品	一等品	合格品
汞(Hg)含量/%	0.0005	—	—	—	—	—	—
氮氧化物(以 N 计)含量/%	0.0001	—	—	—	—	—	—
二氧化硫(SO_2)含量/%	0.01						
氯(Cl)含量/%	0.001	—	—	—	—	—	—
透明度/mm	160	50	50				
色度/mL	1.0	2.0	2.0				

表 6-16　无水硫酸钠质量指标（HG 1-520—67）

指标名称	特级品	一级品	指标名称	特级品	一级品
外观	白色均细颗粒		水不溶物/%	0.02	0.10
硫酸钠/%	699	698			

表 6-17　结晶芒硝质量指标（QB 379—64）

指 标 名 称	指　标	指 标 名 称	指　标
硫酸钠/%	>38	硫酸锌/%	<0.1
硫酸/%	<0.4		

第二节　半成品与成品指标

半成品与成品指标是检验设计成败的手段，应合理制定半成品产品指标，以保证生产的产品质量稳定。

一、涤纶指标

各种涤纶的质量指标与外观指标见表 6-18～表 6-31。

表 6-18　涤纶短纤维质量指标（棉型）

序号	考 核 项 目	棉　型							
		高 强 棉 型				普 强 棉 型			
		优等品	一等品	二等品	三等品	优等品	一等品	二等品	三等品
1	断裂强度/(cN/dtex)	≥5.25	≥5.00	≥4.80		≥4.30	≥4.10	≥3.90	
2	断裂伸长率/%	M_1±4.0	M_1±5.0	M_1±7.0	M_1±8.0	M_1±4.0	M_1±5.0	M_1±8.0	M_1±10.0
3	线密度偏差率/%	±3.0	±4.0	±6.0	±8.0	±3.0	±4.0	±6.0	±8.0
4	长度偏差率/%	±3.0	±6.0	±7.0	±10.0	±3.0	±6.0	±7.0	±10.0
5	超长纤维率/%	≤0.5	≤1.0	≤1.4	≤3.0	≤0.5	≤1.0	≤1.4	≤3.0
6	倍长纤维含量/(mg/100g)	≤2.0	≤6.0	≤15.0	≤30.0	≤2.0	≤6.0	≤15.0	≤30.0
7	疵点含量/(mg/100g)	≤2.0	≤8.0	≤15.0	≤40.0	≤2.0	≤8.0	≤15.0	≤40.0
8	卷曲数/(个/25mm)	M_2±2.5	M_2±3.5			M_2±2.5	M_2±3.5		
9	卷曲率/%	M_3±2.5	M_3±3.5			M_3±2.5	M_3±3.5		

序号	考核项目	棉型							
		高强棉型				普强棉型			
		优等品	一等品	二等品	三等品	优等品	一等品	二等品	三等品
10	180℃干热收缩率/%	M₄±2.0	M₄±3.0			M₄±2.0	M₄±3.5		
11	比电阻/Ω·cm	≤M₅10⁸	≤M₅10⁹			≤M₅10⁸	≤M₅10⁹		
12	0定伸长强度/(cN/dtex)	≥2.65	≥2.00			—			
13	断裂强度变异系数/%	≤10.0	≤15.0			≤12.0	—		

注：M_1—断裂伸长中心值，取 4～35；M_2—卷曲数中心值；M_3—卷曲率中心值；M_4—干热收缩中心值；M_5—比电阻中心值。

表 6-19　涤纶短纤维质量指标（中长型、毛型）

序号	考核项目	中长型				毛型			
		优等品	一等品	二等品	三等品	优等品	一等品	二等品	三等品
1	断裂强度/(cN/dtex)	≥4.00	≥3.80	≥3.60		≥3.70	≥3.50	≥3.30	
2	断裂伸长率/%	M₁±6.0	M₁±8.0	M₁±10.0	M₁±12.0	M₁±7.0	M₁±9.0	M₁±11.0	M₁±13.0
3	线密度偏差率/%	±4.0	±5.0	±6.0	±8.0	±4.0	±5.0	±6.0	±8.0
4	长度偏差率/%	±3.0	±6.0	±7.0	±10.0	—			
5	超长纤维率/%	≤0.3	≤0.6	≤1.0	≤3.0	—			
6	倍长纤维含量/(mg/100g)	≤2.0	≤6.0	≤15.0	≤30.0	≤5.0	≤15.0	≤20.0	≤40.0
7	疵点含量/(mg/100g)	≤3.0	≤10.0	≤15.0	≤40.0	≤5.0	≤15.0	≤25.0	≤50.0
8	卷曲数/(个/25mm)	M₂±2.5	M₂±3.5			M₂±2.5	M₂±3.5		
9	卷曲率/%	M₃±2.5	M₃±3.5			M₃±2.5	M₃±3.5		
10	180℃干热收缩率/%	M₄±2.0	M₄±3.5			≤5.5	≤7.5	≤9.0	≤10.0
11	比电阻/Ω·cm	≤M₅10⁸	≤M₅10⁹			≤M₅10⁸	≤M₅10⁹		
12	断裂强度变异系数/%	≤13.0	—						

注：M_1—断裂伸长中心值，取 4～35；M_2—卷曲数中心值；M_3—卷曲率中心值；M_4—干热收缩中心值；M_5—比电阻中心值。

表 6-20　涤纶预取向丝的物理指标

序号	项目	优等品	一等品	二等品	三等品
1	线密度偏差率/%	±2.0	±2.5	±3.0	±3.5
2	线密度变异系数（CV值）/%	≤0.60	≤0.80	≤1.00	≤1.20
3	断裂强度/(cN/dtex)	≥2.20	≥2.00	≥1.90	≥1.80
4	断裂强度变异系数（CV值）/%	≤4.50	≤7.00	≤8.00	≤10.00
5	断裂伸长率/%	M₂±4.0	M₂±8.0	M₂±10.0	M₂±12.0
6	断裂伸长率变异系数（CV值）/%	≤4.50	≤8.00	≤9.00	≤10.00
7	条干均匀度U值（CV值）/%	≤0.80	≤1.28	≤1.44	≤1.60
		≤1.00	≤1.60	≤1.80	≤2.00

注：M_2—断裂伸长中心值，取 80～140。

表 6-21　涤纶预取向丝的外观指标

序号	项目	优等品	一等品	二等品	三等品
1	色泽	正常		轻度异常	明显异常
2	毛丝/(根/筒)	0	≤2	≤6	≤12
3	油污丝/cm²	无	≤1	≤3	≤4
4	尾巴丝/(圈/筒)	≥15		无尾巴、多尾巴	
5	成型	良好	较好	较差	差
6	绊丝/(根/筒)	0	≤4	≤6	≤12
7	筒重(净重)/kg	满筒名义重量的90%以上	满筒名义重量的60%以上	≥4	≥2

表 6-22　涤纶低弹丝物理指标

序号	项目	优等品	一等品	二等品	三等品
1	线密度(纤度)偏差率/%	±2.5	±3.0	±4.0	±5.0
2	线密度变异系数(CV)值/%	≤0.80	≤1.40	≤1.60	≤1.80
3	断裂强度/(cN/dtex)	≥3.30	≥3.00	≥2.80	≥2.60
4	断裂强度变异系数(CV 值)/%	≤4.00	≤8.00	≤10.0	≤12.0
5	断裂伸长率/%	$M_1 \pm 3.0$	$M_1 \pm 7.0$	$M_1 \pm 8.0$	$M_1 \pm 9.0$
6	断裂伸长率变异系数(CV 值)/%	≤8.00	≤12.0	≤14.0	≤16.0
7	卷曲收缩率/%	$M_2 \pm 5$	$M_2 \pm 7$	$M_2 \pm 8$	$M_2 \pm 8$
8	卷曲收缩率变异系数(CV 值)/%	≤10.0	≤14.0	≤16.0	≤16.0
9	卷曲稳定度/%	≥70.0	≥55.0	≥50.0	≥40.0
10	沸水收缩率/%	$M_3 \pm 0.5$	$M_3 \pm 0.8$	$M_3 \pm 0.9$	$M_3 \pm 1.0$
11	染色均匀度(灰卡)/级	≥4.0	≥4.0	≥3.5	≥3.0

注：M_1—断裂伸长中心值，取 20~30；M_2—卷曲收缩率中心值；M_3—沸水收缩中心值。

表 6-23　涤纶低弹丝外观指标

序号	项目		优等品	一等品	二等品	三等品
1	色泽		正常	正常	轻度异常	明显异常
2	毛丝/(只/筒)	<77.8dtex(70D)	≤3	≤10	≤14	≤24
		77.8~144.4dtex		≤8	≤12	≤22
		>144.4dtex(130D)		≤6	≤10	≤20
3	油污丝/cm²		无	≤1	<4	≤6(包括星点油污)
4	断头/(只/筒)		无	无	无	无
5	尾巴丝/(根/筒)		1(1.5 圈以上)	1(1.5 圈以上)	无尾巴、多尾巴	无尾巴、多尾巴
6	僵丝		无	无	稍有	较多
7	成型		良好	较好	一般	较差
8	绊丝(蛛网丝)/(根/筒)		0	0	上端面≤2 下端面≤1	上端面≤4 下端面≤2
9	筒重(净)/kg		满筒名义重量的90%以上	≥1.5	≥1.0	≥0.5

表 6-24 涤纶低弹网络丝物理指标

序号	项　目	优等品	一等品	二等品	三等品
1	线密度(纤度)偏差率/%	±2.5	±3.0	±4.0	±5.0
2	线密度变异系数(CV 值)/%	≤0.80	≤1.40	≤1.60	≤1.80
3	断裂强度/(cN/dtex)	>3.30	>3.00	>2.80	>2.60
4	断裂强度变异系数(CV 值)/%	≤4.00	≤8.00	≤10.00	≤12.00
5	断裂伸长率/%	$M_1 \pm 3.0$	$M_1 \pm 7.0$	$M_1 \pm 8.0$	$M_1 \pm 9.0$
6	断裂伸长率变异系数(CV 值)/%	≤8.00	≤12.00	≤14.00	≤16.00
7	卷曲收缩率/%	$M_2 \pm 5$	$M_2 \pm 7$	$M_2 \pm 8$	$M_2 \pm 8$
8	卷曲收缩率变异系数(CV 值)/%	≤10.00	≤14.00	≤16.00	≤16.00
9	卷曲稳定度/%	≥70.0	>55.0	>50.0	>40.0
10	沸水收缩率/%	$M_3 \pm 0.5$	$M_3 \pm 0.8$	$M_3 \pm 0.9$	$M_3 \pm 1.0$
11	染色均匀性(灰卡)/级	≥4.0	≥4.0	≥3.5	≥3.0
12	网络度/(个/m)	$M_4 \pm 10$	$M_4 \pm 15$	$M_4 \pm 20$	$M_4 \pm 20$
13	网络度变异系数(CV)/%	≤8.0	—	—	—

注：M_1—断裂伸长中心值，取 20~30；M_2—卷曲收缩率中心值；M_3—沸水收缩中心值；M_4—网络度中心值。

表 6-25 涤纶低弹网络丝外观指标

	项　目		优等品	一等品	二等品	三等品
1	色泽		正常	正常	轻度异常	明显异常
2	毛丝/(个/筒)	<77.8dtex(70D)	≤3	≤10	≤14	≤24
		77.8~144.4dtex(70~130D)		≤8	≤12	≤22
		>144.4dtex(130D)		≤6	≤10	≤20
3	油污丝/cm²		无	<1	<4	(包括星点油污)<6
4	断头/(个/筒)		无	无	无	无
5	尾巴丝/(根/筒)		1(1.5 圈以上)	1(1.5 圈以上)	无尾巴、多尾巴	无尾巴、多尾巴
6	僵丝		无	无	稍有	较多
7	成型		良好	较好	一般	较差
8	绊丝(蛛网丝)/(根/筒)		0	0	上端面≤2 下端面<1	上端面≤4 下端面<2
9	筒重(净)/kg		满筒名义重量的 90%以上	≥1.5	≥1	≥0.5

表 6-26 有色涤纶低弹丝物理指标

序号	指标名称		优等品	一等品	二等品	三等品
1	线密度偏差率/%		±2.5	±3.0	±4.0	±5.0
2	线密度变异系数(CV 值)	≤	0.80	1.40	1.60	1.80
3	断裂强度/(cN/dtex)	≥	3.10	2.90	2.70	2.60
4	断裂强度变异系数(CV 值)/%	≤	4.00	8.00	10.0	12.0
5	断裂伸长率/%		$M_1 \pm 4.0$	$M_1 \pm 7.0$	$M_1 \pm 8.0$	$M_1 \pm 9.0$
6	断裂伸长率变异系数(CV 值)/%	≤	8.00	12.00	14.0	16.0

序号	指标 名 称		优等品	一等品	二等品	三等品
7	卷曲收缩率/%		$M_2\pm5$	$M_2\pm7$	$M_2\pm8$	
8	卷曲收缩率变异系数(CV 值)/%	≤	10.0	14.0	16.0	
9	卷曲稳定度/%	≥	70.0	60.0	55.0	45.0
10	沸水收缩率/%		$M_3\pm0.5$	$M_3\pm0.8$	$M_3\pm0.9$	$M_3\pm1.0$
11	色泽均匀度(灰卡)/级	≥	4		3～4	3

注：M_1—断裂伸长中心值，取 20～30；M_2—卷曲收缩率中心值；M_3—沸水收缩中心值。

表 6-27 有色涤纶低弹丝外观指标

序号	指标 名 称		优等品	一等品	二等品	三等品
1	色泽(灰卡)/级		≥4	3～4		≥3
2	毛丝/(只/筒)	111.0～144.4dtex	≤2	≤8	≤12	≤22
		>144.4dtex		≤6	≤10	≤20
3	油污丝/cm²		无	≤1	≤4	≤6(包括星点油物)
4	断头/(只/筒)		无			
5	尾巴丝/(根/筒)		1(1.5圈以上)		无尾巴、多尾巴	
6	僵丝		无	稍有	较多	
7	成型		良好	较好	一般	较差
8	绊丝(蛛网丝)/(根/筒)		0	0	上端面≤2 下端面≤1	上端面≤4 下端面≤2
9	筒重(净)/kg		满筒名义重量的90%以上	≥1.5	≥1.0	≥0.5

表 6-28 有色涤纶牵伸丝物理指标

序 号	项 目		优等品	一等品	合格品
1	线密度偏差率/%		±2.0	±2.5	±3.5
2	线密度变异系数(CV 值)/%				
	>76dtex	≤	1.00	1.50	2.50
	≤76dtex	≤	1.20	1.70	2.70
3	断裂强度,cN/dtex				
	>76dtex	≥	3.50	3.30	3.10
	≤76dtex	≥	3.60	3.40	3.20
4	断裂强度变异系数(CV 值)/%				
	>76dtex	≤	6.00	8.00	12.00
	≤76dtex	≤	7.00	9.00	13.00
5	断裂伸长率/%		$M_1\pm4.0$	$M_1\pm6.0$	$M_1\pm8.0$
6	断裂伸长率变异系数(CV 值)/%				
	>76dtex	≤	14.00	18.00	20.00
	≤76dtex	≤	15.00	19.00	22.00
7	沸水收缩率/%		$M_2\pm0.3$	$M_2\pm1.2$	$M_2\pm1.5$
8	色泽均匀度(灰卡)/级	≥	4		3～4
9	含油率/%		$M_3\pm0.30$	$M_3\pm0.35$	$M_3\pm0.45$
10	条干均匀度(CV 值)/%	≤	1.50	—	—

注：M_1—断裂伸长中心值，取 20～30；M_2—沸水收缩率中心值；M_3—含油率中心值。

表 6-29　有色涤纶牵伸丝外观指标

序　号	项　目	优 等 品	一 等 品	合 格 品
1	毛丝/(个/筒) ＞760dtex ≤760dtex	0 0	≤2 ≤4	≤10 ≤14
2	圈丝/(个/筒)	0	≤10	≤30
3	尾巴丝/(圈/筒)	≥2.0	≥2.0	无尾巴、多尾巴
4	油污丝	无	不明显	较明显
5	色泽(灰卡)/级	≥4		3～4
6	成型(对照标样)	良好	较好	较差
7	未牵伸丝	不允许	不允许	不允许
8	筒重(净重)/kg	满筒名义重量的90%以上	≥1.5	≥0.5

表 6-30　涤纶拉伸丝质量标准

序　号	项　目	优　等	一　等	合　格
1	线密度偏差率/%	$M_1 \pm 2.0$	$M_1 \pm 2.5$	$M_1 \pm 3.5$
2	线密度变异系数(CV值)/%	≤0.70	≤1.30	≤1.70
3	断裂强度/(cN/dtex)	≥4.0	≥3.5	≥3.1
4	断裂强度变异系数(CV值)/%	≤5.00	≤7.00	≤11.0
5	断裂伸长率/%	$M_2 \pm 4.0$	$M_2 \pm 6.0$	$M_2 \pm 8.0$
6	断裂伸长变异系数	≤9.00	≤16.00	≤18.00
7	沸水收缩率/%	$M_3 \pm 0.8$	$M_3 \pm 1.2$	$M_3 \pm 1.5$
8	染色均匀率(灰卡)/级	≥4.0	≥4.0	≥3.5
9	含油率/%	$M_4 \pm 0.30$	$M_4 \pm 0.35$	$M_4 \pm 0.45$
10	条干均匀率	≤1.2		

注：1. M_1—线密度中心值；M_2—断裂伸长中心值，取20～30；M_3—沸水收缩中心值；M_4—含油率中心值。

2. 条干均匀率采用 Normal 法。

表 6-31　涤纶拉伸丝外观指标

序号	项　目	优等	一等	合　格	序号	项　目	优等	一等	合　格
1	毛丝/(个/筒)	0	≤4	≤14	6	成型	良好	较好	较差
2	圈丝/(个/筒)	0	≤10	≤30	7	未拉伸丝	无	无	无
3	尾巴丝/(根/筒)	≥2.0	≥2.0	无尾巴，多尾巴	8	邵氏强度	≥80	≥1.5	≥2.5
4	油污丝	无	不明显	较明显	9	筒重	满筒名义的90%		
5	色泽	正常	正常	轻度异常					

二、锦纶指标

各种锦纶的物理指标和外观指标见表 6-32～表 6-40。

表 6-32　锦纶牵伸丝的物理指标（GB/T 16603—1996）

项　目	优 等 品	一 等 品	合 格 品
线密度偏差率/%	±2.5	±3.0	±5.0
线密度变异系数(CV值)/%　　　≤ ＞78dtex ≤78dtex	 1.0 1.2	 1.8 2.0	 2.8 3.0
断裂强度变异系数(CV值)/%　　≤ ＞78dtex ≤78dtex	 3.8 4.0	 3.6 3.8	 3.4 3.6

项　目	优 等 品	一 等 品	合 格 品
断裂伸长率/%	$M_1\pm4.0$	$M_1\pm6.0$	$M_1\pm8.0$
断裂伸长率变异系数（CV值）/% ≤			
＞78dtex	8	17	20
≤78dtex	9	18	22
沸水收缩率/%	$M_2\pm1.5$	$M_2\pm2.5$	$M_2\pm3.0$
染色均匀度（灰卡）/级 ≥			
锦纶6	4	3～4	3
锦纶66	3～4	3	3
条干均匀度（CV值）/% ≤	1.50		

注：1. 线密度偏差率以名义线密度为计算依据。

2. M_1 在 25～45 范围内选定，一般情况下不得任意变更，如因原料调换等原因，中心值可以作适当调整。

3. M_2 由供需双方协商确定。

4. 条干均匀度采用 Normal 法。

表 6-33　锦纶牵伸丝外观指标（GB/T 16603—1996）

项　目	优等品	一等品	合格品	项　目	优等品	一等品	合格品
毛丝/（个/筒）				油污丝/（cm²/筒）	0	≤1	≤2
＞78dtex	0	≤2	≤10	色差	正常	轻微	轻
≤78dtex	0	≤4	≤15	成型	良好	较好	一般
毛丝团/（个/筒）	0	0	≤2	拉伸不足丝	不允许	不允许	不允许
硬头丝/（个/筒）	0	0	≤2				
圈丝/（个/筒）	0	≤10	≤30	筒重（净重）/kg	满筒名义重量的90%以上	≥1.5	≥0.5
尾巴丝	1个尾巴2圈及以上	1个尾巴2圈及以上	无尾巴多尾巴				

注：1. 圈丝指圈丝的高度不小于 2mm 者。

2. 油污丝：

a. 一等品只允许淡黄色油污，其总面积不超过 1cm²；

b. 合格品只允许淡黄色和较深色油污，其总面积不超过 2cm²，黑色油污不允许。

3. 色差参照 GB 250—1995 的级别定等。其中"正常"相当于 4 级，"轻微"相当于 3 级，"轻"相当于 2～3 级。

表 6-34　锦纶民用复丝物理指标（范围 33.3～166.7dtex，ZBW52011—88）

序号	项　目	优等品		一等品		合格品	
		有捻	无捻	有捻	无捻	有捻	无捻
		定型丝	定型丝	定型丝	定型丝	定型丝	定型丝
1	线密度偏差/%	±2.5		±3.0		±5.0	
2	线密度（CV值）/%	≤1.5	≤2.0	≤2.5		≤5.0	
3	断裂强度/（dN/tex）	≥3.9		≥3.7		≥3.5	
4	断裂强度（CV值）/%	≤6.0	≤7.0	≤8.0	≤10.0	≤13.0	
5	断裂伸长率/%	$M_1\pm4.0$		$M_1\pm6.0$		$M_1\pm8.0$	
6	断裂伸长率（CV值）/%	≤14.0	≤15.0	≤18.0	≤19	≤22.0	
7	捻度/（捻/m）	$M_2\pm18$		$M_2\pm20$		$M_2\pm25$	

序号	项 目	优等品		一等品		合格品	
		有捻	无捻	有捻	无捻	有捻	无捻
		定型丝	定型丝	定型丝	定型丝	定型丝	定型丝
8	捻度(CV值)/% A B C	≤8 ≤9 ≤10		≤11 ≤12 ≤13		≤14 ≤15 ≤16	
9	沸水收缩率/%	$M_3 \pm 1$	$M_3 \pm 2$	$M_3 \pm 1.5$	$M_3 \pm 3$	$M_3 \pm 2$	$M_3 \pm 4$
10	染色均匀性/级	≥3.5		≥3.0		—	

注：M_1—断裂伸长率中心值；M_2—捻度中心值；M_3—沸水收缩率中心值。

表 6-35　锦纶民用复丝外观指标

序号	项 目	优等品		一等品		合格品	
		有捻	无捻	有捻	无捻	有捻	无捻
		定型丝	定型丝	定型丝	定型丝	定型丝	定型丝
1	结头(个/10^4 m) 100dtex >100dtex	0		≤1.0 ≤2.0		≤2.0 ≤4.0	
2	毛丝/(只/筒)	≤3		≤5		≤15	
3	毛丝团/(只/筒)	0		≤1		≤5	
4	小辫子丝/(只/筒)	0		0		≤4	
5	拉伸不足丝/(只/筒)	0		0		≤1	
6	硬头丝/(只/筒)	0		0		≤7	
7	珠子丝(对照标样)	不允许		轻微		较明显	
8	白斑(对照标样)	不允许		轻微		较明显	
9	色差(对照标样)	轻微		轻		较明显	
10	油污(对照标样)	轻微		轻		较明显	
11	成型(对照标样)	良好		较好		一般	
12	筒重(净重)/%(占满筒名义重量的百分数)	≥85		A≥50 B≥60 C≥85			

注：A、B、C 为满筒名义重量，A>2000g，600g≤B≤2000g，C<600g。

表 6-36　锦纶产业用复丝物理指标（范围 111.1～333.3dtex）

序号	项 目	优等品		一等品		合格品	
		有捻	无捻	有捻	无捻	有捻	无捻
		定型丝	定型丝	定型丝	定型丝	定型丝	定型丝
1	线密度偏差/%	±2.5		±3.5		±5.0	
2	线密度(CV值)/%	3.0		4.0		5.0	
3	断裂强度/(dN/tex)	5.5		5.3	5.1	4.9	
4	断裂伸长率/%	$M_1 \pm 4$		$M_1 \pm 6$		$M_1 \pm 8$	
5	断裂伸长率(CV值)/%	1.5	1.6	1.8	1.9	2.2	
6	捻度/(捻/m)	$M_2 \pm 18$		$M_2 \pm 20$		$M_2 \pm 25$	
7	捻度(CV值)/%	10		13		16	

注：M_1—断裂伸长中心值，取 15～30；M_2—捻度中心值。

47

表 6-37　锦纶 66 弹力丝物理指标（范围 55～166dtex）

序号	项目	一等品	二等品	三等品
1	相对强度/(dN/tex)	≥3.1	2.8	2.6
2	断裂伸长/%	18～32	18～32	16～35
3	紧缩伸长率(dpf≥3.9dtex)	≥150	140	130
	(dpf<3.9dtex)	≥140	130	120
4	弹性恢复率/%	≥95	90	85
5	并捻捻度/(捻/m)	95～115	95～120	900～125
6	纤度偏差/%	<5	6	7
7	线密度(CV 值)/%	≤3.2	5.1	7.7
8	强度(CV 值)/%	≤8.9	12.75	19
9	断裂伸长(CV 值)/%	≤12.75	15.3	19.1
10	紧缩伸长(CV 值)/%	≤12.75	15.3	19.1
11	并捻捻度(CV 值)/%	≤12.75	15.3	19.1
12	染色均匀率/级	4	3	3

注：1. 弹力丝的标准回潮率为 45%，各项物理指标均修整到标准回潮率状态。

2. 本标准为朝阳合成纤维厂企业标准。

表 6-38　锦纶 66 弹力丝外观指标（与标样对照）

序号	项目	一 等 品	二 等 品	三 等 品
a	僵丝	无	无	轻微
b	竹节丝	轻微	稍重	重
c	棉花丝	无	无	轻微
d	粘丝	无	轻微	稍重
e	毛丝	轻微	稍重	重
f	油污丝	无	轻微	稍重
g	成型	良好	良好	稍重

注：僵丝：弹力丝中长度超过 2mm，由于温度过高或解捻不足或合股捻度过大而造成的僵化丝；这部分丝粘连在一起，失去了弹性，条干僵硬。

竹节丝：弹力丝中长度小于 2mm，由于温度偏高或解捻欠佳而造成的节状僵化丝。

棉花丝：因加热温度偏低而造成的疵点。丝条过分膨松绵软，弹力很差。

毛丝：因假捻度偏低或单纤断裂，使丝条上有类似毛刺或毛团状突出物。

粘丝：因合股捻度偏低而造成的疵点。

油污丝：丝被油、脂、脏水或尘土等所污染。

表 6-39　锦纶 66 帘子布物理指标（1400dtex/2）

序号	项目	优等品	一等品	合格品
1	断裂强力/(N/根)	≥2156	≥2117	≥2058
2	66.6N 定负荷伸长率/%	8.5±0.6	8.5±0.8	8.5±1.0
3	黏着强度(H 抽出法)/(N/cm)	≥137.2	≥127.4	≥117.6
4	断裂强力不匀率/%	≤3	≤4	≤5
5	断裂伸长不匀率/%	≤5	≤6	≤7

序 号	项 目		优等品	一等品	合格品
6	附胶量/%		5±0.9	5±1.2	5±1.5
	断裂伸长率/%		21.5±2	21.5±2	21.5±2
	直径/mm		0.6±0.03	0.6±0.04	0.65±0.05
	捻度/(捻/10cm)	初捻(Z)	39.0±1.5	39.0±1.5	39.0±1.5
		复捻(S)	37.0±1.5	37.0±1.5	37.0±1.5
	干热收缩率/%		≤5	≤5	≤5

注：1. 卷长以 580m 计，布面整齐，不允许有油污疵点。

2. 浆斑系指面积 4～10cm^2。

3. 1cm^2 以下的浆点，一等品允许有 80～160 个/卷；1～4cm^2 的浆点，一等品允许有 25～50 个/卷。

4. 外观质量如有特殊情况影响轮胎厂压延质量时，双方协商解决。

表 6-40　锦纶 BCF 产品质量指标

序 号	项 目		白 丝	单色丝
1	纤度/dtex		1320	1760
2	纤度(CV 值)/%		≤5	≤5
3	断裂强度/(dN/tex)	锦纶 6	≥2.16	≥2.06
		锦纶 66	≥2.25	≥2.16
4	断裂强度(CV 值)/%		≤10	≤10
5	断裂伸长率/%		35～45	35～45
6	断裂伸长(CV 值)/%		≥10	≥10
7	卷曲度/%		12	12
8	卷曲稳定性/%		60/70	60/70
9	废丝率/%		≤6	≤6
10	网络点数/(点/m)		25～30	25～30
11	卷绕密度/(g/cm^3)	最大值	0.25±0.05	0.25±0.05
		最小值	0.45±0.05	0.45±0.05
12	含油率/%		0.6	0.6
13	含水率/%		≤3	≤3

三、丙纶指标

细旦聚丙烯长丝的物理指标见表 6-41。

表 6-41　细旦聚丙烯长丝的物理指标（83dtex/72f）

测 试 项 目	POY	DTY	备 注
线密度偏差率/%	±2.0	±5.0	
线密度偏差变异系数(CV 值)/%	≤0.80		
断裂强度/(cN/dtex)	≥2.20	≥2.8	
断裂强度变异系数(CV 值)/%	≤6.00	—	
断裂伸长率/%	M±8.0	≤50	M 在 120～180 范围选择
断裂伸长率变异系数(CV 值)/%	≤7.00	≤12	
条干不匀率(CV 值)/%	≤1.60	—	
沸水收缩率/%	<5	<5	
含油率/%	—	1.0～2.0	
丝束网络度/(个/m)	—	≥80	

四、腈纶指标

腈纶短纤维的质量指标见表 6-42 和表 6-43。

表 6-42　1.67dtex 腈纶短纤维质量指标（GB/T 16602—1996）

项　目		等　级			项　目		等　级		
		优等品	一等品	合格品			优等品	一等品	合格品
线密度偏差率/%		±6	±8	±12	倍长/(mg/100g)	≤	40	60	600
断裂强度/(cN/dtex)	≥	2.6	2.4	2.0	长度偏差率/%		±6	±10	±16
断裂伸长率/%		30~45	28~50	20~55	上色率/%		±3	±4	±7
疵点/(mg/100g)	≤	15	20	100	卷曲数/(个/10cm)	≥	40	35	25

注：上色率中心值由各生产厂自定。

表 6-43　3.33dtex、6.67dtex 腈纶短纤维的质量指标（GB/T 16602—1996）

项　目		等　级		
		优等品	一等品	合格品
线密度偏差率/%		±8	±10	±14
断裂强度/(cN/dtex) ≥	3.33dtex	2.5	2.3	1.9
	6.67dtex	2.3	2.1	1.8
断裂伸长率/%		30~45	28~50	20~55
疵点/(mg/100g)	≤	100	500	1500
倍长/(mg/100g)	≤	40	60	600
长度偏差率/%		±8	±10	±16
上色率/%		±3	±4	±7
卷曲数/(个/10cm) ≥	3.33dtex	32	28	25
	6.67dtex	28	25	20

注：上色率中心值由各生产厂自定。

五、黏胶纤维指标

各种黏胶纤维的指标见表 6-44~表 6-48。

表 6-44　黏胶筒装丝外观指标（GB/T 13758—92）

项目 / 等级	优等品	一等品	二等品	三等品	项目 / 等级	优等品	一等品	二等品	三等品
色泽(对照标样)	轻微不匀	轻微不匀	稍不匀	较不匀	污染	无	无	稍明显	较明显
毛丝/(个/万米)		0.5≤1	2	3	成型	好	较好	稍差	较差
结头/(个/万米)	1	≤1.5	≤2	≤2.5	跳丝/(个/筒)	0	0	≤1	≤2

表 6-45　棉型黏胶短纤维质量指标（GB/T 14463—93）

项　目　名　称		优等品	一等品	二等品	三等品
干断裂强度/(dN/tex)	棉浆 ≥	2.10	1.95	1.85	1.75
	木浆 ≥	2.05	1.90	1.80	1.70
湿断裂强度/(dN/tex)	棉浆 ≥	1.20	1.05	1.00	0.90
	木浆 ≥	1.10	1.00	0.90	0.85
干断裂伸长率/%	≥	17.0	16.0	15.0	14.0
线密度偏差率/%	±	4.00	7.00	9.00	11.00

项　目　名　称		优等品	一等品	二等品	三等品
长度偏差率/%	±	6.0	7.0	9.0	11.0
超长纤维/%	≤	0.5	1.0	1.3	2.0
倍长纤维/(mg/100g)	≤	4.0	20.0	40.0	100.0
残硫量/(mg/100g)	≤	14.0	20.0	28.0	38.0
疵点/(mg/100g)	≤	4.0	12.0	25.0	40.0
油污黄纤维/(mg/100g)	≤	0	5.0	15.0	35.0
干强(CV 值)/%	≤	18.00	—		
白度/%	棉浆 ≥	68.0	—		
	木浆 ≥	62.0	—		

表 6-46　黏胶长丝物理机械指标 (GB/T 13758—92)

项　目		优等品	一等品	二等品	三等品
干断裂强度/(cN/dtex)	≥	1.52	1.47	1.42	1.37
湿断裂强度/(cN/dtex)	≥	0.69	0.67	0.64	0.62
干断裂伸长率/%	≤	17.0~22.0	16.0~25.0	15.5~26.0	15.0~27.0
干断裂伸长变异系数(CV 值)/%	≤	7.00	9.00	10.00	11.00
线密度(纤度)偏差率/%	≤	2.0	2.5	3.0	3.5
线密度变异系数(CV 值)/%	≤	2.50	3.50	4.50	5.50
捻度变异系数(CV 值)/%	≤	13.00	16.00	19.00	22.00
单丝根数偏差率/%	≤	1.0	2.0	3.0	4.0
残硫量/(mg/100g)	≤	10.0	12.0	14.0	16.0
染色均匀度(灰卡)/级	≥	4	3.5	3	2.5

表 6-47　黏胶绞装丝外观指标 (GB/T 13758—92)

项目＼等级	优等品	一等品	二等品	三等品	项目＼等级	优等品	一等品	二等品	三等品
色泽(对照标样)	均匀	轻微不匀	稍不匀	较不匀	污染	无	无	稍明显	较明显
毛丝/(个/万米)	≤10	≤15	≤20	≤30	卷曲(对照标样)	无	轻微	稍有	较重
结头/(个/万米)	≤2	≤3	≤4	≤5	松紧圈	无	无	无	轻微

表 6-48　黏胶饼装丝外观指标 (GB/T 13758—92)

项目＼等级	优等品	一等品	二等品	三等品	项目＼等级	优等品	一等品	二等品	三等品
色泽(对照标样)	均匀	均匀	轻微不匀	稍不匀	手感	好	较好	稍差	较差
毛丝/(个/侧表面)	≤6	≤10	≤14	≤20	污染	无	无	稍明显	较明显
成型	好	好	稍差	较差	卷曲(对照标样)	无	无	轻微	稍有

第三节　原料、产品的包装、储存与运输

一、腈纶

1. 标志

每包产品必须标明如下内容：厂名、厂址、商标、品种、规格、批号、等级、包号、班别、净重。

2. 包装

成品包装必须保证产品不受损伤，并便于贮存和运输。

成品单包重量由生产厂自定。

成品包装材料必须采用防潮、耐磨、不易燃烧的材质，包皮外用铁皮或丙纶带箍紧，其根数视单包大小而定，但间距不得大于 20cm，包布缝针间距在 10cm 以内，缝包后纤维不得外露。

3. 运输

产品在运输过程中要防止损坏外包装造成污染并避免受潮。

4. 贮存

产品应存放在干燥、通风良好的仓库中，仓库中应设有消防装置。

不同批号、规格、等级的纤维应分开堆放。

二、锦纶

1. 标志

纸箱上应标明厂名、厂址、产品名称、规格、等级、批号、净重、毛重、筒子个数、生产日期、商标、标准号和防潮、轻放等标志。

2. 包装

锦纶牵伸丝的每个丝筒都必须套塑料袋，按不同品种、规格、批号、等级、日期分别进行包装、装箱。

外包装纸箱内必须有定位装置固定丝筒两端筒管，纸箱质量必须保证产品质量不受损伤。

每个包装箱内的丝筒大小要求尽量均匀。

每批产品应附有质量检验单。

3. 运输

运输中禁止损坏外包装，禁止倒置和受潮。

4. 贮存

锦纶牵伸丝应按批堆放，贮存在干燥、清洁、通风的仓库中。

习题

1. 原料指标在设计中起到哪些作用。
2. 说明涤纶切片的原料指标在设计中的应用。如果指标变化对设计会产生哪些影响？
3. 原料存贮要注意哪些问题？

第七章 设备选型设计与计算

工艺流程设计是化纤厂设计的核心，而设备选型及计算则是工艺流程设计的主体。因为工艺流程的先进与否，往往取决于所用设备是否先进。设备直接影响生产能力、产品质量、原料及公用工程的单耗等。在建设投资及生产成本中，设备费用占有相当比重。设备选型和设备数量的计算，一般与选择生产方法、确定工艺流程同时进行。在工艺设计中对有关设备，特别是主机设备必须逐一落实。

第一节 设备选型的原则

设备选型的原则与确定技术路线和工艺流程一样，也应从技术、经济和我国具体情况等方面考虑。下面将具体介绍选择设备的一些基本要求。

一、技术上先进，经济上合理

① 化纤设备是化纤生产的重要物质基础，对工程项目投产后的生产能力、操作稳定性以及产品质量等都将起到重要作用。因此，设备的选择和设计计算要充分考虑工艺上的要求；要运行可靠，操作安全；便于连续化和自动化生产；要能创造良好工作环境和无污染，以及易于购置和容易制造等。因此要全面贯彻先进、适用、实效、安全、可靠和节资等原则。

② 所选设备应与生产规模相适应，在允许的条件下，获得最大的单位产量。

单位生产能力是指设备单位体积、单位重量或单位面积在规定时间内能完成的任务。因此，设备的生产能力要与流程设计的生产能力相适应，而且效率要高。通常，设备的生产能力愈高愈好，但设备生产能力与设备效率、速度及设备大小和结构有关，因此，应分析比较，权衡利弊，合理选择。

③ 设备应适应产品品种的要求，在确保产品质量的前提下降低设备价格。

设备价格直接影响建设工程投资。在确保产品质量的前提下，一般要选择制造容易、结构简单，用材不多的设备，但要注意设备质量和效率，提高连续化、大型化程度，降低劳动强度，提高劳动生产率。

④ 降低原材料、水、电、汽消耗，注意环境保护。

化纤设备的消耗系数是指生产单位重量化纤产品所用的原料和能量的多少，其中包括原材料、燃料、蒸汽、水和电等。化纤产品的单耗不但与采用的工艺路线有关，而且也与采用的设备、消耗系数有着密切关系。一般来说，消耗系数愈低愈好。

二、设备的可靠性

设计中所用的设备一定要可靠，特别是主要设备。只有设备和材质可靠，才能保证建成后一次试车投产成功。不许将不成熟和未经生产考验的设备用于设计。

三、设备要立足国内

我国化纤工业基础比较薄弱，前一时期陆续从国外引进了黏胶纤维、维纶、锦纶、涤纶等主要化纤品种的生产技术和设备，我国机械制造部门也仿制和研制出几个主要化纤品种的生产设备，并已具有一定的水平。为了节约外汇，促进我国化纤机械制造工业的发展，在设备选型时应立足国内。对少量必须引进的设备，除坚持设备先进、可靠外，还应考虑国内生产操作及仿制的条件等情况。

第二节 设备的分类、选型与计算

根据设备在生产过程中的作用和供应渠道，化纤厂生产设备大致可分为四大类，化纤生产专用设备、通用设备、非标准设备及车间内部运输设备。

一、专用设备的选择与配台计算

化纤生产的专用设备一般指主物料、半成品、产品直接经过的、并有一定生产技术参数要求的设备。如脉冲输送装置、切片干燥机、真空转鼓干燥机、涤纶短纤维后加工联合机、涤纶高速纺丝机等。

选定的设备要详尽了解其主要规格与性能。因为设备的技术规格是车间布置设计以及建筑、结构、电气等专业开展工作时必不可少的条件。

（一）主要生产设备的生产能力计算

1. VD406 型涤纶短丝纺丝机生产能力计算

（1）基础数据

产品纤度　1.65dtex

纺丝位数　24

纺丝速度　1000m/min

喷丝板孔数　1260

开工天数　333（8000h/年）

实际牵伸倍数　3.5

设备运转率　$K_1 = 0.95$

成品率　$K_2 = 0.98$

（2）纺丝机的理论产量

W ＝纤度×位数×纺速×板孔数×开工天数× 牵伸倍数×60×24/(10000×106)

＝1.65×24×1000×1260×333×3.5×60×24/10000×106＝8458.7t/y

（3）实际生产能力

$$W' = WK_1K_2 = 8458.7 \times 0.95 \times 0.98 = 7875 t/y$$

2. POY 单生产能力计算

（1）基础数据

平均纤度　110dtex

纺速　3200m/min

牵伸倍数　1.6

机械效率　0.9

成品率　0.92

锭数　8锭/台

开工天数　333 天

（2）单机理论生产能力

W ＝平均纤度× 纺速×牵伸倍数×锭数×开工天数×60×24/(10000×106)

＝110×3200×1.6×8×333×60×24/(10000×106) ＝216t/y

（3）单机实际生产能力

$$W' = W \times 机械效率 \times 成品率 = 0.9 \times 0.92 \times 216 = 179 t/y$$

3. FK6-900型假捻机产品产量计算

(1) 基础数据

平均纤度　110dtex

卷绕速度　720m/min

机械效率　0.85

成品率　0.98

锭数　216锭/台

(2) 单机实际生产能力

$$W = 平均纤度 \times 卷绕速度 \times 锭数 \times 开工天数 \times 60 \times 24$$
$$= 110 \times 720 \times 216 \times 333 \times 60 \times 24 \times 0.85 \times 0.98/(10000 \times 10^6) = 684 t/y$$

4. FDY单机能力计算

(1) 基础数据

平均纤度　68dtex

卷绕速度　4750m/min

机械效率　0.85

成品率　0.95

锭数　8锭/台

(2) 单机实际生产能力

$$W = 平均纤度 \times 卷绕速度 \times 锭数 \times 开工天数 \times 机械效率 \times 成品率 \times 60 \times 24/(10000 \times 10^6)$$
$$= 68 \times 4750 \times 8 \times 333 \times 60 \times 0.85 \times 0.98 \times 24/(10000 \times 10^6) = 100 t/y$$

5. 后加工生产线生产能力计算

后加工生产线由若干单机组成，其生产能力不需逐台进行计算，只计算整个后加工线的生产能力，现以LVD-802型涤纶短纤维后加工联合机为例进行说明。

(1) 基础数据

集束旦数　85万分特 × 2根 = 170万旦

牵伸速度　135m/min

回缩率　13%

设备运转率　80%

成品率　98%

年开工时间　8000h

(2) 实际年生产能力

$$W = 170 \times 135 \times (1 - 13\%) \times 0.98 \times 0.8 \times 60 \times 8000 \times 10000/(10000 \times 10^6) = 7514 t/y$$

(二) 配台计算和备台的考虑

设备生产能力计算的目的是计算所需设备台数。如果拟建工厂的规模已确定，运用上述方法求得的单机（条线）生产能力，便可求出相应设备的台数（生产线）。

如一座年产3万吨的涤纶短纤维厂，拟采用VD406型纺丝机和LVD802型后处理联合机，则所需纺丝机台数：30000/7875 = 3.8台，取4台。

后处理设备：30000/7514 = 3.99台取4台。

二、通用设备的选择与计算

通用设备一般是指由机械工业系统生产的泵、风机等设备。化纤生产中常用的泵特性见表 7-1。各种泵的主要技术参数见表 7-2～表 7-8。

表 7-1 泵的特性

名　称	特点与应用范围	主要技术指标
离心泵	流量大,扬程低的液体输送要求液体黏度低,含固量小于 3%,含气量小于 5%,温度不高于 80℃	流量,扬程,转速,效率,气蚀余量轴功率,电机型号,电机功率,重量等(参见表 8-3)
耐腐蚀泵	本泵适用于输送含有颗粒液体,有腐蚀性液体。被输送液体温度范围 -20～120℃,广泛用于化纤、石油、冶金、轻工、环保、食品、医药等行业。也用于腐蚀性液体如硫酸等的输送	叶轮直径排出直径,吸入直径,过流部件材质
屏蔽泵	叶轮与电机一体,无轴封,无泄漏。适合于易燃,易爆,剧毒和有放射性液体的输送	流量,扬程,转速,效率,电机型号,电机功率,重量等
油压泵	适合于石油产品的输送	同上
螺杆泵	由螺杆和橡胶定子,万向连接传动、密封部、轴承座构成,输送扬程高,效率高,流量均匀,无噪声。适合于高黏度液体的输送,广泛用于原油、污油、矿浆、泥浆、水煤浆化纤浆液、胶液、涂料、药液、糖浆、浓缩污水、造纸行业等输送液体	螺杆数
水环式真空泵	用来抽吸或压缩空气和其他无腐蚀性、不溶于水、不含固体颗粒的气体,以便在密闭容器中形成真空和压力,吸入气体中允许混有少量液体。用于系统真空度要求较低的场合	主要技术参数见表 7-4
罗茨真空泵(组)		主要技术参数见表 7-5～表 7-6
旋片泵	借助两个偏心转子旋转完成气体的吸入与排出,转子旋转一周完成两次吸排气过程,形成的真空度较高,适合于干燥或含有少量可凝蒸汽的气体	主要技术参数见表 7-7
往复式真空泵	压缩比大,抽吸气体压强小,且排出的气体不应含有液体,适合于系统真空度要求较低的场合	主要技术参数见表 7-8

表 7-2 离心泵主要技术参数

型　号	流量 /(m³/h)	扬程 /m	转速 /(r/min)	汽蚀余量 /m	效率 /%	功率/kW 轴功率	功率/kW 配带功率	重量/kg	外形尺寸 (长×宽×高) /mm	口径/mm 吸入	口径/mm 排出
IS50-32-125	7.5 12.5 15	20	2900	2.0	6.0	1.13	2.2	33	465×190×252	50	32
	3.75 6.3 7.5	5	1450	2.0	54	0.16	0.55	33	465×190×252	50	32
IS50-32-160	7.5 12.5 15	32	2900	2.0	54	2.02	3	42	465×240×292	50	32
	3.75 6.3 7.5	8	1450	2.0	48	0.28	0.55	42	465×240×292	50	32
IS50-32-200	7.5 12.5 15	525 50 48	2900	2.0 2.0 2.5	38 48 51	2.62 3.54 3.84	5.5	49	465×240×340	50	32
	3.75 6.3 7.5	13.1 12.5 12	1450	2.0 2.0 2.5	33 42 44	0.41 0.51 0.56	0.75	49	465×240×340	50	32

型　号	流量/(m³/h)	扬程/m	转速/(r/min)	汽蚀余量/m	效率/%	功率/kW 轴功率	配带功率	重量/kg	外形尺寸（长×宽×高）/mm	口径/mm 吸入	排出
IS50-32-250	7.5	82		2.0	28.5	5.67					
	12.5	80	2900	2.0	38	7.16	11	78	600×320×405	50	32
	15	78.5		2.5	41	7.83					
	3.75	20.5		2.0	23	0.91					
	6.3	20	1450	2.0	32	1.07	15	78	600×320×405	50	32
	7.5	19.5		2.5	35	1.14					
IS65-50-125	15										
	25	20	2900	2.0	69	1.97	3	33	465×210×252	65	50
	30										
	7.5										
	12.5	5	1450	2.0	64	0.27	0.55	33	465×210×252	65	50
	15										
IS65-50-160	15	35		2.0	54	2.65					
	25	32	2900	2.0	65	3.35	5.5	42	465×240×292	65	50
	30	30		2.5	66	3.71					
	7.5	8.8		2.0	50	0.36					
	12.5	8.0	1450	2.0	60	0.45	0.75	42	465×240×292	65	50
	15	7.2		2.5	60	0.49					
IS65-40-200	15	53		2.0	49	4.42					
	25	50	2900	2.0	60	5.67	7.5	50	485×265×340	65	50
	30	47		2.5	61	6.29					
	7.5	13.2		2.0	43	0.63					
	12.5	12.5	1450	2.0	55	0.77	1.1	50	485×265×340	65	50
	15	11.8		2.5	57	0.85					
IS65-40-250	15										
	25	80	2900	2.0	53	10.3	15	88	600×320×405	65	40
	30										
	7.5										
	12.5	20	1450	2.0	48	1.42	2.2	88	600×320×405	65	40
	15										
IS65-40-315	15	127		2.5	28	18.5					
	25	125	2900	2.5	40	21.3	30	105	625×345×450	65	40
	30	123		3.0	44	22.8					
	7.5	32		2.5	25	2.63					
	12.5	32	1450	2.5	37	2.94	4	105	625×345×450	65	40
	15	31.7		3.0	41	3.16					
IS80-65-125	30	22.5		3.0	64	2.87					
	50	20	2900	3.0	75	3.63	5.5	37	485×240×292	80	65
	60	18		3.5	74	3.93					
	15	5.6		2.5	55	0.42					
	25	5	1450	2.5	71	0.48	0.75	37	485×240×292	80	65
	30	4.6		3.0	72	0.51					
IS80-65-160	30	36		2.5	61	4.82					
	50	32	2900	2.5	73	5.97	7.5	45	485×265×340	80	65
	60	29		3.0	72	6.59					
	15	9		2.5	55	0.67					
	25	8	1450	2.5	69	0.75	1.5	45	485×265×340	80	65
	30	7.2		3.0	68	0.86					

型 号	流量 /(m³/h)	扬程 /m	转速 /(r/min)	汽蚀余量 /m	效率 /%	功率/kW		重量/kg	外形尺寸 (长×宽×高) /mm	口径/mm	
						轴功率	配带功率			吸入	排出
IS80-50-200	30	53	2900	2.5	55	7.87					
	50	50		2.5	69	9.87	15	52	485×265×360	80	50
	60	47		3.0	71	10.8					
	15	13.2	1450	2.5	51	1.06					
	25	12.5		2.5	65	1.31	2.2	52	485×265×360	80	50
	30	11.8		3.0	67	1.4					
IS80-50-250	30	84	2900	2.5	52	13.2					
	50	80		2.5	63	17.3	22	93	625×320×405	80	50
	60	75		3.0	64	19.2					
	15	21	1450	2.5	49	1.75					
	25	20		2.5	60	2.27	3	93	625×320×405	80	50
	30	18.8		3.0	61	2.52					
IS80-50-315	30	128	2900	2.5	41	25.5					
	50	125		2.5	54	31.5	37	110	625×345×505	80	50
	60	123		3.0	57	35.3					
	15	32.5	1450	2.5	39	3.4					
	25	32		2.5	52	4.19	5.5	110	625×345×505	80	50
	30	31.5		3.0	56	4.6					
IS100-80-125	60	24	2900	4.0	67	5.86					
	100	20		4.5	78	7.00	11	42	485×280×340	100	80
	120	16.5		5.0	74	7.28					
	30	6	1450	2.5	64	0.77					
	50	5		2.5	75	0.91	1.5	42	485×280×340	100	80
	60	4		3.0	71	0.92					
IS100-80-160	60	36	2900	3.5	70	8.42					
	100	32		4.0	78	11.2	15	67	600×280×360	100	80
	120	28		5.0	75	12.2					
	30	9.2	1450	2.0	67	1.12					
	50	8.0		2.5	75	1.45	22	67	600×280×360	100	80
	60	6.8		3.5	71	1.57					
IS100-65-200	60	54	2900	3.0	65	13.6					
	100	50		3.6	76	17.9	22	73	600×320×405	100	65
	120	47		4.8	77	19.9					
	30	13.5	1450	2.0	60	1.84					
	50	12.5		2.0	73	2.33	4	73	600×320×405	100	65
	60	11.8		2.5	74	2.61					
IS100-65-250	60	87	2900	3.5	61	23.4					
	100	80		3.8	72	30.3	37	95	625×360×450	100	65
	120	74.5		4.8	73	33.3					
	30	21.3	1450	2.0	55	3.16					
	50	20		2.0	68	4.00	5.5	95	625×360×450	100	65
	60	19		2.5	70	4.44					
IS100-65-315	60	133	2900	3.0	55	39.6					
	100	125		3.6	66	51.6	75	148	655×400×505	100	65
	120	118		4.2	67	57.5					
	30	34	1450	2.0	51	5.44					
	50	32		2.0	63	6.92	11	148	655×400×505	100	65
	60	30		2.5	64	7.67					

型 号	流量 /(m³/h)	扬程 /m	转速 /(r/min)	汽蚀余量 /m	效率 /%	功率/kW 轴功率	功率/kW 配带功率	重量/kg	外形尺寸（长×宽×高）/mm	口径/mm 吸入	口径/mm 排出
IS125-100-200	120	57.5	2900	4.5	67	28.0	45	88	625×360×480	125	100
	200	50		4.5	81	33.6					
	240	44.5		5.0	80	36.4					
	60	14.5	1450	2.5	62	38.3	7.5	88	625×360×480	125	100
	100	12.5		2.5	76	44.8					
	120	11.0		3.0	75	47.9					
IS125-100-250	120	87	2900	3.8	66	43.0	75	100	670×400×505	125	100
	200	80		4.2	78	55.9					
	240	72		5.0	75	62.8					
	60	21.5	1450	2.5	63	5.59	11	100	670×400×505	125	100
	100	20		2.5	76	7.17					
	120	18.5		3.0	77	7.84					
IS125-100-315	120	132.5	2900	4.0	60	72.1	11	156	670×400×565	125	100
	200	125		4.5	75	90.8					
	240	120		5.0	77	101.9					
	60	33.5	1450	2.5	56	9.4	15	156	670×400×565	125	100
	100	32		2.5	73	11.9					
	120	30.5		3.0	74	13.5					
IS125-100-400	60	52	1450	2.5	53	16.1	30	201	670×500×635	125	100
	100	50		2.5	65	21.0					
	120	48.5		3.0	67	23.6					
IS150-125-250	120	22.5	1450	3.0	71	10.4	18.5	142	670×400×605	150	125
	200	20		3.0	81	13.5					
	240	17.5		3.5	78	14.7					
IS150-125-315	120		1450				30	216	670×500×630	150	125
	200	32			78						
	240										
IS150-125-400	120	53	1450	2.0	62	27.9	45	225	670×500×715	150	125
	200	50		2.6	75	36.3					
	240	46		3.5	74	40.6					
IS200-150-250	240		1450		82	26.6	37	185	690×500×655	200	150
	400	20									
	460										
IS200-150-315	240	37	1450	3.0	70	34.6	55	240	830×550×715	200	150
	400	32		3.5	82	42.5					
	460	28.5		4.0	80	44.6					
IS200-150-400	240	55	1450	3.0	74	48.6	90	250	830×550×765	200	155
	400	50		3.8	81	67.2					
	460	45		4.5	76	74.2					

表 7-3　水环泵主要技术参数

号	抽气量/(m³/min)		极限真空压力/mmHg	电机功率/kW		泵转速 r/min	压缩机压力/MPa	口径/mm		泵重(整机)/kg	整机尺寸(长×宽×高)/mm
	最大气量	吸入压力为−0.041MPa		真空泵	压缩机						
SK-0.4	0.4	0.36	−670	1.5	1.5	2850	0~0.1	$G_{1''}$	$G_{1''}$	50	421×200×270
SK-0.8	0.8	0.75	−670	2.2	2.2	2850	0~0.1	$G_{1''}$	$G_{1''}$	80	464×200×270
SK-1.5	1.5	1.35	−680	4	4	1440	0~0.1	70	70	200	947×470×275
SK-3	3	2.8	−700	5.5	7.5	1440	0~0.1	70	70	320	1122×504×475
SK-6	6	5.4	−700	11	15	1440	0~0.1	80	80	460	1477×330×610
SK-12	12	10.8	−700	18.5	30	970	0~0.1	80	80	750	1831×440×755
SK-20	20	18	−700	37	55	730	0~0.1	150	150	1700	2370×680×1015
SK-30	30	27	−700	55	75	730	0~0.1	150	150	2300	2570×680×1015
SK-42	42	37.8	−700	75	—	730	—	150	150	2500	2720×680×1015
SK-60	60	54	−700	95	—	550	—	250	250	3500	3333×1928×1915
SK-85	85	76.5	−700	132	—	550	—	250	250	3800	3373×2178×1915
SK-120	120	108	−700	185	—	490	—	300	300		

注：$G_{1''}=25.4mm$。

表 7-4　罗茨真空泵技术参数

型号	极限压力		抽气速率/(L/s)	最大允许压差		进气口径/mm	出气口径/mm	电机功率	配用前级泵	冷却水量
	Pa	Torr		Pa	Torr					
ZJ-70	$5×10^{-2}$	$3.75×10^{-4}$	70	$6×10^3$	45	80	50	1.1	ZX-8,ZX-15	
ZJ-150	$5×10^{-2}$	$3.75×10^{-4}$	150	$6×10^3$	45	100	80	2.2	ZX-15,ZX-30	
ZJ-300	$5×10^{-2}$	$3.75×10^{-4}$	300	$5×10^3$	40	160	100	4	ZX-30,ZX-70	
ZJ-600	$5×10^{-2}$	$3.75×10^{-4}$	600	$4×10^3$	30	200	160	7.5	ZX-70,ZX-30 ZX-15	30
ZJ-1200	$5×10^{-2}$	$3.75×10^{-4}$	1200	$3×10^3$	25	250	200	11	ZJ-150,ZX-30 ZJ-300,ZX-70	35

表 7-5　罗茨真空泵组技术规格

机组型号	主泵	前级泵	抽速/(L/s)	极限压力/Torr		总功率/kW
				X型前级泵	2X型前级泵	
JZJX70-8	ZJ70	2X-8	70		$5×10^{-2}$	2.6
JZJX70-4	ZJ70	2X-15	70		$5×10^{-2}$	3.7
JZJX150-8	ZJ150	2X-15	150		$5×10^{-2}$	5.2
JZJX150-4	ZJ150	X-30、2X-30	150	$1×10^{-1}$	$5×10^{-2}$	6
JZJX300-8	ZJ300	X-70、2X-70	300	$1×10^{-1}$	$5×10^{-2}$	7
JZJX300-4	ZJ300	X-70、2X-70	300	$1×10^{-1}$	$5×10^{-2}$	9.5
JZJX600-8	ZJ600	X-70、2X-70	600	$1×10^{-1}$	$5×10^{-2}$	11
JZJX600-4	ZJ600	X-150	600	$1×10^{-1}$		20.5
JZJX1200-8	ZJ1200	X-150	1200	$1×10^{-1}$		26
JZJX150-4.4	ZJ150	ZJ30、2X-8	150		$3×10^{-2}$	4.85
JZJX150-4.2	ZJ150	ZJ30、2X-15	150		$3×10^{-2}$	5.95
JZJX300-4.4	ZJ300	ZJ70、2X-15	300		$3×10^{-2}$	7.7
JZJX300-4.2	ZJ300	ZJ70、X-30、2X-30	300	$5×10^{-2}$	$3×10^{-2}$	8.5
JZJX600-4.4	ZJ600	ZJ150、X-30、2X-30	600	$5×10^{-2}$	$3×10^{-2}$	11.5
JZJX600-4.2	ZJ600	ZJ150、X-70、2X-70	600	$5×10^{-2}$	$3×10^{-2}$	14
JZJX1200-4.4	ZJ1200	ZJ300、X-70、2X-70	1200	$5×10^{-2}$	$3×10^{-2}$	24.5
JZJX1200-4.2	ZJ1200	ZJ300、X-150	1200	$5×10^{-2}$	$3×10^{-2}$	30
JZJX2500-4.4	ZJ2500	ZJ600、X-150	2500	$5×10^{-2}$		

注：$1Torr=133.322Pa$。

表 7-6 2X 系列双级旋片真空泵技术参数

技术参数	2X-2	2X-4	2X-8	2X-15	2X-30	2X-70
极限分压强/Pa	<6×10⁻² (<5×10⁻⁴ Torr)					
极限全压强/Pa	<2.66 (<2×10⁻² Torr)					
抽速/(L/s)	2	4	8	15	30	70
电机功率/kW	0.37	0.55	1.1	2.2	3	5.5
进气口直径/mm	25	28(25)	34(40)	36	65	80
冷却方式	自然风冷				水冷	
注油量/L	0.35	0.55	0.6	4.2	3.2	5
重量/kg	40	60	78	128	231	375

表 7-7 往复泵技术参数

型 号		WY-50(V5)	WY-100(W4)	WY-200(W5)	W3	W4-A	W4-1	W5-1	W-300
抽气速率/(m³/h)		200	370	770	200	370	370	770	1080
极限压力/Pa		1300	1300	1300	2600	2600	2600	2600	2600
转速/(r/min)		300	200	200	300	200	530	430	300
配用电机/kW		5.5	11	22	5.5	11	11	22	30
汽缸直径×行程/mm		250×150	350×200	455×250	250×150	350×200	250×150	350×200	450×200
气管直径	进	2″	4″	5″	2″	4″	4″	5″	175mm
	出	2″	4″	5″	2″	4″	4″	5″	175mm
水管直径	进	1/2″	3/4″	3/4″	1/2″	3/4″	1/2″	3/4″	3/4″
	出	1/2″	3/4″	3/4″	1/2″	3/4″	1/2″	3/4″	3/4″
尺寸/mm	长	1435	1819	2357	1418	1819	1486	1805	1980
	宽	624	876	1010	630	876	520	670	745
	高	710	900	1162	650	900	720	860	980

注：1″=0.0254m。

表 7-8 高压风机主要技术参数

型 号	规 格	全压/Pa	风量/(m/h)	功率/kW
Y5-47 系列	3.15～12.4	520～3874	1120	1.5～110
Y6-52 系列	3.55～11.2	804～3834	1954～67700	2.2～110
Y4-73 系列	8～25	343～4256	15229～484000	5.5～600
G4-73 系列	8～25	553～6865	15229～484000	7.5～850
4-72 系列	2.8～20	196～3157	991～158410	1.1～220
B4-72 系列	2.8～20	196～3178	991～14720	1.1～15
9-19 系列	4～16	3253～15425	824～63305	2.2～410
9-26 系列	4～16	407～16250	2198～123090	5.5～850
5-45 系列	91/2	3423	21000	30
C-HQ 系列	87～1.30	20104	5220	75

选择通用设备时应注意下列事项。

① 根据化纤生产中所需要的技术参数，如流量、温度压力等，并充分考虑生产过程中可能发生的情况，合理选择设备。

② 选择通用设备时应注意设备的材质。既要保证正常生产，又应注意节约。例如，硅铁泵分为含硅量约 13％的高硅铸铁泵和含硅量约为 7％的中硅铸铁泵，这两种泵的硅含量虽相差不大，但耐腐蚀性却相差很大。但选用的材质过高会增加设备投资。

③ 落实生产厂家。在设备选型的同时，还要注意设备更新、淘汰及型号变化等情况。查阅产品样本时一定要注意样本出版的年月，应以最新版本为依据。

④ 通用设备生产厂家较多，分布又广，应尽量选择距建厂地区较近的设备制造厂的有关产品，这样便于加工订货及运输。

第三节　专用设备设计

一、纺丝箱的设计

从螺杆挤出机挤出的纺丝聚合物熔体经过熔体输送管进入纺丝箱。熔体分配管、计量泵和纺丝头都装在纺丝箱内。纺丝箱的主要作用是使每个部位的计量泵和纺丝头都能保持均匀一致的温度，并且把从总管输入的熔体均匀地分配到每个纺丝头。

纺丝箱的设计主要需确定其结构、尺寸、加热形式和保温问题。结构和尺寸问题主要有：纺丝部位数和位距；纺丝头和计量泵的安装位置、熔体分配管的配置，箱体容积和结构等。加热形式决定选用直接电加热形式还是热媒循环加热形式。保温问题主要是选择合适的保温材料和相应的保温层尺寸。

（一）纺丝箱设计在工艺方面的基本要求

根据涤纶纺丝工艺，管路设计必须保证熔体从挤压机出口至喷丝板所得的阻力降和停留时间的要求。为获得稳定的熔体，防止物料过度降解，应保证挤压机至每个喷丝板组件的熔体的停留时间一致，在一定范围内，同时应保证熔体在管路内阻力降基本一致。为满足以上要求，纺丝箱设计中要根据不同纺丝品种，不同纺丝卷绕速度，确定熔体管路布局方案、管道的长短和各级管路的直径。

① 熔体管分配布局方案。纺丝箱内熔体分配管和布局形式很多，可以归纳为分歧式、放射式和分歧放射综合式三类，其性能对比见表 7-9。在条件允许的情况下，应选用分歧式管路。

② 纺丝箱内各级熔体管直径的确定。涤纶熔体总停留时间应控制在 15min 以内，熔体压力降应控制在一定范围内。

表 7-9　不同熔体管道布置方案的性能比较

	分歧式	放射式	综合式
适应纺丝位数	4 位,8 位	4 位,6 位	6 位
能否满足熔体到每位纺丝位停留时间一致(ΔT)	能	能	能
在熔体停留时间相同情况下压力降(ΔP)	小	大	比放射式小
停一纺丝位对其相邻纺丝位影响	ΔT 增加 ΔP 减少	ΔT 不变 ΔP 不变	ΔT 增加 ΔP 减少
熔体压力能否一致	能	不能	不能
加工制造	一般	一般	一般

（二）实际设计中应注意的几个问题

① 为保证熔体在管路内获得良好的均匀稳定性，应确保从主管至各支管区域内各段管径截面积相同，各段管路总截面积大致相同，管路长度及弯曲形式尽可能相同，尽量采用光洁度高的管路内壁和加工零件内壁，接口处磨光并紧密连接。

② 排布箱内管路时，应保证管路总定向从高到低，防止大起大落，尽可能少用三通和四通等管路急骤变化点。必须使用时，尽可能采用大角度过渡，三通总管与各分支角度应大于 $120°$，以保证熔体平滑过渡。管路的最终直径应与计量泵入口和组件进口相匹配，原则上应与泵进口直径相同。

③ 针形阀与冷冻阀结构相比，冷冻阀采用管路挤压变形法，熔体过渡较缓。针形阀密封较困难，因此冷冻阀为首选结构。

④ 箱体热态下变形应力变化和焊接变形变化是设计中的问题。应注意管路热膨胀，可采用如弯曲管路加波纹管补偿等措施。同时应注意箱体整体变形，可适当减小位距，在纺丝箱体一端或中部采用固定支撑。在另一端或两端采用活动支撑，支撑处方便调节水平，这样允许箱体在热变下变形，以释放应力。为防止箱体焊接变形，结构上应考虑焊接的对称性及开孔对称性。

（三）纺丝箱内配管原理及计算

1. 聚合物熔体在管路内的流动

流体在管路中流动时，若其雷诺数关于小于临界雷诺数（$Re=2300$），则为层流状态，否则为紊流状态。一般工业中使用的空气、水等容易呈紊流状态流动，其压力损失与流速的二次方成比例。聚合物熔体黏度高，雷诺数小，常为层流状态，压力损失仅与流速的一次方成比例。

圆管内流体的雷诺数以下式计算：

$$Re=\frac{vd}{\gamma} \qquad (7\text{-}1)$$

式中　v——流速，m/s；

$\quad\quad d$——管内直径，m；

$\quad\quad \gamma$——流体运动黏度，m^2/s。

$$\gamma=\frac{\mu}{\rho} \qquad (7\text{-}2)$$

假设聚酯熔体视为牛顿流体，黏度 $\mu=200Pa\cdot s$，密度 $\rho=1.17\times10^3 kg/m^3$，圆管内径 $d=10cm$，流速 $v=1m/s$。计算其雷诺数：

$$Re=\frac{1\times0.1\times1.17\times10^3}{200}=0.585\ll2300$$

因此，可以看出纺丝聚合物即使其流速和管径向更大幅度增加，也不可能超过临界雷诺数，这就可以判定纺丝熔体在管路中流动肯定为层流状态，各项计算均可以此为依据进行。

2. 管路内熔体压降计算

熔体管路压力降计算常应用著名的哈根-泊肃叶公式：

$$\Delta P=\frac{32\mu L}{d^2}v \qquad (7\text{-}3)$$

$$\Delta P = \frac{128\mu L}{\pi d^4}Q \tag{7-4}$$

式中　ΔP——压力降，Pa；

　　　　μ——黏度，Pa·s；

　　　　L——管路长度，m；

　　　　d——管内直径，m；

　　　　v——熔体流速，m/s；

　　　　Q——熔体体积流量，m³/s。

3. 熔体在管内停留时间计算

熔体在高温状态下停留时间的长短，直接影响到聚合物的热降解以及造成单体含量的变化。因此需要校核停留时间，其计算式为：

$$t = \frac{V}{Q} \tag{7-5}$$

式中　t——熔体在管内的停留时间，s；

　　　　V——管腔内体积，m³。

$$V = \frac{\pi d^2 L}{4} \tag{7-6}$$

式中　d——管内直径，m；

　　　　L——管路长度，m；

　　　　Q——熔体体积流量，m³/s。

4. 管径和管壁厚度的确定

（1）管内直径的选择

设计熔体管路时，首先根据经验或参考同类设备选取熔体管内直径，然后从结构上确定管长。根据初步选定的管内直径和管长 L 校核管路压力降及停留时间。在满足要求时，即可继续进行管壁厚和外径的选择。

（2）管壁厚的确定

管壁厚可按管的最大工作压力计算：

$$S \geqslant \frac{pd}{2[\sigma]} \tag{7-7}$$

式中　$[\sigma]$——管材料许用应力，Pa，常用的 1Cr18Ni9Ti 不锈钢管 $[\sigma] = 118 \times 10^6$ Pa。

计算出的壁厚值应按材料手册提供的规格圆整，一般向增大计算值方向圆整。

（3）管外直径的确定

由于常用的不锈无缝钢管规格按外径×壁厚标明尺寸，因此要计算出管外径，即

$$D = d + 2S \tag{7-8}$$

式中　D——不锈钢管外径，mm。

若计算出的外径不符合钢管规格尺寸通常先考虑是否可由改变壁厚尺寸来满足外径尺寸，若仍然不能满足要求时，则要重新选择内径尺寸。

5. 管路热膨胀补偿

熔体管路在工作温度下（300℃左右）将产生热膨胀，设计时必须考虑补偿措施，纺丝

箱体内的分配管两端焊接牢固，管内要保持平滑，所以多采取管自身补偿的方法，即使管带有一定弧度，当管道受热膨胀伸长时，变形集中在弯曲弧段，达到自身补偿。

（四）纺丝箱内的传热计算

1. 纺丝箱正常工作时的热平衡

正常纺丝中，流经纺丝箱内管路的聚合物熔体要保持稳定不变的温度。这时只要加热源供给的热能量与熔体中耗散的能量和箱体向周围环境散失的能量达到平衡，就能满足等温熔体的要求。由于假定熔体温度无变化，所以在平衡关系中可不考虑熔体中的能量耗散项，这样仅保持供给热能和向环境散失热能的平衡即可，能量平衡方程列出如下：

$$Q_H = Q_1 + Q_2 \tag{7-9}$$

式中　Q_H——由加热源供给纺丝箱的热量，W；

　　　Q_1——通过纺丝箱保温层壁面向周围环境散失的热量，W；

　　　Q_2——通过纺丝箱出丝口向周围环境散失的热量，W。

2. 通过纺丝箱保温层壁面散失的热量 Q_1

计算式如下：

$$Q_1 = K_1 F_1 (T_W - T_c) \tag{7-10}$$

式中　K_1——传热系数，$W/(cm^2 \cdot ℃)$；

　　　F_1——保温层外表面积，m^2；

　　　T_W——保温层壁面温度，℃；

　　　T_c——周围环境温度，℃。

保温层壁面向周围环境散失热量是以热对流和热辐射方式进行的，联合传热系数 K_1 可用实验方法确定。当缺少实验条件时，温度在 50～350℃ 范围内，可按下列经验公式估算：

$$K_1 = 9.3 + 0.058 T_W \tag{7-11}$$

3. 通过出丝口散失的热量

纺丝箱出丝口部分裸露在外，无法覆盖保温层，而且温度高，其表面温度可按喷丝板面温度或纺丝温度估算。散失热量的计算式为：

$$Q_2 = K_2 F_2 (T_s - T_o) \tag{7-12}$$

式中　K_2——传热系数，$W/(cm^2 \cdot ℃)$，缺乏数据时，仍可按 K_1 计算方法估算；

　　　F_2——出丝口裸露面积，m^2；

　　　T_s——喷丝板面温度，℃；

　　　T_o——纺丝室温度，℃。

4. 计算举例

六位纺丝箱：保温层外廓尺寸（长×宽×高）$= 2.8m × 0.9m × 0.6m$；出丝口为圆形，直径 0.3m；保温层壁面温度 50℃；车间环境温度 25℃，喷丝板面温度按纺丝温度确定为 290℃；纺丝室温度为 30℃。求正常工作时，电加热器的加热功率。

（1）计算 K_1，K_2

由式（7-11）得到：

$$K_1 = K_2 = 9.3 + 0.058 T_W = 9.3 + 0.058 × 50 = 12.2 W/(m^2 \cdot ℃)$$

（2）计算 F_1，F_2

$$F_2 = 6 \times \frac{\pi \times 0.3^2}{4} = 0.42 \text{m}^2$$

$$F_1 = 2[(2.8 \times 0.9) + (2.8 \times 0.6) + (0.9 \times 0.6)] - 0.42 = 9.06 \text{m}^2$$

（3）计算 Q_1，Q_2

由式（7-10）：

$$Q_1 = 12.2 \times 9.06 \times (50 - 25) = 2.76 \text{kW}$$

由式（7-12）：

$$Q_2 = 12.2 \times 0.42 \times (290 - 30) = 1.33 \text{kW}$$

（4）计算 Q_H

由式（7-9）：

$$Q_H = 2.76 + 1.33 = 4.09 \text{kW}$$

（5）估算升温时需要的加热功率

升温时为不稳定过程，受载热体（例如联苯混合物）品质和性能、箱内管壁结垢程度、纺丝箱体热隔离情况、保温层材料热特性、升温时间、工作环境传热条件等因素影响，难以准确计算出加热功率。在粗略估计时，可按经验取正常加热功率的 1.7～2.2 倍。因此本例升温加热功率可按 8kW 考虑。

（五）纺丝箱保温层计算

纺丝箱保温层设计直接关系到功率消耗，箱体内温度的均匀性和纺丝室及车间环境温度，因此要在设计时进行计算和校核。

1．保温层内的传热

保温层传热过程可以简化为多层串联平壁一维稳定热传导问题来考察。通过保温层传导的热流量 Q_0（W）为：

$$Q_0 = F_1 \left[\frac{1}{\dfrac{\delta_1}{\lambda_1} + \dfrac{\delta_2}{\lambda_2}} \right] (T_{W_1} - T_{W_3}) \tag{7-13}$$

式中　F_1——保温层外表面积，m^2；

　　　δ_1——纺丝箱体钢板厚度，m；

　　　δ_2——保温层材料厚度，m；

　　　λ_1——钢材热导率，$\lambda_1 = 46.5 \text{W}/(\text{m} \cdot \text{℃})$；

　　　λ_2——保温材料热导率，超细玻璃棉 $\lambda_2 = 0.0372 \text{W}/(\text{m} \cdot \text{℃})$；

　　　T_{W_1}——载热体温度，℃；

　　　T_{W_3}——保温层壁面温度，℃。

2．保温层向周围环境的传热

由保温层壁面向周围环境传热的计算可直接应用式（7-10）。采用能表征对流和热辐射两种传热方式的联合传热系数。在缺乏实验数据时，仍可根据式（7-11）进行估定。

3．保温层壁厚的设计

假定保温层传出的热量全部散失于周围环境之中，于是实现 $Q_0 = Q_1$ 热平衡过程。由式（7-10）和式（7-13），得到式（7-14）

$$F\left[\frac{1}{\frac{\delta_1}{\lambda_1}+\frac{\delta_2}{\lambda_2}}\right](T_{w_1}-T_{w_3})=K_1F(T_{w_3}-T_c) \tag{7-14}$$

由此导出，在保温层已由结构条件和经验选定后，验算其壁温是否满足要求，即

$$T_{w_3}=\frac{T_{w_1}K_1T_c\left(\frac{\delta_1}{\lambda_1}+\frac{\delta_2}{\lambda_2}\right)}{1+K_1\left(\frac{\delta_1}{\lambda_1}+\frac{\delta_2}{\lambda_2}\right)}\leqslant[T_w] \tag{7-15}$$

式中　T_w——许用壁温，℃。

或者，根据已确定的许用壁温，计算出最小保温层厚度，然后圆整成结构允许的厚度。计算式为：

$$\delta_2\geqslant\frac{(T_{w_1}-[T_w])\lambda_2}{K_1([T_w]-T_c)}-\frac{\lambda_2\delta_1}{\lambda_1} \tag{7-16}$$

（六）设计示例

例1　FDY（8位）熔体管路分布及工艺计算方案

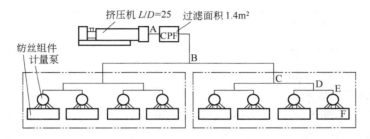

注：1kgf/cm²=98.0665kPa。

项　目	$\varPhi$	L	$\Delta P/(\text{kgf/cm}^2)$	$\Delta t/\text{min}$
A—B	28	880	5.32	0.54
B—C	22	2889	22.92	2.19
C—D	18	1036	9.17	1.05
D—E	14	920	11.13	1.13
E—F	8	630		1.52
纺丝组件				3.3
CPF				5.6
总计			48.54	15.33

计算结果可满足工艺要求：

纺丝品种　50～100d（55～110dtex）；

卷绕速度　4400～4800m/min；

熔体压力降　ΔP 按纺 100d（110dtex），4800m/min 计算；

熔体停留时间　Δt 按纺 50d（55dtex），4400m/min 计算；

熔体密度　$\rho=1.17\text{g/cm}^3$。

例2　FDY（8位）熔体管路分布及工艺计算方案

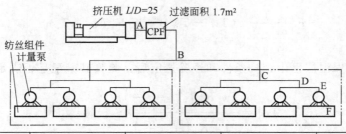

项 目	Φ	L	$\Delta P/(\mathrm{kgf/cm^2})$	$\Delta t/\mathrm{min}$
A—B	34	880	4.59	0.5354
B—C	27	3000	19.67	1.14
C—D	19	1160	15.5	0.88
D—F	14	910	20.6	0.75
E—F	8	630		1.02
纺丝组件				3.1
CPF				3.1
总计			60.36	12.93

注：1kgf/cm²=98.0665kPa。

计算结果可满足工艺要求：

纺丝品种　　75～200d（83.3～220dtex）；

卷绕速度　　4400～4700m/min；

熔体压力降　ΔP 按纺 200d（220dtex），4500m/min 计算；

熔体停留时间　Δt 按纺 75d（83.3dtex），4400m/min 计算；

熔体密度　　$\rho=1.17\mathrm{g/cm^3}$；

熔体黏度（294℃时）　250Pa·s。

例3　FDY（12位）熔体管路分布及工艺计算方案

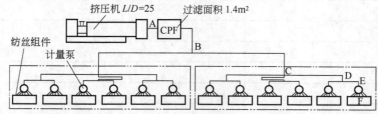

项 目	Φ	L	$\Delta P/(\mathrm{kgf/cm^2})$	$\Delta t/\mathrm{min}$
A—B	32	1026	5.45	0.55
B—C	25	2965	21.16	1.93
C—D	18	1654	14.64	1.68
D—E	14	892	10.79	1.1
E—F	8	610		1.47
纺丝组件				2.2
CPF				3.73
总计			52.02	12.66

注：1kgf/cm²=98.0665kPa。

68

计算结果可满足工艺要求：

纺丝品种　50～100d（55～110dtex）；

卷绕速度　4400～4800m/min；

熔体压力降　ΔP 按纺 100d（110dtex），4800m/min 计算；

熔体停留时间　Δt 按纺 50d（55dtex），4400m/min 计算；

熔体密度　$\rho = 1.17 \text{g/cm}^3$；

熔体黏度（294℃时）　250Pa·s。

二、熔融纺丝组件的设计计算

在熔融纺丝加工中，纺丝组件的作用是使聚合物熔体精细过滤，充分混合，均匀分布，并在一定压力下通过喷丝板微孔，挤出形成丝条。

纺丝组件的设计主要需确定其结构和尺寸。其中外部结构和尺寸牵涉到本身强度和刚度，热变形和抗腐蚀问题，也涉及装拆和密封问题。纺丝组件的内件担负着主要的纺丝功能，如何选择分配、过滤和混合元件，必须从流体力学、流变学和传热学角度充分考虑和核算。当然保证各元件的强刚度和内部密封也是不能忽视的。

1. 聚合物熔体在组件内的流动

通常纺丝组件的内件由熔体扩散板，组合式过滤层、分配板和喷丝板组成。熔体由入口进入纺丝组件后，经由扩散板上的导入孔和锥形喇叭口扩展入组件内腔。之后熔体在压力作用下进入过滤层。过滤层常由过滤网或过滤网与过滤砂组成。在过滤层的最上层常放置一片由不锈钢丝编成的粗网，称为盖网或罩网。目的是阻挡大块的杂物和防止下部的砂层移动。当使用滤砂过滤时，原则上按砂粒粒度由粗而细顺序布置。放置多层滤网时，也是按网孔尺寸由大到小的原则。在过滤层的底层要设置一层托网，由一片或两片粗网构成，起增强上层滤网刚性，防止过分压陷的作用，有时也起阻挡破碎滤砂下漏的作用。通过过滤层的熔体进入分配板孔。分配板一方面将熔体均匀地分配到喷丝板孔上方，同时还起承托过滤层，承受熔体压力，防止喷丝板面超压变形的作用。熔体经过喷丝板的导孔和微孔后，被赋形挤出，结束在纺丝组件内的流动过程。新更换的组件开始工作时，熔体从内件中流过，流动阻力来源于各内件的几何构形。阻力的大小当然受到流动速率、温度和物料性质的影响。纺丝组件内的阻力表现为组件的压力降落，通常按组件入口处测得的压力值计量。组件开始工作时建立的压力称为初压力。经过一段时间的工作以后，由于过滤层上和层中沉积的杂质增多，过滤层阻力逐渐增大，因此在原有工作条件和物料性质均不改变的条件下，整个纺丝组件内的压力亦将逐渐增高。当组件压力升高到比初压力大到一定程度时，则需要更换新的组件，因为这说明过滤层沉积杂质过多，已经失效。同时纺丝也出现不正常现象，难以继续工作。纺丝组件的初压力完全消耗在克服组件内件的各层阻力上，因此初始压力应等于各层压力损失之和，用公式表示为 $P_0 = \sum P_i$，式中，P_0 为纺丝组件初始压力，其值等于组件入口处测量的压力，P_i 为熔体通过纺丝组件中第 i 个内件的压力损失。当采用过滤砂作过滤层时，通常该层流动阻力最大，是主要的压力损失所在。

2. 熔体通过分配板的压力损失

（1）简化假定　为简化计算作如下假定：在分配板孔中通过的熔体为平滑层流；稳态流动；忽略弹性影响。

（2）几何条件　分配板孔为锐边圆孔，直径为 d，孔长为 l。

（3）压力降计算

$$\Delta P = \frac{128 \mu L^*}{\pi d^4} Q \qquad (7\text{-}17)$$

式中　L^*——孔口修正长度；

　　　ΔP——熔体压力降，Pa；

　　　μ——熔体黏度，Pa·s；

　　　Q——通过滤网总体积流量，m³/s。

3. 滤网压力损失计算

滤网常为多层组合结构。为简化计算，各层滤网均分别计算阻力，并最终叠加成总压力降。

单层滤网由不锈钢丝编织而成，简单的情况是经向和纬向钢丝织成正方形网眼。作为流动计算模型，以流变等效圆形孔替换方形孔。同时，采用稳态、层流、等温牛顿流体圆管内流动的简单数学物理关系来分析熔体通过滤网的流动行为。

为方便计算，网孔间距 w 转化为水力直径 d^h，取网丝直径的两倍（$2d$）为孔长度 l。按牛顿流体的流变特性，可以估算出滤网的压力损失。

$$\Delta P = \frac{64(w+d)^2 d \mu Q}{F W^4} \qquad (7\text{-}18)$$

式中　ΔP——通过滤网的熔体压力降，Pa；

　　　w——滤网网孔间距，m；

　　　d——滤网网丝直径，m；

　　　μ——熔体黏度，Pa·s；

　　　Q——通过滤网总体积流量，m³/s；

　　　F——滤网的总通孔面积，m²，$F = z w^2$，z 为滤网孔数；

　　　W——单位时间内熔体流量，cm³/min。

4. 熔体通过过滤网砂的压力损失

熔体通过过滤砂的流动非常复杂，常用无规则毛细孔模型来描述，很难精确计算。

对于简化为牛顿流体的情况，可按下式估算熔体的压力损失：

$$\Delta P = 72 \left(\frac{l_p}{L} \right)^2 \mu \, \frac{(1-\varepsilon)^2}{\varepsilon^3} \overline{V} L X^{-2} \qquad (7\text{-}19)$$

式中　ΔP——通过滤砂层的压力降，Pa；

　　　μ——熔体黏度，Pa·s；

　　　l_p——滤砂构成的毛细孔长度，m；

　　　L——滤砂层厚度，m；

　　　ε——滤砂孔隙率；

　　　$\overline{V}$——熔体平均流动速度，m/s；

　　　X——粒子平均直径，m。

对于均匀直径粒子，$(l_p/L)^2 \approx 2.5$。

滤砂的孔隙率可由下式求出：

$$\varepsilon = \frac{A_H}{A} = \frac{\overline{V}_H}{V} \qquad (7\text{-}20)$$

式中　A_H，$\overline{V}_H$——过滤器容器内滤砂形成的空隙面积与体积；

　　　A，$\overline{V}$——过滤器的面积与体积。

三、纺丝组件密封的设计计算

1. 纺丝组件的平垫密封设计计算

（1）平垫密封的预压紧力 预压紧力使垫片塑性变形，填塞不平及孔隙。

$$F_{DV} = \pi D_g K_o K_{DV} \tag{7-21}$$

式中 F_{DV}——预压紧力，N；

D_g——密封垫平均直径，m，$D_g = D_i + b$，D_i 为密封口内径，m；

b——垫片宽度，m；

K_o——密封垫预紧压力特性值，对于各种材料的平垫，$K_o = b$，m；

K_{DV}——垫片材料抗变形强度，常温下，软铝 $K_{DV} = 100\text{MPa}$，软紫铜 $K_{DV} = 200\text{MPa}$，温度升高，强度降低。

（2）平垫密封的密封力

$$F_{DB} = F_{DV} - F_P \tag{7-22}$$

F_{DB} 是操作中的密封力（N），即预压紧力被内压力部分抵消后作用在垫片上的剩余压紧力。

F_P 是内压力（N），按下式计算：

$$F_P = \frac{\pi}{4} D_g^2 P \tag{7-23}$$

式中 P——组件内压力，Pa。

计算 F_{DB} 时，可用下式：

$$F_{DB} = \pi D_g p K_1 S_D \tag{7-24}$$

式中 K_1——操作中垫片特性系数，平垫 $K_1 = b + 5 \times 10^{-3}$，m；

S_D——安全系数，一般 $S_D = 1.1 \sim 1.2$。

（3）可靠密封时，螺栓锁紧力 主螺栓产生的最大锁紧力，即保证可靠密封的密封垫最大承受力 F_{somax}，由经验有下列关系式：

$$F_{somax} \leqslant C F_{DV} \tag{7-25}$$

式中 C——密封垫材料负荷极限系数，平垫 $C = 1.5$。

（4）密封垫宽度的确定 根据密封垫片在压力下塑性变形而不破坏的原则，推导出如下关系式：

$$D_o / D_i = \frac{1}{\sqrt{1 - \dfrac{p}{\sigma_B}}} \tag{7-26}$$

式中 D_o——密封垫外径，m；

D_i——密封垫内径，m；

p——工作压力，Pa；

σ_B——密封垫材料的破坏强度，常温下，软铝 $\sigma_B = 100\text{MPa}$，软紫铜 $\sigma_B = 200\text{MPa}$。

垫片宽度可按下式计算：

$$b \geqslant \frac{1}{2}\left(\frac{D_o}{D_i} - 1\right) D_i \tag{7-27}$$

计算值 b 按结构尺寸适当圆整。

在高温下，软铝和软紫铜材料的强度明显降低，因此垫片材料和尺寸必须根据材料特性及实际经验慎重选择。必要时应改变密封的结构形式。

2. 计算举例

纺丝组件熔体入口孔径 12mm，组件内初始压力为 15MPa，工作温度 290℃，采用平垫密封，选择合适的平垫材料和尺寸及螺栓锁紧力。

（1）密封垫尺寸　密封垫孔内径取其等于熔体入口孔直径 $D_i=12$mm。平垫材料选择退火铝合金，温度 290℃下，$\sigma_B=19$MPa，由式（7-26）

$$D_o=\frac{D_i}{\sqrt{1-p/\sigma_B}}=\frac{12}{\sqrt{1-15/19}}=26.15\text{mm}，取 D_o=26\text{mm}$$

$$b=(D_o-D_i)/2=(26-12)/2=7\text{mm}$$

（2）螺栓锁紧力　由式（7-21），密封预压紧力

$$F_{DV}=\pi D_g K_o K_{DV}=\pi(D_i+b)K_o K_{DV}=\pi\times(12+7)\times7\times19\times10^4\times10^{-6}=7938.8\text{N}$$

最大锁紧力，由式（7-25）

$$F_{somax}\leq CF_{DV}=1.5\times7938.8=11908\text{N}$$

（3）螺栓数量及直径　由机械零件设计公式，当选用 6 支螺栓紧固时，一个螺栓的锁紧力为

$$Q_s=F_{somax}/6=1985\text{N}$$

螺栓内径 d_1 按下式计算，螺栓材料为碳钢。

$$d_1=0.04\sqrt{Q_s/10}+0.5=0.04\sqrt{1985/10}+0.5=1.06\text{cm}$$

按普通粗牙螺纹圆整，选内径 $d_1=1.0106$cm，公称直径为 12mm，即 M12 螺栓。

喷丝板是纤维纺丝成型的核心元件。板的外形主要有圆形和矩形两种，此外也有扇形等特殊形状。因熔融纺丝压力高，且在高温下工作，板厚较厚，多用不锈钢制成。板的结构特征是在板面上有规则地开设若干喷丝毛细微孔，作用是使黏流态的高聚物熔体转变成具有特定截面形状的丝条。

我国对常用的圆形喷丝板结构形式和有关的技术要求已制定出行业标准，即纺丝机械标准 FJ/JQ 60—86。

由于合成纤维品种规格要求各异，采用的纺丝机和纺丝工艺也多种多样，因此喷丝板很难统一，特别是由各种复杂异形孔纺制的新型纤维不断出现，喷丝板的设计包括确定喷丝孔的孔数、孔的排列和孔的形状、孔的尺寸等结构要素；选择和确定喷丝板板面形状和尺寸、板厚尺寸；选择喷丝板材料及提出技术要求等项内容，最终以零件工作图形式完成设计任务。

四、聚合物熔体在喷丝孔区的流动

1. 聚合物熔体的流变特性

纺丝聚合物熔体受外力作用，发生形变或流动，属于流变行为。这样的熔体具有像液体一样的黏滞性，同时也具有像弹性固体或橡胶一样的弹性，所以称其为具有黏弹性的材料。此外，这些性质又表现出显著的时间依赖性。为便于研究，在流变学中，常将熔体的黏弹性分别按纯黏性和纯弹性来单独分析。

2. 熔体的黏性行为

聚合物熔体在喷丝毛细孔中受压力产生剪切流动。常用流变本构方程或状态方程描述流动中应力条件与形变条件之间的联系，最简单的形式是：

$$\dot{\gamma}=\frac{\mathrm{d}v}{\mathrm{d}y}=f(\tau) \tag{7-28}$$

式中　$\dot{\gamma}$——剪切速率，是剪切方向的速率梯度，即 $\mathrm{d}v/\mathrm{d}y$；

v——流动速率；

y——剪切形变方向；

τ——剪切应力。

理想黏性流体的线性流动曲线常用牛顿黏滞定律或牛顿摩擦定律来描述：

$$\dot{\gamma}=\phi\tau \tag{7-29}$$

$$\phi=\frac{1}{\eta} \tag{7-30}$$

式中 ϕ——比例系数，称为流度；

η——剪切黏度，代表熔体对流动的内阻。

方程(7-29)也常写成如下形式：

$$\tau=\eta\dot{\gamma} \tag{7-31}$$

对于纺丝聚合物，仅在非常低的剪切速率下，流动行为符合牛顿黏滞定律，并在非常高的剪切速率下再现牛顿流动行为。符合牛顿黏滞定律的流体称为牛顿流体。因此聚合物在纺丝条件下，常表现出非牛顿行为。工程上，常采用幂次律（Power Law）模型来描述具有非牛顿性的聚合物熔体流动：

$$\tau=K\left(\frac{\mathrm{d}v}{\mathrm{d}y}\right)^{n} \tag{7-32}$$

$$\tau=K\dot{\gamma}^{n} \tag{7-33}$$

$$\eta=K\dot{\gamma}^{(n-1)} \tag{7-34}$$

式中，K 和 n 均为经验常数。

尽管上述经验式具有近似性，但因其形式简单，仍获得广泛应用。

讨论幂次律方程。当 $n=1$ 时，式(7-34) 化简为 $\eta=K$，幂次律流体还原为牛顿流体。这时黏度 η 为牛顿黏度或零切黏度，记为 η_0。

当 $n<1$ 时，由式(7-34) 可见，黏度 η 随剪切速率增大而减小，这种非牛顿流体称为假塑性流体或切力变稀流体。纺丝聚合物熔体多为假塑性流体。

当 $n>1$ 时，黏度随剪切速率增加而增大，称为假塑性流体或切力增稠流体。

经验常数 n 表征流体偏离牛顿性质的程度，常称其为非牛顿指数。根据各物料的流变实验流动曲线，n 值可用下式求得：

$$n=\frac{\mathrm{d}\lg\tau}{\mathrm{d}\lg\dot{\gamma}}=\frac{\Delta\lg\tau}{\Delta\lg\dot{\gamma}} \tag{7-35}$$

非牛顿流体的剪切黏度 η 数值不为常数，随剪切速率改变。因此实际测量的黏度为流动曲线上该测点的 τ 与 $\dot{\gamma}$ 的比值，即假设该点具有牛顿性，称之为表观黏度，记为 η_a。真实黏度，可通过拉宾诺维奇 （Rabinowitsch) 修正获得，即：

$$\eta=\tau_{\mathrm{w}}/\dot{\gamma}' \tag{7-36}$$

$$\dot{\gamma}'_{\mathrm{w}}=\frac{3n+1}{4n}\dot{\gamma}_{\mathrm{w}} \tag{7-37}$$

式中 τ_{w}——毛细管壁面剪切应力；

$\dot{\gamma}'_{\mathrm{w}}$——拉宾诺维奇修正的壁面剪切速率；

$\dot{\gamma}_{\mathrm{w}}$——未修正的壁面剪切速率，即表观剪切速率。

3. 熔体的弹性行为

聚合物熔体流经毛细管时，与其弹性有关的现象是：①与牛顿流体流动相比，在毛细管入口处，经受截面急剧收缩变化时，有较大压力降，即所谓入口压力损失。这种压力损失可能归因于熔体的弹性变形所贮存的能量。因此，在计算毛细管压力降时采用巴格利（Bagley）修正。②聚合物熔体在脱离毛细管出口区产生挤出胀大，即挤出物横截面尺寸明显地大于流道尺寸。在高剪切速率下，例如纺丝挤出时，丝条直径可能膨胀到 2~4 倍。至少有两种产生挤出胀大的原因，一种因素是熔体在毛细管入口处流线收敛，熔体产生拉伸弹性形变。如果在经过毛细管的时间内此弹性形变未能完全松弛，到出口后即要回复，表现为直径胀大。另一种因素是，熔体在管内流动时剪切应力和法向应力差造成弹性形变在出口后的回复。③熔体破裂或弹性扰动，实际上是伴随有挤出物缺陷的毛细管流动的不稳定现象。一般在出现不稳定流动之前，会出现高度胀大现象。

为了避免发生挤出不稳定现象，设计喷丝板时，必须合理选择和确定喷丝微孔的尺寸，特别重要的是直径（非圆形孔的狭缝宽度）、长径比、孔口导角以及导孔直径等。

五、喷丝板微孔设计

1. 圆形截面喷丝孔流量的确定

（1）喷丝孔单孔流量的确定　喷丝孔的单孔流量与纺丝品种规格要求和纺丝工艺条件有关，其计算式为：

$$q=\frac{Q}{60\rho z} \tag{7-38}$$

$$q=\frac{T_N v D_R}{60\times1000\rho Zk} \tag{7-39}$$

式中　q——喷丝孔单孔流量，cm^3/s；

Q——通过喷丝板的总流量（单头单泵时即为泵供量），g/min；

Z——喷丝板孔数；

ρ——纺丝聚合物熔体密度，缺乏实际数据时，可取聚酯 $\rho=1.20g/cm^3$，尼龙 $\rho=1.05g/cm^3$，聚丙烯 $\rho=0.8g/cm^3$；

T_N——喷丝板总纤度，tex；

v——纺丝速度，m/min；

D_R——拉伸倍数；

k——考虑回缩等的经验常数，通常取 $k=1.15$。

（2）喷丝孔直径的设计计算

纺丝聚合物熔体多为非牛顿流体，喷丝孔计算中若有足够的实验数据时，应尽量按非牛顿流体进行。

为了获得稳定的纺丝状态，应该选择喷丝孔直径在纺丝泵供量一定条件下造成的剪切速率低于纺丝物料熔体的临界剪切速率。

非牛顿流体圆形微孔壁面剪切速率：

$$\dot{\gamma}_w=\frac{(3n+1)q}{n\pi R^3} \tag{7-40}$$

式中　$\dot{\gamma}_w$——喷丝孔壁面剪切速率，s^{-1}；

q——单孔流量，cm^3/s；

R——喷丝孔半径，cm；

n——非牛顿指数。

各种纺丝物料熔体的临界剪切速率 $\dot{\gamma}_c$ 应根据与纺丝条件相近的流变性能实验确定。当缺乏实验数据时，一般涤纶纺丝可取 $\dot{\gamma}_c = (3.5 \sim 4) \times 10^3 s^{-1}$。纺丝温度高，取较小值；物料特性黏度低，取较小值。另据某些资料推荐，聚合物熔体的临界剪切速率亦可近似取为

$$\dot{\gamma}_c = 1 \times 10^4 s^{-1} \tag{7-41}$$

验证条件为：$\dot{\gamma}_w \leqslant \dot{\gamma}_c$

因此有两种方法确定喷丝孔直径：①根据选定的 $\dot{\gamma}_c$ 计算出半径 R，再由经验最后决定喷丝孔直径 D。②先由经验和加工条件选用喷丝孔直径 D，再计算出剪切速率 $\dot{\gamma}_w$，与 $\dot{\gamma}_c$ 比较，最终确定喷丝孔直径是否合用，或相应修改尺寸到合适值。

2. 设计计算举例

纺制 110dtex/36f 涤纶长丝，纺丝速度 800m/min，拉伸倍数 3.26 倍，试计算确定喷丝孔直径。

（1）求单孔流量

由式(7-39)：

$$q = \frac{1.10 \times 800 \times 3.26}{60 \times 1000 \times 1.2 \times 36 \times 1.15} = 0.0096 cm^3/s$$

（2）求单孔直径

按牛顿流体估算，$n=1$。由式(7-40)，

设 $\dot{\gamma}_c = 3.5 \times 10^3 s^{-1}$，则 $D = 2R = 2\sqrt[3]{\frac{4 \times 0.0096}{\pi \times 3.5 \times 10^3}} = 0.032cm$

设 $\dot{\gamma}_c = 4.0 \times 10^3 s^{-1}$，则 $D = 2\sqrt[3]{\frac{4 \times 0.0096}{\pi \times 4 \times 10^3}} = 0.029cm$

最后根据经验及各种因素综合考虑选定喷丝孔直径为 $D = 0.29mm$。

第四节　非定型设备的选型和设计计算

非定型设备都要专门设计和创造。由于化纤产品门类多，品种杂，因此这类设备使用广泛。现介绍常用非定型设备的选型和设计计算。

一、换热设备

换热设备是实现冷、热流体间热量交换的设备，通称为换热器。在化纤生产中换热设备用得极为广泛。换热器的种类较多，按其工作原理分为直接混合式换热器、间壁式换热器和蓄热式换热器三类。其中又以间壁式换热器用得最多。间壁式换热器又分成多种形式：列管式换热器（其中又分固定管板式换热器、U 形管式换热器、浮头式换热器）、夹套式换热器、蛇管式换热器、套管式换热器、翅片管式换热器、螺旋板式换热器、板式换热器。由于管式换热器耐压性能好、结构坚固、操作弹性大、制造容易、用材范围厂等优点，应用极为广泛，特别是列管式换热器应用最广泛。

1. 换热器的选择

（1）列管式换热器　其优点是结构坚固，范围广泛。

① 固定管板式换热器　优点是结构简单，用材较少，但因管束均先焊死，清洗困难，因此要求管间的流体很干净。两流体的温差不超过 50℃，否则易使胀口或焊口破损，或者管束变形。

② 浮头式换热器　其优点是管束能自由活动，能承受较大温差，清洗也方便。其缺点是结构复杂，用材多。

③ U 形管式换热器　其优点与浮头式换热器一样，但缺点是管子少，传热面积小，管子外清洗难，一般适用于压力高、流量小、流体清洁和温差大的场合。

（2）夹套式换热器　其优点是构造简单。缺点是传热面积较小。一般用于传热量不大的场合，特别适用于反应器的加热和冷却以及液体原料的配制和加热。

（3）蛇管式换热器　其结构简单，造价低，管内耐高压。缺点是传热效率低，外形尺寸大，占地面积大。特别适用于高低压介质间的传热。

（4）套管式换热器　优点是构造简单，拆装容易，内管能耐高压，管间适应高流速，不易结垢的流体，传热效果好。缺点是接头多，容易泄漏，管间难清洗，处理量小。一般适用于传热面积不大，向低压流体间的传热。

（5）翅片管式换热器　优点是传热面积大。缺点是制造复杂，泄漏时检修困难。适用于液体和气体间的换热，不是特殊需要一般不用这种换热器。

（6）螺旋板式换热器　优点是体积小，制造简单，传热效果好。缺点是修复困难。适用于高黏度液体的传热。目前国产螺旋板式换热器只能在温度 200℃ 以下，压力 2.5MPa 以下使用。

（7）板式换热器　优点是传热效率高、结构紧凑，重量轻、用材省、拆洗方便、适应性大。缺点是易泄漏，处理量较小。耐温耐压较低。适用于多流体间的换热。由于它具有高效、紧凑和拆洗方便等显著优点，是一种很有发展前途的换热器。

2. 换热器的计算

在化纤生产中列管式换热器的用途最为广泛，现将其工艺计算的主要步骤分述如下。

（1）换热器热负荷计算　根据设计规定的生产规模和工艺条件，应用热平衡关系式求出热负荷：

$$q = G_A C_{PA} (t_{A_2} - t_{A_1}) = G_A (I_{A_2} - I_{A_1}) \tag{7-42}$$

式中　G_A——流体 A 的重量流量，kg/h；

C_{PA}——流体 A 在进出口温度范围内的平均比热容，kJ/(kg·℃)；

t_{A_1}，t_{A_2}——流体 A 在换热器进出口的温度，℃；

I_{A_1}，I_{A_2}——流体 A 进出换热器的热焓，kJ/kg。

（2）平均温度的确定

当 $\Delta t_1 / \Delta t_2 < 2$ 时，平均温度差取算术平均值：

$$\Delta t_m = \frac{\Delta t_1 + \Delta t_2}{2}$$

当 $\Delta t_1 / \Delta t_2 > 2$ 时，平均温度差取对数平均温度差：

$$\Delta t_m = \frac{\Delta t_1 - \Delta t_2}{\ln \dfrac{\Delta t_1}{\Delta t_2}}$$

（3）传热系数的确定

表 7-10　各种换热器的传热系数 K 值

形式	流体的种类和条件		$K/[\text{kJ}/(\text{m}^2 \cdot \text{h} \cdot \text{℃})]$
	壳侧	管侧	
列管式换热器	气体(1 大气压)	气体	20.9～125.4
	气体(200～300 大气压)	气体(200～300 大气压)	627～1672
	液体	气体(1 大气压)	62.7～250.8
	液体	气体(200～300 大气压)	836～2508
	液体	液体	627～6270
	蒸汽	液体	1254～4180
套管式换热器	内管	外管	
	气体(1 大气压)	气体(1 大气压)	41.8～125.4
	气体(200～300 大气压)	气体(1 大气压)	83.6～209
	气体(200～300 大气压)	气体(200～300 大气压)	627～1672
	气体(200～300 大气压)	液体	1045～2090
	液体	液体	1254～5016
盘管式换热器	蛇管内	容器侧	
	气体(200～300 大气压)	水	627～1672
	气体(1 大气压)	水,盐水	83.6～209
	液体	水,盐水	836～2508
	冷凝蒸汽	水,盐水	1254～3344
液膜式换热器	管内	管外	
	气体(1 大气压)	冷水淋注	83.6～209
	气体(200～300 大气压)		627～1254
	液体		1045～3344
	冷凝蒸汽		1254～4180
夹套式换热器	夹套侧	容器侧	
	冷凝蒸汽	液体	1672～5016
	冷凝蒸汽	沸腾液	2508～6270
	冷水,盐水	液体	627～1254
板式换热器	气体-水		83.6～209
	液体-水		1254～4180

注：1 大气压＝101325Pa。

换热器传热系数可来自生产实际，也可通过实验测定或计算。各种换热器的传热系数 K 值如表 7-10 所列。

（4）传热面积的计算

传热面积 F 按下述公式计算：

$$q = KF\Delta t_\text{m}$$

$$F = \frac{q}{K\Delta t_\text{m}} \tag{7-43}$$

（5）换热管内流速的确定　根据传热流体的种类和规皮的工艺条件参照常用流速来确定。流速大可增大传热系数，降低设备造价，但压力损失亦大，操作费用增加，需权衡利弊后确定。

一般出于湍流传热效率要比滞流高得多，所以原则上应将流速选在湍流区。但是当流体黏度特大时，也可以选在滞流区。

（6）换热管管径的确定　按照当前市场价格和供货情况选定。管子过细会增加长度，并不经济。一般管径选用 25mm、19mm 较为普遍。

（7）热管长度的确定 一般，换热管的长度与直径之比为 $6\sim10$，在竖放时，长度与直径之比为取 $4\sim8$，推荐长度有 1.5m、2m、3m、4m 四种，可根据具体情况选定。确定管子长度 L 后，按下式计算管子总数 n：

$$n=\frac{F}{\pi d_{\mathrm{m}}L}\qquad(7\text{-}44)$$

式中 d_{m}——管子的平均直径，即

$$d_{\mathrm{m}}=\frac{d_{\text{外}}+d_{\text{内}}}{2}\qquad(7\text{-}45)$$

（8）管子排列方式的选择 管子的排列方式有同心圆排列，正方形排列和三角形排列三种方式。一般以三角为多。其优点是在同一面积上排列的管子较多。

（9）列管层数的确定 排数确定后计算层数，以六角形为例，层数 a 的公式为：

$$3a^2+3a+(1-n)=0$$

$$a=\frac{\sqrt{12n-3}-3}{6}$$

a 求出后再计算六角形对角线上管子数 b：

$$b=2a-1$$

（10）换热器壳体直径的计算 根据排列方式和确定的管间距按下述公式计算换热器的直径。

$$D=t(b-1)+2l$$

式中 D——壳体内径，mm；

t——管间距，mm；

l——六角形最外区从中心到壳体内壁的距离，一般为 $(1\sim1.5)d_{\text{外}}$。

算出的壳径按部颁标准圆整。圆整应按偏大规格取数。查表取换热器的标准尺寸。

二、贮罐类设备设计

化纤生产常用到一些贮罐类设备，用以贮存固体、液体和气体原料或中间产品。这些设备一般要设计人员自行设计。

（一）固体贮罐设计

固体贮罐设计按以下过程完成

（1）确定物料处理量 一般以物料的日处理量为计算基准。

（2）贮罐体积的确定

$$V=Gt/24r\rho\qquad(7\text{-}46)$$

式中 G——日处理量，kg/d；

t——停留时间，h；

r——装填系数，一般取 $0.7\sim0.8$；

ρ——材料散密度，kg/m³。

（二）液体贮罐设计

与固体贮罐相似，其设计也分两步。

1. 存贮容器适宜容积的确定

总存量确定后，就可确定存贮容器的台数，设备的台数又决定于存贮容器的适宜容积。存贮容器的适宜容积主要根据容器形式、存贮物料的特性、容器的占地面积，以及加工能力

等因素进行综合考虑后确定。

2. 装填系数的确定

一般存放气体容器的装料系数为1。液体容器的装料系数，一般为0.8。这两个参数确定之后，再设计计算液体贮罐。

3. 设计实例——涤纶工业丝车间油剂高位槽的设计

已知：某厂每天生产的工业丝为100t，纤维含油率为0.75%，油剂浓度为10%，油剂密度为1g/cm³，且油剂为常白班，每天调配两次，分别供给两个高位槽，求高位槽的体积。

需要调配的溶剂总量为$100 \times 0.75\%/2 \times 10\% \times 1 = 3.75 \text{m}^3$，考虑装填系数（取0.8），则高位槽的体积为$3.75/0.8 = 4.69 \text{m}^3$。

三、车间内部运输车辆

车间内部运输车辆也是非标设备，但因化纤厂车间内部运输车辆用量大，形式多，各主要化纤品种逐渐形成了各自的专用车辆。所以把车间内部运输车辆另列成类。由于各个化纤品种所用原材料不同，生产情况不同，所运输的物品性状不同，车辆形式也不同。一般可按下式计算车间所需车辆数：

$$N_g = QTK \times 1000/(bn_g)$$

式中　Q——成品半成品产量，t/d；

　　　　K——车辆周转备用系数；

　　　　T——存放周期；

　　　　b——每只筒子卷重；

　　　　n_g——每车筒子数；

　　　　N_g——筒子车数量。

施工图管道简画法见表7-11，工艺流程图的设备代号与图例见表7-12。

表 7-11　施工图管道简画法

序号	名　称	画　　法	说　　明
1	裸管		单粗实线表示较小直径(例如≤φ108)的管路，双细实线表示较大直径(例如φ108)的管路
2	保护管		例如保温管，若系全线保护时，可按裸管画出后加注保护说明
3	管路连接	(a) (b) (c)	(a)法兰连接 (b)螺纹连接 (c)承插连接
4	大小头		即异径接头
5	弯头		俯视图中竖管断口断成圆、圆心画点，横管画至圆周，左视图中横管画成圆，竖管至圆心
6	三通		俯视图，竖管断口画成圆，圆心画成点，横管画至圆周 左视图，横管断口画成圆，圆心画成点，竖管画至圆周 右视图，横管画成圆，竖管通过圆心

序号	名　称	画　　法	说　　明
7	虾米腰弯头		俯视图、左视图虾米腰弯头的交线，可用圆弧代替椭圆近似的画出
8	管路投影相交影		小直径管路(单线)与大直径管路(双线)的投影相交时，小直径管路的可见部分画成实线，不可见部分画成虚线。小直径管路的投影相交时，将可见的管路断开，使被遮的管路显露出来
9	管路投影重合	$L_1\ \phi76\times4$　$L_2\ \phi1/2$	

表 7-12　工艺流程图的设备代号与图例

序号	设备类型	代号	图例
1	泵	B	（电动）离心泵　　（汽轮机）离心泵　　往复泵
2	反应器和转化器	F	固定床反应器　　管式反应器　　聚合釜
3	预热器	B	列管式换热器 带蒸发空间换热器 预热器（加热器）　　热水器（热交换器） （水平式）　空冷器　（斜卧式） 套管式换热器　　喷淋式冷却器

习题

1. 说明设备选型的原则。

2. 已知基础数据：纤度 1.5dtex，纺丝位数 = 30，纺速 v = 1000m，喷丝板孔数 n = 1200 孔，开工天数 333d，拉伸倍数 R = 4.2，设备运转率 K_1 = 95，成品率 K_2 = 0.98，求纺丝机的年产量。

第八章 工艺计算

第一节 工艺参数

确定工艺流程以后，应根据收集到的技术资料，结合工艺特点和设备情况确定工艺参数。工艺参数分两种，一种与产品规格和生产过程相关，如泵供量、泵转速等，一般通过计算得到，不更换品种，这类参数不需调整；另一种与加工稳定性有关，如纺丝温度、纺丝压力、卷绕速度等，一般通过经验确定，在实际加工过程中，根据生产状况进行调整。

1. 纤维质量指标计量单位换算

（1）旦、特、公制支数　这三种表示纤维粗细程度的计量单位中，特［克斯］是纺织专业表达纤维线密度的法定计量单位。其换算关系如下：

$$特数 = 0.1111 \times 旦数 = 1000/公制支数$$

（2）克/旦(g/d)，N/tex　这是表示纤维断裂强度的计量单位，其中 N/tex 是纺织专业的法定计量单位。其换算关系如下：

$$1g/d = 0.0882N/tex$$

2. 工艺计算

（1）充填干燥机的产量计算公式

$$Q_1 = \frac{Vr}{t} \tag{8-1}$$

式中　Q_1——产量，t/h；

　　　V——充填干燥机的容积，m³；

　　　r——切片单位体积质量（聚酯＝0.78t/m³）；

　　　t——切片在干燥机中的停留时间，h。

（2）切片在充填干燥机中的干燥时间

$$t = \frac{W \times 10^6}{Q_2 n \times 60} \tag{8-2}$$

式中　t——干燥时间，h；

　　　W——干燥机中的切片质量，t；

　　　Q_2——每个喷丝头的泵供量，g/min；

　　　n——纺丝机的喷丝头总数。

（3）熔体通过喷丝孔时剪切速率

$$\dot{\gamma} = \frac{4Q_3}{\pi R^3} \tag{8-3}$$

式中　Q_3——每个喷丝头的泵供量，g/min；

　　　R——喷丝孔半径，mm。

（4）泵供量（单出口流量）

$$Q_4 = Tv \times 10^{-4} \tag{8-4}$$

式中　T——成品线密度，dtex；

v——卷绕速度，m/min；

Q_4——泵供量，g/min。

（5）计量泵转速 n

$$n(\text{r/min}) = \frac{Q_4}{C\rho\eta} \tag{8-5}$$

式中　Q_4——泵供量，g/min；

C——泵规格，cm³/r；

ρ——熔体密度，g/cm³；

η——泵效率。

（6）螺杆挤出机挤出量 Q_5

$$Q_5 = \frac{Wk_1}{m\rho} \tag{8-6}$$

式中　Q_5——额定产量，kg/h；

m——设备台数；

ρ——物料密度，kg/m³；

k_1——损耗系数。

（7）螺杆转速计算螺杆转速 N

$$N = [2Q_5 + \pi D h_3^3 \sin^2\phi P/(6\eta_a L)]/(\pi 2D^2 h_3 \sin\phi\cos\phi) \tag{8-7}$$

式中　Q_5——螺杆挤出机挤出量，cm³/min；

D——螺杆直径，cm；

N——螺杆转速，r/min；

h_3——螺杆计量段螺槽深度，cm；

L——螺杆计量段长度，cm；

P——螺杆机头压力，MPa；

ϕ——螺杆螺纹升角17°40′；

η_a——熔体表观黏度；Pa·s。

（8）熔体挤出速率 v_s

$$v_s = \frac{Q_6}{\rho \times \frac{\pi}{4} d_0^2 n} \tag{8-8}$$

式中　ρ——熔体密度，g/cm³；

Q_6——熔体流量，cm³/min；

d_0——喷丝孔直径，cm；

n——喷丝板孔数。

（9）喷丝头拉伸倍数的计算

$$\gamma = \frac{v_1}{v_0} \tag{8-9}$$

式中　v_1——卷绕速度，m/min；

v_0——相对熔体挤出速率，m/min。

（10）卷绕定长

$$L = G(D-d)/\text{成品线密度} \tag{8-10}$$

式中　G——卷装质量，kg；

L——卷绕定长；

D——卷装外径，cm；

d——纸管外径，cm；

（11）卷绕时间

$$卷绕时间＝卷绕定长/卷绕速度$$

下面给出常见化纤品种的主要工艺参数供设计者参考，见表8-1～表8-6。

表8-1　涤纶短纤维生产工艺参数

主要工艺参数	直接纺丝	切片纺丝	主要工艺参数	直接纺丝	切片纺丝
熔体输送温度/℃	280		计量泵转速/(r/min)	23±0.2	25±0.2
输送泵出口压力/MPa	14.7		喷丝板规格(孔数×孔径)	2210×0.28	1120×0.3
箱体入口压力/MPa	4.9		箱体温度/℃	290±1	285±2
螺杆温度/℃			熔体温度/℃	290±1	285±2
一区		290±2	环吹风		
二区		295±2	温度/℃	30±2	30±2
三区		300±2	湿度/%	75±5	75±5
四区		305±2	风量/(m³/min)	12.5±0.1	5.3～5.6
五区		300±2	风压/kPa	＜4.4	＜5.9
法兰温度/℃		290±2	卷绕速度/(m/min)	940	1000
直管温度/℃		285±2	纤维含油水率/%	20±2	20±3
螺杆转速/(r/min)		36±2	油剂浓度/%	0.4±0.1	0.3～0.4
熔体压力/MPa	＞4.9	7.35～8.82	盛丝桶丝重/kg	4200	450
组件预热温度/℃	295	300	落桶时间/min	90	45
组件预热时间/h	＞12	＞4	牵引辊速度7辊/(m/min)	1244	1330
组件更换周期/天	30	7	牵引辊速度4或5辊/(m/min)	1247	1326
计量泵规格/(cm³·min/r)	40	20	喂入轮速度/(m/min)	667	669

表8-2　涤纶 FDY 生产工艺参数

项目	75dtex/24fFDY	56dtex/24fFDY
特性黏度[η]/(dl/g)	0.64～0.66	0.64～0.66
熔点/℃	≥260	≥260
TiO₂含量(质量分数)/%	≤0.4	≤0.4
黄色指数	≤9.5	≤9.5
端羧基含量/(mol/t)	≤27	≤27
油剂种类	DELION F-1048	DELION F-1048
活性成分含量/%	92	92
湿切片含水/%	0.4	0.4
湿切片日输送量/t	4.7	4.7
干空气露点/℃	＜−60	＜−60
预结晶温度/℃	170～180	170～180
预结晶排气温度/℃	160～168	160～168
预结晶时间/min	15	15
干燥温度/℃	170～180	170～180
出风温度/℃	155～165	155～165
出料温度/℃	140	140
料位/%	75	75
干空气流量/(m³/min)	14	11
干切片含水/%	0.003	0.003
纺速/(m/min)	4500	4500
成品规格/(dtex/f)	75/24	56/24
螺杆挤出量/(kg/h)	97.2	72.58

项 目	75dtex/24fFDY	56dtex/24fFDY
螺杆温度/℃		
冷却区	<40	<40
一区	280	280
二区	285	285
三区	290	290
四区	292	292
五区	292	292
测量头	290	290
螺杆挤出压力(滤后)/MPa	7.5	7.5
机头压力/MPa	14.4	14.4
组件预热温度/℃	300	300
组件预热时间/h	>8	>8
组件更换周期/天	20	15～20
计量泵规格/(cm³·min/r)×出口数	1.4×6	1.4×6
计量泵转速/(r/min)	20.09	15
计量泵单孔出量/(g/min)	33.75	25.2
计量泵频率/Hz	39.51	29.5
组件起始压力/MPa	11～13	11～13
喷丝板规格(外径×孔径×孔数)/mm	75×0.27×24	75×0.27×24
上层砂	40目40g	40目40g
下层砂	60目115g	60目115g
板上网规格/目	32×50×180×254×400× 254×180×50×32	32×50×180×254×400× 254×180×50×32
砂下网规格/目	36×150×36	36×150×36
砂上网规格/目	50	50
箱体温度/℃	292	292
侧吹风		
温度/℃	23	23
湿度/%	65±5	65±5
风速/(m/min)	0.4	0.34～0.36
风压/Pa	500	500
卷绕速度/(m/min)	4440	4460
升头速度/(m/min)	3680	3680～3720
升速时间/s	60	60
卷绕时间/min	126	159
卷绕丝长/km	>9999	>9999
升头速率/%	1.5	0.7
切换速率/%	0.02	0.02
卷绕角/(°)	6.5	6.5
干扰/%	1.5	1.5
干扰振幅/Hz	50	50
干扰加速时间/s	1.4	1.4
干扰减速时间/s	1.4	1.4
GR1高速设定/(m/min)	1680～1730	1680～1720
GR1低速设定/(m/min)	1400	1400
GR1升速时间/s	60	60
GR1高温设定/℃	80～85	80～85
GR2高速设定/(m/min)	4500	4500
GR2低速设定/(m/min)	3500	3500
GR2升速时间/s	60	60
GR2高温设定/℃	125	125
油剂浓度/%	9	9
油轮转速/(r/min)	12～14	12～14
卷装重/kg	4	4

表 8-3 涤纶 POY 生产工艺参数

主要工艺参数	165dtex/36f	110dtex/36f	82.5dtex/24f
特性黏度 $[\eta]$ /(dl/g)	0.65±0.01	0.65±0.01	0.65±0.01
熔点/℃	≥260	≥260	≥260
TiO$_2$ 含量(质量分数)/%	≤0.4	≤0.4	≤0.4
端羧基含量/(mol/t)	≤27	≤27	≤27
湿切片含水/%	≤0.4	≤0.4	≤0.4
湿切片日输送量/t	12.5	8	8
油剂型号	DELION	DELION	DELION
有效成分	0.92	0.92	0.92
干空气露点/℃	<−20	<−20	<−20
预结晶温度/℃	175~180	170~180	170~180
预结晶排气温度/℃	155~160	160~168	160~168
预结晶时间/min	15	15	15
空气流量/(m³/h)	1320		
干燥温度/℃	170~175	170~180	170~180
出风温度/℃	155~160	155~165	155~165
出料温度/℃	140	140	140
料位/%	75	75	75
干空气流量/(m³/h)	1320	1320	1320
干切片含水/%	0.003	0.003	0.003
纺速/(m/min)	3200	3200	3200
成品规格/(dtex/f)	165/36	110/36	110/36
螺杆挤出量/(kg/h)	246.07	163.84	182.88
螺杆温度/℃			
冷却区	<50	<50	<50
一区	280±1	280±1	278±1
二区	285±1	285±1	285±1
三区	288±1	290±1	288±1
四区	291±1	292±1	290±1
五区	291±1	292±1	290±1
测量头	290±1	290±1	289±1
螺杆挤出压力(滤后)/MPa	7.5	7.5	7.5
机头压力/MPa	14.4	14.4	14.4
组件预热温度/℃	310	310	310
组件预热时间/h	>8	>8	>8
组件更换周期/天	20~25	20	20
计量泵规格/(cm³ · min/r)×出口数	2.4×4	2.4×4	2.4×4
计量泵转速/(r/min)	29.67	19.75	14.82
计量泵单孔出量/(g/min)	85.44	56.89	42.67
计量泵频率/Hz	58.35	38.85	29.15
组件起始压力/MPa	10	10	10
组件更换压力/MPa	25	25	25
喷丝板规格(孔径×孔数)/mm	0.3×36	0.3×36	0.3×36
上层砂	20 目 115g	20 目 115g	20 目 115g
下层砂	40 目 40g	40 目 40g	40 目 40g
板上网规格/目	32×50×180×254×400× 254×180×50×32	32×50×180×254×400× 254×180×50×32	32×50×180×254×400× 254×180×50×32
砂下网规格/目	36×150×36	36×150×36	36×150×36
砂上网规格/目	50	50	50
箱体温度/℃	291	289	289

主要工艺参数	165dtex/36f	110dtex/36f	82.5dtex/24f
侧吹风			
温度/℃	22±1	22±1	22±1
湿度/%	65±5	65±5	65±5
风速/(m/min)	0.48～0.55	0.48～0.55	0.48～0.55
风压/Pa	500	500	500
卷绕速度/(m/min)	3200	3200	3200
摩擦辊频率/Hz	113.08	113.08	113.08
辅助槽筒频率/Hz	169.85	169.85	169.85
卷绕时间/min	117.5	176.5	235
卷绕角/(°)	6～8	6～8	6～8
干扰频率/(次/min)	12	12	12
干扰幅度/%	±1	±1	±1
油剂浓度/%	9～10	9～10	9～10
油泵转速/(r/min)	40	40	40
卷装重/kg	10	10	10

表 8-4　微细 POY 生产工艺参数

项　　目	50dtex/96f	82.5dtex/100f	100dtex/107f
特性黏度[η]/(dl/g)	0.64～0.66	0.64～0.66	0.64～0.66
熔点/℃	≥260	≥260	≥260
TiO_2 含量(质量分数)/%	≤0.4	≤0.4	≤0.4
端羧基含量/(mol/t)	≤27	≤27	≤27
油剂种类	DELION F-1048	DELION F-1048	DELION F-1048
活性成分含量/%	92	92	92
湿切片含水/%	0.4	0.4	0.4
干空气露点/℃	<-60	<-60	<-60
预结晶温度/℃	170～180	170～180	170～180
预结晶排气温度/℃	160～168	160～168	160～168
预结晶时间/min	15	15	15
干燥温度/℃	170～180	170～180	170～180
出风温度/℃	155～165	155～165	155～165
出料温度/℃	140	140	140
料位/%	75	75	75
干空气流量/(m³/min)	14	11	11
干切片含水/%	0.003	0.003	0.003
螺杆挤出量/(kg/h)	97.2	72.58	
螺杆温度/℃			
冷却区	<50	<50	<50
一区	292	285	288
二区	297	290	292
三区	298	294	295
四区	298	296	295
五区	297	297	295
六区	—	296	—
测量头/℃	295	292	293
管道气相联苯/℃	295	294	295

项 目	50dtex/96f	82.5dtex/100f	100dtex/107f
箱体气相联苯/℃	304	300	302
螺杆挤出压力(滤后)/MPa	9±1	9±1	9±1
机头压力/MPa	17	17	17
纺丝箱温度/℃	298	296	297
计量泵规格/(cm³·min/r)×出口数	1.2×4	2.4×4	1.2×4
计量泵转速/(r/min)	15	12.96	33
组件起始压力/MPa	20±1	15~20	20±1
上层砂	515~600μm53g	40目200g	515~600μm64g
下层砂	295~395μm10g	—	—
板上网规格/目	32×50×180×254×400×254×180×50×32	32×50×180×254×400×254×180×50×32	
砂下网规格/目	36×150×36	36×150×36	
砂上网规格/目	50	50	
箱体温度/℃	292	292	
侧吹风			
温度/℃	23±1	23±1	23±1
湿度/%	65±5	65±5	65±5
风速/(m/min)	0.4	0.34~0.36	0.35±0.05
风压/Pa	500	500	500
卷绕速度/(m/min)	2600	2800	2800
GR1/(m/min)	2630	2820	2824
GR2/(m/min)	2635	2828	2831
卷绕时间/min	500	289	201
接触压力/MPa	0.6~1.0	0.6~1.0	0.6~1.0
卷绕角/(°)	7.5	7.5	7.5
网络压力/MPa	0.15	0.15	0.17
油剂浓度/%	9	9	9
卷装重/kg	4	4	

表 8-5　粗旦 FDY 生产工艺参数

项 目	50dtex/96f	82.5dtex/100f
特性黏度$[\eta]$/(dl/g)	0.64~0.66	0.64~0.66
熔点/℃	≥260	≥260
TiO_2 含量(质量分数)/%	≤0.4	≤0.4
端羧基含量/(mol/t)	≤27	≤27
油剂种类	DELION F-1048	DELION F-1048
活性成分含量/%	92	92
油剂浓度/%	9~12	9~12
湿切片含水/%	0.4	0.4
干空气露点/℃	<−60	<−60
预结晶温度/℃	170~180	170~180
预结晶排气温度/℃	160~168	160~168
预结晶时间/min	15	15
干燥温度/℃	170~180	170~180

项　　目	50dtex/96f	82.5dtex/100f
出风温度/℃	155~165	155~165
出料温度/℃	140	140
料位/%	75	75
干空气流量/(m³/min)	14	11
干切片含水/%	0.003	0.003
螺杆直径/mm	120	150
螺杆 L/D	25	25
螺杆温度/℃		
冷却区	<50	<50
一区	275~285	270~275
二区	285±2	285±2
三区	285±2	285±2
四区	290±2	290±2
五区	290±2	290±2
六区	—	290±2
测量头/℃	290±2	290±2
联苯压力/℃	290±2	290±2
箱体气相联苯/MPa	0.2	0.2
螺杆挤出压力(滤后)/MPa	7	7
过滤器切换压力/MPa	14.4	14.4
过滤器温度/℃	290±2	290±2
过滤器切换周期/天	30	30
计量泵规格/(cm³·min/r)	3.0	3.0
箱体温度/℃	290±2	290±2
组件起始压力/MPa	小于10	小于10
组件切换压力/MPa	25	25
组件切换周期/天	20	20
过滤砂　40目/克	40×2	40×2
60目/克	115×2	115×2
砂上网规格/目	50	50
板上网规格/目	32×50×180×254×400×400× 254×180×50×32	32×50×180×254×400×400× 254×180×50×32
砂下网规格/目	36×150×36	36×150×36
侧吹风		
温度/℃	(22~24)±0.5	(22~24)±0.5
湿度/%	58~65	58~65
风速/(m/min)	0.3~0.6	0.3~0.6
风压/Pa	500	500
卷绕速度/(m/min)	3500~5200	3500~5200
GR1速度/(m/min)	850~4500	850~4500
GR1温度/℃	50~150	50~150
圈数	8.5	8.5
卷绕张力/(CN/dtex)	15~17	15~17
卷绕速度/(m/min)	2000~6000	2000~6000
卷绕角/(°)	6.5	6.5
网络压力/MPa	0.2~0.3	0.2~0.3
卷装重/kg	4.5	4.5

表 8-6　涤纶工业丝生产工艺参数

项　目	工艺参数	项　目	工艺参数
每批投料量/t	8	组件/(kgf/cm²)	400～450
每批固相缩聚总时间/h	36	螺杆转速/(r/min)	42.7
升温加热阶段/h	7	计量泵规格/(ml/转)	2×20
干燥阶段/h	4	计量泵转速/(r/min)	15.22
二次升温/h	6	喷丝板直径/mm	200
固相缩聚高温阶段/h	10	孔数 1100dtex/孔	172
冷却阶段/h	5	孔径/mm	0.2
进出料/h	2	热切片贮罐氮气封流量/(Nm³/h)	0.3
导热油温度/℃	230～240,最高 260	组件更换周期/天	15
升温加热阶段温度/℃	190～200	组件预热温度/℃	310～330
干燥阶段温度/℃	170～180	环吹风　风温/℃	20±1
固相缩聚高温阶段温度/℃	230～235	风压/mmH₂O	≥40
冷却阶段温度/℃	130～140	湿度/%	55～65
反应器转速/(r/min)	1.07～3.00	每个部位风量/(Nm³/h)	427.29
升温及缩聚段转速/(r/min)	3.00	无油丝特性黏度(η)	0.87～0.92
高温及冷却阶段转速/(r/min)	1.50	油剂牌号	LIMANCL
反应器内真空度/×10²Pa	(3.2～3.6)×10⁻³		（兰州炼油厂）
反应器内充氮气量/(Nm³/h)	0.6	浓度/%	25
干切片含水量/×10⁻⁶	<40	上油轮规格/mm	100
干切片的特性黏度(η)	0.95～1.05	上油轮转速/(r/min)	40
粉末分离器冲洗周期/d	10～20	喂入辊转速(线速度)/(m/min)	800
螺杆直径/mm	φ90	第一对牵伸辊　转速/(m/min)	800
螺杆长径比(L/D)	24	温度/℃	115
螺杆加热温度　一区/℃	275～285	第二对牵伸辊　转速/(m/min)	2500
二区/℃	280～290	温度/℃	150
三区/℃	295～299	第三对牵伸辊　转速/(m/min)	3000
四区/℃	295～299	温度/℃	220
五区/℃	295～299	第四对牵伸辊　转速/(m/min)	3200
纺丝位数及位距	6 位,1000mm	温度/℃	197
每个位头数/头	2	摩擦辊速度/(m/min)	3200
纺丝箱及熔体总管联苯温度/℃	设计温度 310	丝束在牵伸辊上缠绕圈数/圈	6～8
纺丝箱及熔体总管联苯压力/(kgf/cm²)	设计压力 2	一级牵伸倍数/倍	3.125
箱体内及管道内压力/(kgf/cm²)	设计压力 330	二级牵伸倍数/倍	1.2
后加热器温度/℃	300～310	网络/(节/m)	40
螺杆出口熔体温度/℃	288～295	卷绕速度/(m/min)	3200
熔体压力　螺杆出口/(kgf/cm²)	140～170	往复速度/(m/min)	800
计量泵进口/(kgf/cm²)	100～126	卷装质量/kg	10
计量泵出口/(kgf/cm²)	350～400	上油率/%	0.75

注：1kgf/cm²＝98.0665kPa，1mmH₂O＝9.80665Pa。

第二节　物　料　衡　算

　　物料衡算是通过对每一个生产过程的物料量的变化情况进行平衡计算，从而得出在正常生产情况下所需要的原材料和产生的副产物及废料量。物料衡算是原材料消耗定额的基本依据，也是进行设备和能量计算的先决条件。衡算的结果直接关系到生产成本。因此，物料衡算是扩初设计阶段主要的工艺计算内容。

　　物料衡算的理论基础是质量守恒定律。即当有物料损失的情况下，在每一过程中，输入某一系统或设备的物料的总量必然等于其输出物料的总量加以物料损失量。

物料衡算应用的基本公式如下：

$$\sum G_1 = \sum G_2 + \sum G_3 \qquad (8\text{-}11)$$

式中　$\sum G_1$——输入系统中各物料量的总和；

　　　$\sum G_2$——输出各物料量的总和；

　　　$\sum G_3$——物料损失量的总和。

化纤生产需要多种原料，其中主要原料的消耗定额是影响产品成本的关键。在扩初设计中，为了计算主要原料的单耗，通常把它们在各工序的流动量绘成图表即所谓物料平衡表或物料平衡图，编入设计文件。

为进一步说明物料衡算的具体计算方法，现将涤纶生产的主物料平衡计算分别举例如下。

例 8-1　计算涤纶长丝生产中 PET 切片的单耗，并作出 PET 切片在各工序的流动平衡表及平衡图。

（1）已知条件：工艺 POY-DTY

① 涤纶长丝生产在各工序的损失率（kg/t 成品）如下：切片筛选 0.2；干燥 5.8；纺丝 15.1；卷绕 50.8；分级 10.9；假捻 35.4；分级 24.9。

② 涤纶长丝生产中，各工序中添加物料量：纺丝用油 5kg/t，油剂浓度 10%，POY 含油率 0.3%，含水 2%；DTY 油剂 20kg/t。

（2）计算与结果

① 涤纶长丝生产物料平衡表的计算：按 1000kg 成品作为平衡表的计算基准，采用逆流程方向，由下而上的反推法计算。

a. 已知离开分级 2 工序的物料（成品）量为 1000kg，在分级 2 工序的损失量为 4.9kg，则根据物料衡算基本公式可以计算出进入分级 2 工序的物料量为 1000＋4.9＝1004.9（kg）。

b. 按同样方法计算出：

进入假捻工序的总物料量为 1004.9＋35.4＝1040.3（kg）

进入分级 1 工序的物料量为 1040.3＋0.9－20＝1021.2（kg）

进入卷绕工序的物料量为 1021.2＋50.8＝1072（kg）

进入纺丝工序的物料量为 1072＋15.1－50＝1037.1（kg）

进入干燥工序的切片量为 1037.1＋5.8＝1042.9（kg）

进入筛选工序的切片量为 1042.9＋0.2＝1043.1（kg）

c. 根据上述计算结果作出涤纶长丝生产物料平衡表，见表 8-7。

表 8-7　涤纶长丝生产物料平衡表

工序	输入/kg			输出/kg		
	PET	油剂	总计	PET	损失	总计
筛选	1043.1	0	1043.1	1042.9	0.2	1043.1
干燥	1042.9	0	1042.9	1037.1	5.8	1042.9
纺丝	1037.1	50	1087.1	1072	15.1	1087.1
卷绕	1072	0	1072	1021.2	50.8	1072
分级 1	1021.2	0	1021.2	1020.3	0.9	1021.2
假捻	1020.3	20	1040.3	1004.9	35.4	1040.3
分级 2	1004.9	0	1004.9	1000	4.9	1004.9
成品	1000	0	1000	1000		1000

由表 8-7 可以得到涤纶长丝生产的切片单耗为 1043.1kg/t 成品。

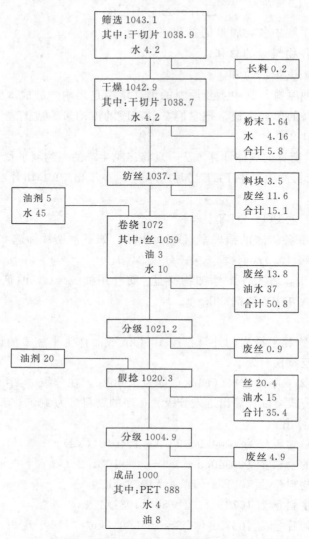

图 8-1   涤纶长丝物料平衡图

② 涤纶长丝生产物料平衡草图的绘制：物料平衡表已提供了进出每一工序的物料，根据这些数据便可以绘制涤纶长丝生产物料平衡草图（见图 8-1）。平衡草图所表示内容要比物料平衡表更加详尽，它表示了加入工序中的切片、油剂和离开工序的废丝组成，这些数据都是在生产实践中测得的已知条件。

例 8-2   计算涤纶海岛纤维生产中 PET、COPET 切片的单耗，并作出切片在各工序的流动平衡表及平衡图。

（1）已知条件：POY-DTY 工艺 PET/COPET＝4/1（重量比）

各工序物料损耗见表 8-8。

表 8-8   各工序损耗量/kg

工序	筛选	预结晶	干燥	纺丝	卷绕	分级 1	平衡	后加工	分级 2
损耗量	0.8	4.5	0.6	13.5	30.0	1.2	8.0	27.82	1.58

92

（2）计算与结果

① 进入 DTY 分级阶段总物料量：
$$1000＋1.58＝1001.58（kg）$$

② 进入后加工阶段总物料量：
$$1001.58＋27.82－20＝1009.4（kg）$$

③ 进入平衡阶段总物料量：
$$1009.4＋8.0＝1017.4（kg）$$

④ 进入 POY 分级总物料量：
$$1017.4＋1.2＝1018.6（kg）$$

⑤ 进入卷绕阶段总物料量：
$$1018.6＋30＝1048.6（kg）$$

⑥ 进入纺丝阶段总物料量：
$$1048.6－3－30＋13.5＝1029.1（kg）$$

其中　PET $1029.1×0.8＝823.28$（kg）

COPET $1029.1×0.2＝205.82$（kg）

⑦ 进入干燥阶段总物料量：
$$1029.1＋0.6＝1029.7（kg）$$

其中　PET $1029.7×0.8＝823.76$（kg）

COPET $1029.7×0.2＝205.94$（kg）

⑧ 进入预结晶阶段总物料量：
$$1029.7＋4.5＝1034.2（kg）$$

其中　PET $1034.2×0.8＝827.36$（kg）

COPET $1034.2×0.2＝206.84$（kg）

⑨ 进入筛料阶段总物料量：
$$1034.2＋0.8＝1035（kg）$$

其中　PET $1035×0.8＝828$（kg）

COPET $1035×0.2＝207$（kg）

物料单耗：PET＝828kg/1000kg＝0.828kg/kg

COPET＝207kg/1000kg＝0.207kg/kg

合计：1.035kg/kg

根据计算得到的物料平衡表见表 8-9，物料平衡图见图 8-2。

表 8-9　物料平衡表

工　序	输入量/kg				输出量/kg			
	PET	COPET	油剂	总计	PET	COPET	损失率	总计
筛选	828	207	0	1035	827.36	206.84	0.8	1035
预结晶	827.36	206.84	0	1034.2	823.76	205.94	4.5	1034.2
干燥	823.76	205.94	0	1029.7	823.28	205.82	0.6	1029.7
纺丝	823.28	205.82	33	1062.1	1048.6		13.5	1062.1
卷绕	1048.6		0	1048.6	1018.6		30	1048.6
POY 分级	1018.6		0	1018.6	1017.4		1.2	1018.6
平衡	1017.4		0	1017.4	1009.4		8.0	1017.4
后加工	1009.4		20	1029.4	1001.58		27.82	1029.4
DTY 分级	1001.58		0	1001.58	1000		1.58	1001.58
成品	1000			1000	1000			1000

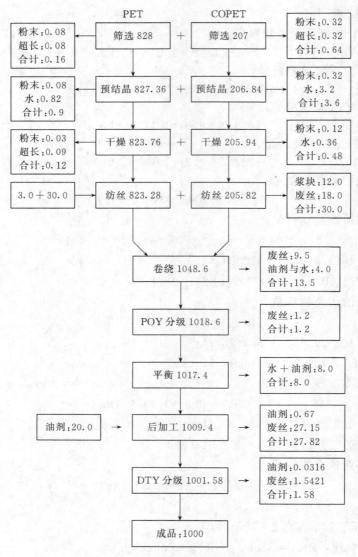

图 8-2 涤纶海岛纤维物料平衡图

第三节　公用工程用量计算

在进行物料衡算和主要工艺设备计算后，即可开展公用工程用量的计算。公用工程计算是将生产过程中所需的蒸汽、冷冻、电功率、水、压缩空气、氮气和真空等用量，用计算的方法提出来。在扩初设计阶段。作为各有关专业进行公用工程单项设计依据。同时公用工程耗用量，也是衡量设计项目技术经济指标之一。

在公用工程耗量的计算中，能量的计算较为复杂，其计算的理论根据是能量守恒定律。根据能量衡算的结果，最后计算出能量的耗用量，从而计算出加热或冷却的用量。具体的计算方法和示例如下。

一、蒸汽用量的计算

蒸汽用量的计算基于热量衡算，即输入某一系统或设备的热量，必然等于从该系统或设备输出的热量。如下式所示：

$$Q_1 + Q_2 + Q_3 = Q_4 + Q_5 + Q_6 \tag{8-12}$$

式中　Q_1——所处理物料带到设备中去的热量，kJ；

　　　Q_2——由加热剂（或冷却剂）传给设备和所处理的物料之热量，kJ；

　　　Q_3——过程的热效应或机械搅拌热，kJ；

　　　Q_4——反应产物由设备中带出的热量，kJ；

　　　Q_5——消耗在加热设备各个部件上的热量，kJ；

　　　Q_6——设备向四周散失的热量，kJ。

还须说明，并不是每一过程都具备以上六项内容，必须根据具体情况进行计算。

$Q_1 \sim Q_6$ 的计算方法如下。

(1) Q_1 的计算　　$Q_1 = GC_p t$ $\tag{8-13}$

式中　G——物料质量，kg；

　　　C_p——物料比热容，kJ/(kg·℃)，见表 8-10；

　　　t——物料温度，℃。

表 8-10　化纤厂生产用物料的比热容

物料名称	C_p/[kJ/(kg·℃)]	物料名称	C_p/[kJ/(kg·℃)]
聚酯切片	1.34	聚乙烯醇	1.84
聚酯熔体	1.67	聚乙烯醇溶液	4.18
聚酰胺 6	2.51		

(2) Q_2 的计算　　Q_2 一般为未知数，要通过热量衡算求得，这也是进行热量衡算的目的。根据 Q_2 值进一步计算加热或冷却介质的用量，或计算传热设备的热交换面积。

(3) Q_3 的计算　　$Q_3 = CG$ $\tag{8-14}$

式中　G——物料量，kg；

　　　C——化学反应热或状态热，kJ/kg，C 值可在一般理化手册和工艺学中查得。

(4) Q_4 的计算　　Q_4 的计算方法同 Q_1。

(5) Q_5 的计算　　对于间歇操作、开车和停车等情形，可按下式计算。

$$Q_5 = GC(t_2 - t_1) \tag{8-15}$$

式中　G——设备各部件质量，kg；

　　　C——设备各部件比热容，kJ/(kg·℃)；

　　　t_1——设备各部件加热前的平均温度，通常取室温，即 $t_1 = 20°$；

　　　t_2——设备各部件加热后的平均温度，℃。

t_2 值取加热（或冷却）终了时，加热剂一侧与被处理物料一侧器壁两面温度的算术平均值。

$$t_2 = (t'_2 + t''_2)/2 \tag{8-16}$$

式中　t'_2, t''_2——热交换器壁两面的温度，℃。

$$t'_2 = t_A - k(t_A - t_M)/a_1$$
$$t''_2 = t_M + k(t_A + t_M)/a_2$$
$$t_2 = [t_A + t_M - k(t_A - t_M)(1/a_1 - 1/a_2)]/2$$

式中　t_A——加热剂在加热终了时的温度，℃；

t_M——被处理物料在设备加热终了时的温度，℃；

k——从加热剂到被处理物料的总传热系数，kJ/(m² · h · ℃)；

a_1——从较热的介质到器壁的传热系数，kJ/(m² · h · ℃)；

a_2——从较冷的介质到器壁的传热系数，kJ/(m² · h · ℃)。

$a_1=a_2$ 时，$t_2=(t_A+t_M)/2$

（6）Q_6 的计算　$Q_6=KF\Delta t$

式中　K——散热表面对周围介质的传热系数，kJ/(m² · h · ℃)；

　　　F——设备散热表面积，m²；

　　　Δt——散热面与周围介质的温差，℃。

当散热表面温度 $t=50\sim350$℃时，$K=4.18\times(8+0.05t)=43.89\sim106.59$kJ/(m² · h · ℃)；

当 $t=40\sim60$℃时，$K=41.8\sim45.98$kJ/(m² · h · ℃)。

为进一步说明上述能量衡算式，举计算实例如下。

例 8-3　干燥设备，生产能力 1000kg/h，干燥温度 170℃，排气温度 150℃，系统用气 20m³/min，进料温度 20℃，切片含水 0.4%，拟用 1.55MPa 蒸汽加热，计算用气量。设备外表温度 40℃，设备表面积 21.98m²，环境温度 5℃，空气密度 ρ1.29kg/m³。

解　（1）带出热量＝切片带出热量＋水分带出热量＋排出空气带出热量＋机器散热

切片带出热量 $Q_1=G_1 C_{p1}t_干=1000\times0.32\times4.18\times170=54400$kJ/h

水分带出热量 $Q_2=G_2 q=1000\times0.4\%\times667\times4.18=11152$kJ/h

排出空气带出热量 $Q_3=V_3 \cdot 60 \cdot C_{p2}t_排 \rho=25\times60\times0.24\times4.18\times150\times1.29=291178.8$kJ/h

机器散热 $Q_4=KFt=4.18\times(8+0.05\times40)\times21.98\times(40-5)=32156.7$kJ/h

凝结水带出热量 $=GC_{p3}t_水=G\times4.18\times100=418G$

带出热量总计 $Q=54400+11152+291178.8+32156.7+418G=388887.5+418G$kJ/h

（2）带入热量＝切片带入热量＋水分带入热量＋空气带入热量

切片带入热量 $Q'_1=G_1 C_{p1}t_环=1000\times0.32\times4.18\times5=6688$kJ/h

水分带入热量 $Q'_2=G'_1 C_{p3}t_环=1000\times0.4\%\times4.18\times5=83.6$kJ/h

空气带入热量 $Q'_3=V_3 \cdot 60 \cdot C_{p2}t_环 \rho=25\times60\times0.24\times4.18\times5\times1.29=9706$kJ/h

蒸汽带入热量 $Q'_4=G_2 q+G'C_{p3}\Delta t=667\times4.18G+4.18\times(170-100)G=3080.66G$

带入热量总计 $Q'=6688+83.6+9706+3080.66G=16477.6+3080.66G$

根据热量平衡 $388887.5+418G=16477.6+3080.66G$

需蒸汽 $G=139.9$kg/h。

二、电热功率的计算

在化纤生产中，电热也是一种重要的热源。在熔纺中，螺杆挤压机与纺丝箱体的加热、涤纶长丝牵伸机与假捻机的加热等均采用电热。

设备电热功率的计算依据也是能量守恒定律，计算公式与水蒸气的计算相同。首先进行热平衡计算，算出由电热系统传给设备系统中的热量。然后根据热功当量再换算成电热功率。以计算实例说明如下。

例 8-4　若例 8-3 用电加热，请计算用电量。

解　带出热量总计 Q

带入热量总计 $Q'=16477.6$kJ/h

需要提供的热量＝$388887.5-16477.6=372409.9=103447$W

需加热功率＝103447/1000＝103kW

例 8-5　涤纶纺丝机电热功率的计算。

已知条件如下。

熔体

　　进纺丝机熔体量 $Q_1＝187×4kg/h$；

　　进纺丝机熔体温度 288℃；

　　PET 的熔点 264℃；

　　PET 的比热容（固态）0.32×4.18kJ/(kg·℃)，（液态）0.40×4.18kJ/(kg·℃)；

　　PET 的熔融热 30×4.18kJ/(kg·℃)

冷却风

　　冷却送风量 35Nm³/min

　　纺丝位数 4；

　　冷却送风密度 1.29kg/Nm³；

　　冷却进风热焓 19.5×4.18kJ/kg；

　　冷却送风排风热熔 28.1×4.18kJ/kg

其他

　　设备管道热损失 9000W（即能量衡算式中的 Q_6，系生产经验数据）；

　　丝束温度 65℃；

　　热功换算系数＝1000

解　计算① 进入纺丝机的热量

料：熔体量×熔点×比热容＋熔体量×（熔体温度－熔点）×比热容＝187×4×264×0.32×4.18＋187×4×(288－264)×0.40×4.18＝2.94×10⁵kJ/h＝8.16×10⁴W

冷却风：风量×60×比热热焓×密度＝35×4×60×1.29×19.5×4.18＝8.83×10⁵kJ/h＝2.45×10⁵W

进入纺丝机的热量：2.45×10⁵＋8.16×10⁴＋Q＝3.27×10⁵＋Q

Q 为该题要计算的未知数。

② 离开纺丝机带出的热量

冷却风：35×4×60×1.29×28.1×4.18＝1.27×10⁶kJ/h＝3.53×10⁵W

料：187×4×65×0.32×4.18＝0.65×10⁵kJ/h＝1.8×10⁴W

散热：9000W

离开纺丝机的热量＝3.53×10⁵＋1.8×10⁴＋9000＝3.8×10⁵W

由能量守恒定律得：3.27×10⁵＋Q＝3.8×10⁵

$$Q＝5.3×10^4W$$

加热功率＝53kW

当纺丝机采用联苯外循环加热时，可根据纺丝及散热配备联苯炉，具体计算见例 8-6。

例 8-6　已知：纺丝位距选择 600mm，高 900mm，宽 900mm，纺丝间室温为 30℃，纺丝箱体内温度为 290℃，熔体量＝64×6.48kg/h。求应选择多大功率的联苯炉。

解

（1）表面散热：

$$Q_1＝\alpha F\Delta t \tag{8-17}$$

式中　α——对流传热系数 $\alpha_1 = 8.7 kJ/(m^2 \cdot h \cdot ℃)$，$\alpha_2 = 23.3 kJ/(m^2 \cdot h \cdot ℃)$；

　　　F——纺丝箱一个面的面积；

　　　Δt——散热面温度差。

$$Q_上 = \alpha_1 F_1 \Delta t_1 = 8.7 \times 0.6 \times 0.9 \times (60-30) = 140.94 W$$

$$Q_前 = Q_后 = \alpha_1 F_2 \Delta t_1 = 8.7 \times 0.6 \times 0.9 \times (60-30) = 140.94 W$$

$$Q_左 = Q_右 = \alpha_1 F_3 \Delta t_1 = 8.7 \times 0.9 \times 0.9 \times (60-30) = 211.41 W$$

$$Q_下 = \alpha_2 \Delta F \Delta t = 23.3 \times [0.6 \times 0.9 \times (60-30) - 8 \times \pi \times 0.03^2 \times (290-30)]$$
$$= 240.43 W$$

$$Q_1 = Q_上 + Q_前 + Q_后 + Q_左 + Q_右 + Q_下$$
$$= 140.94 W + 140.94 W + 140.94 W + 211.41 W + 211.41 W + 240.43 W$$
$$= 1326.5 W$$

（2）物料带进出口热量（物料升温）

$$Q_2 = C_p W \Delta t \tag{8-18}$$

式中　C_p——比热容，$C_p = 1.7 kJ/(kg \cdot ℃)$；

　　　W——单位时间内流量；

　　　Δt——进出口温度差。

$$Q_2 = C_p W \Delta t_2 = 1.7 \times 64 \times 6.48 kg/h \times (290℃ - 275℃) = 10575.36 W$$

（3）联苯的热损

$$Q_3 = (Q_1 + Q_2) \times 10\% \tag{8-19}$$
$$= (1326.5 + 10575.36) \times 10\%$$
$$= 1190.186 W$$

（4）外界传热

$$Q = Q_1 + Q_2 + Q_3 \tag{8-20}$$
$$= 1326.5 + 10575.36 + 1190.86$$
$$= 13092.046 W$$
$$= 13.09 kW$$

故选择功率为 18kW 的联苯炉以满足纺丝工序的要求。

三、压缩空气的计算

在化纤生产中，应用压缩空气来压送液体、吹扫组件、搅拌液体、干燥切片、操纵汽缸及仪表等。其操作状态一般有连续使用和间歇使用两种。在连续使用压缩空气时，工艺参数中对压缩空气压力和用量均已提出具体的要求，无需进行特殊的运算。例如，在涤纶生产中，VD107 型回转干燥机（切片干燥能力 20t/日）的减湿压缩空气耗用量为 $360 Nm^3/h$，压力为 0.6MPa。以上数据均可在工艺参数表中查到。在间歇使用压缩空气时，要计算其耗量。

1. 压送液体物料

在压送液体时，压缩空气在设备内建立的压强 $P(kgf/cm^2)$ 按下式计算：

$$P = 0.0001 \times [HR + (0.2 \sim 0.5) HR + P_0] \tag{8-21}$$

式中　H——液体的压送垂直高度，m；

　　　R——液体重度，kgf/m^3；

　　　P_0——液体上空的压强，kgf/cm^2，$1 kgf/cm^2 = 98.0665 kPa$。

2. 压缩空气的消耗量计算

（1）一次压送操作将设备中的液体全部压完时，压缩空气的消耗量：

$$一次操作耗量 \quad V_0 = V_a P$$

$$小时耗量 \quad V_t = V_0/t$$

$$日耗量 \quad V_d = nV_0$$

式中　V_a——设备容积，m^3；

　　　P——压缩空气在设备内建立的压强，kgf/cm^2；

　　　t——每次压送时间，h；

　　　n——每口压送次数，次/日。

（2）设备中液体不完全压完时，压缩空气的消耗量按下式计算：

$$一次操作耗量 \quad V_0 = [V_a(2-\Phi)+VL]P/2$$

$$小时耗量 \quad V_t = V_0/t$$

$$日耗量 \quad V_d = nV_0$$

式中　Φ——设备装料程度；

　　　V_a——一次压出的液体体积，m^3。

以上计算结果，是指单元设备在液体的压送操作中，压缩空气的理论消耗量。在实际生产中，由压缩空气干管引至设备的途中还有一定的损失量。该量约等于理论耗气量的 30%（该值与设备的操作状态有关，在个别情况下也有高达 100% 者）。在进行车间压缩空气用量汇总时，实际用气量应等于理论消耗量的 1.3 倍（在个别情况下为 2 倍）。

例 8-7　在黏胶纤维生产中，将重度 $R=1120kgf/m^3$ 的黏胶由中间桶压送到平衡桶中。压送静压高度为 $H=5m$，黏胶上空的压强为 $P=10000kgf/cm^2$，即 $10000kgf/m^2$，中间桶的容积 $V_a=10m^3$，用压缩空气压送，每日压送次数为 $n=10$ 次，每次压送时间 $t=0.5h$，在一次操作中全部压完。计算压送黏胶时，压缩空气在中间桶内建立的压强和消耗量。

计算：① 压送对压缩空气在中间桶内建立的压强按式(8-21) 计算：

$$P=0.0001 \times (5 \times 1120+0.4 \times 5 \times 1120+10000)=1.784kgf/cm^2$$

② 耗气量计算：一次操作耗气 $V_0=V_a P=10 \times 1.784=17.84Nm^3/次$

$$小时耗气量 = 17.84/0.5 = 35.68Nm^3/h$$

$$日耗气量 = 10 \times 17.84 = 178.4Nm^3/日$$

3. 吹扫及其他

化纤生产中，清扫用压缩空气的压力通常为 2~3 表压，如压滤机的吹扫及组件吹洗后的清扫等。其耗气量有时可由经验数据求得，如压滤机每块板框的耗气量约为 $2.5Nm^3/h$。在无具体耗气量经验数据时，可用下式计算压缩空气用量。

$$平均用气量 \quad Q_1(Nm^3/日)=2827d^2 vt(1+P)$$

$$小时用气量 \quad Q_2(Nm^3/h)=2827d^2 v(1+P)$$

式中　d——压缩空气管直径，m；

　　　v——压缩空气在管内的流速，m/s，当 $P=5~8kgf/cm^2$ 时，通常取 $v=8~12m/s$；

　　　t——每日使用压缩空气时间，h/日；

　　　P——压缩空气表压力，kgf/cm^2。

四、生产用水的计算

化纤厂生产用水种类较多，有一般生产水（亦称过滤水）、冷却水、冷冻水、冷盐水、软水和脱盐水（有时称纯水）等。各种水的用途也不相同。冷冻水和冷盐水属冷冻方面的计算，不在此处叙述。对于生产用水量的计算，目前尚无十分系统固定的计算方法。在进行初步设计时，一方面参照生产厂经验，按照用水量的单耗指标计算各种水的总用量；另一方面再对各种用水量尽可能地进行计算或估算，最后根据上述两方面的数据再确定生产用水量。生产用水量的计算方法如下。

1. 一般生产水

一般生产水的用途较广，如冲洗地面、清洗设备、泵和风机的轴封或轴冷却（若水的硬度较大时要用软水）、洗手池用水、化验室用洗涤水等。耗水量的计算方法如下。

（1）冲洗地面用水量 Q_W（m^3/日）的计算

$$Q_W = aFt$$

式中　a——冲洗地面用水常数，一般取 $a = 0.002m^3/(m^2 \cdot 次)$；

　　　F——冲洗地面面积，m^2；

　　　t——每天冲洗地面次数，通常取 $t = 3$ 次/日。

上式表示平均用水量，其最大用水量按下式计算：

$$Q_W = aF/t_1$$

式中　t_1——每次冲洗地面时间，min，通常取 $t_1 = 15min$。

（2）泵和风机的轴封或轴冷却用水量 Q_c 的计算　该用水量是连续稳定的，一般由泵和风机厂在产品说明书上提供具体用水量数据。若无此数据时，可按每台设备每分钟用水量 $5 \sim 7L$ 进行计算。因系连续用水，故其平均和最大用水量相同。

（3）化验室用水量计算　每个龙头 $0.1L/s$，平均每人 $150L$/日。

（4）洗手池用水量计算　洗手池用水量按以下指标计算：

洗手池每只水龙头（D_g15）平均用水量为 $0.1L/s$；最大用水量为 $0.2L/s$。

2. 脱盐水

脱盐水用于纺丝原液（湿法纺丝）和油剂的调配，一般根据工艺参数，用物料衡算的方法计算出用水量。

例 8-8　计算 $10000t/a$ 涤纶长丝厂调配油剂用水量。已知每吨成品丝耗油为 $7kg/t$，油浓 10%，求年产 $10000t/a$ 工厂的日耗水量。

解　年产 $10000t/a$ 工厂的日产量为：

（年产量/年生产天数）×（1－油浓）×油耗/油浓＝$10000/333 \times (1-10\%) \times 7/10\%$＝$10000t/333 \times 63 = 1891.9kg$/日

3. 其他

当没有确切的计算依据，但已知进入设备或工序的水管直径时，可按下式计算其最大用水量

$$Q_{max} = \pi d^2 v/4 \quad (m^3/s)$$

式中　d——水管直径，m；

　　　v——水管内流速（m/s），一般取 $v = 0.8 \sim 1.6m/s$。

上述用水量为理论计算值，在汇总总用水量时，可考虑 10% 的损失量。

习题

1. 已知涤纶生产各工序按 1000kg 计算的损耗量如下表所示

工序名称	干燥	纺丝	卷绕	分级 1	假捻	分级 2
损耗量/kg	5	8	2	0.9	10	2
上油量/kg		40			20	
油余量/kg			23			20

计算各工序的物料平衡值，并画出物料平衡图。

2. 在化纤生产中，工用工程用量计算包括哪些内容？

3. 化纤生产中，压缩空气主要用于哪些工序，消耗量是怎样计算的？

第九章　车间布置设计

第一节　概　　述

在初步设计工艺流程图与设备选型完成之后，进一步的工作就是将各工段与各个工艺设备按生产流程在空间上水平和垂直方向进行组合、布置，并用管道将它们连接起来。前者称工艺流程设计，后者称管道布置或配管设计，本章主要介绍车间布置设计。

车间布置分初步设计与施工图设计两个阶段，从车间布置设计开始，设计就进入各专业的共同协作阶段。工艺专业进行车间布置设计时要考虑土建、仪表、电气、暖通等专业与机修、安装、操作等各方面的需要；上述各专业也同时提出各自对车间布置的要求。初步设计批准后，各专业还要进一步地对车间布置（初）进行研究和进行空间布置的配合，最后得出一个满足各专业需要的车间布置，即施工图阶段的车间布置。车间布置图（施）是工艺提供给其他专业的基本设计文件，有了它各专业就能平行地和独立地进行各自的施工图设计。车间布置设计过程中允许增删、修改，但是在最终车间布置图发出后，设计就不应该再有较大改动了，因为各专业都正在以它为基准。进行平行的施工图设计，布置一改则各专业的大量施工图都要改动，从而影响设计进度与费用。

一、车间布置设计的原则

布置设计的一般原则是要适用，经济，安全，并适当注意美观。

车间布置必须从生产需要出发，以满足工艺生产要求为最终目的。车间布置设计中，适用，主要是指符合流程，满足生产，方便操作，便于生产管理，利于设备安装维修，适合全厂总图布置，与其他车间、公用工程系统、运输系统结合成一有机整体。经济，是指在满足生产要求和方便生活的前提下，想方设法降低建厂投资，生产成本低，并为投产后提高经济效益打下良好的基础。安全，主要指合理解决防火、防烃、防毒、防腐问题。美观，是指在可能的情况下，尽量为劳动者创造一个良好的工作环境，使车间布置得协调，整齐，清新，舒适。

另外，在一定范围内，车间布置设计时可适当留有余地，给生产厂一定的灵活性，为今后发展生产，改革品种，进行技术改造提供方便。

二、车间布置设计的条件

进行车间布置设计时，必须对车间内外的全部情况进行了解，一般要掌握以下情况。

1. 车间外部环境

① 该车间在厂区总平面图中所占的位置，周围设施情况，与本车间有关的车间、工段、部门在总图上的位置，这些都是进行车间布置的最基本条件。而且往往是这些外部条件控制着车间总的布置。例如，了解到锅炉房、冷冻站、水场、电站等在化纤生产车间的具体方位，铁路及公路交通路线走向，人流、货流输通路线等情况，在车间布置时，就可把热力站尽量安排在既靠近负荷中心又距锅炉房较近的一侧。水泵房、配电室等也是如此。中间库安排在既靠近生产操作岗位，而交通运输又方便的地方最为理想。

② 本车间所在地的地形条件和周围环境。

a. 了解本车间所在地的地形开阔程度，以便考虑厂房的平面及立面布局。若地形开阔，则回旋余地大，布置上灵活性也大；若地形不够开阔，则布置上在平面范围内的安排受到限制，在这种情况下，可适当增加楼层式设置的比重，或适当调整附房在车间总平面中的比例，以满足工艺生产需要。

b. 二是了解车间所在地的水文地质情况，如地下水流向、地耐力等。

2. 车间内部情况

① 熟悉工艺流程。布置设计首先要保证工艺生产的顺利进行。所以在布置设计前要熟悉工艺生产的主流程及辅助流程，以便布置设计时满足工艺生产的要求。

② 了解车间内各种设备和设施的种类、台数、尺寸、重量、特点和设备的安装、检修要求及操作情况。以便在布置设计时考虑设备之间及各生产线之间的适当间距。

③ 物料流动及数量。包括各生产工序的原料、半成品、成品、回收料及废料的数量（重量或容积）、特性、存放要求及运输情况。作为布置设计时确定有关附房大小、位置以及考虑运输通道的依据。

④ 能量消耗。主要了解各个工序中水、电、汽等能量消耗情况，掌握最大耗量部门，以便在车间布置时使各公用工程部门尽可能地接近负荷中心。

⑤ 深入了解水、电、汽等公用工程对厂房的要求，以便安排合适的位置。例如，变配电室要求干燥，不宜放在潮湿车间楼下；工艺精密室、分析室、仪表控制室等要求环境清洁、安静，应尽量不与空调室、水泵房等产生振动或发出噪声的部门排布在一起。

⑥ 了解生产、生活、安全方面的要求，一般包括下述内容。

a. 满足正常生产的要求，如采光及温度变化控制，以便考虑门、窗的位置及要求。

b. 车间各工段劳动定员及性别，以便考虑出入口的位置，男女厕所及更衣室等设置。

c. 车间各工段防腐、防爆、防火等要求，以便注意有关工段厂房位置及朝向。

⑦ 要了解土建、设备、仪表、电气、给排水、通风采暖、空调等专业和机修、安装、操作和管理等方面的需要。

三、车间布置设计的基本依据

为了搞好车间厂房布置设计，必须具备以下技术资料：

① 厂区的总图布置；

② 生产工艺流程图及其设计资料；

③ 车间设备一览表；

④ 物料贮存运输等要求；

⑤ 有关试验、配电、仪表控制等其他专业和办公等行政方面的要求；

⑥ 有关布置方面的一些规范资料；

⑦ 车间定员一览表。

四、车间布置设计的类别

车间布置包括车间各工段、各设施在车间场地范围内的平面布里和设备在车间中的布置两部分，前者称车间平面布置，后者称车间设备布置，总称车间布置。车间布置是对整个车间厂房的各个组成部分，按照它们在生产中和生活中所起的作用进行合理地平面布置和安排。设备布置是根据生产流程情况及各种有关因素，把各种工艺设备在一定的区域内进行排列。在设备布置中又分为初步设计和施工图设计两个阶段，每一设计阶段均要求平面和剖面布置。

车间布置设计中的两项内容是互有联系的，在进行车间总布置时，必须以设备布置草图为依据，以此为条件，对车间内生产厂房、生产附房、生活附房所需的面积进行估算。而详细的设备布置图又必须在已确定的车间总布置图的基础上进一步具体化。因此，车间布置设计中的这两部分工作不能截然分开，实际上是同时进行，互为条件，相辅相成的。

一个较大的化纤车间通常包括下列内容。

① 生产设施，包括生产工段（如聚合、干燥、纺丝、卷绕、后加工等）、原料和产品仓库、控制室等。

② 生产辅助设施，包括组件拆分与组装、泵板检验、空调、配电、机修、物件与化验室等。

③ 生活行政设施，包车间办公室、更衣室、浴室、厕所等。

④ 其他特殊用室，如劳动保护室、保健室等。

车间平面布置就是将上述内存在平面上进行组合布置。

车间布置（施）的最后成果是最终的车间布置平（剖）面团，这是工艺提供给其他专业的基本设计条件。它给土建专业提供建筑结构的尺寸和标高；设备支脚、操作平台、楼梯、通道、道路的位置与要求；防火、防爆、防腐和物料及设备运输要求。它给设备设计部门提供容器与换热器的支脚形式与位置，管口方位等。对电气和仪表专业提供配电室，控制室位置，电器及仪表安装为明电缆走向，开关板和仪表屏位置等。

五、车间平面布置设计的技术考虑

车间总布置的任务是以保证工艺生产顺利进行为出发点，对整个车间进行合理安排。这是初步设计阶段的一项重要工作。这项工作与建筑专业极为密切，许多工作是工艺协同建筑专业完成的。其大致的设计过程如下：首先由各个专业提出自己的生产特点及对厂房、周围环境的要求，例如希望所占位置、厂房的面积和高度等。建筑专业汇总各个专业的要求和建议。排出初步方案，供各个专业讨论。这种方案不可能满足所有专业的全部要求，因为厂房条件有限，最有利的位置更有限。这就要求各专业之间加强联系与谅解。在满足工艺生产的前提下，共同协商，以大局为重，取得比较一致的意见。最后由建筑专业再次综合绘制建筑图纸，划定有关专业在图纸上的位置。各有关专业在给定的区域内再进一步完成本专业的设计内容。工艺专业人员在这一阶段的主要工作是考虑以下各技术问题。

1. 对厂房形式的考虑

（1）单层或多层厂房　一般情况下多层厂房占地省，但造价高；单层厂房占地多，但造价低。在设计时必须根据所采用的流程认真考虑。流程不同，设备不同，对厂房的具体要求也不同。目前涤纶、锦纶等熔融纺丝工段均考虑重力流程，采用多层厂房，使纺丝、冷却成型、卷绕自上而下顺序进行。而对于化学纤维几乎所有的后加工工序是沿水平方向移动，多采用单层厂房。

（2）关于建造地下室的问题　工艺生产过程中遇有下列情况要考虑建造地下室。

① 当需要接受位于一楼设备的液体时，由于流体位差的需要，可采用建地下室，以布置接受贮槽。如当黏胶纤维厂的纺丝车间位于一层时，接受凝固浴回流的酸站要考虑建地下室。维纶生产中为接受来自整理机的浴液，整理浴液循环槽常布置在地下室。

② 车间内位于二层的设备的地下管线较多，可以酌情考虑建造地下室或局部地下室，集中布置这些地下管线。如黏胶纤维生产中的精练机及维纶生产中的整理机等地下管线较多，一般要建造地下室。

对于同一座厂房，建造地下室可以降低厂房高度。但土方量大，地基处理费用大。在地下水位低、地基易处理的地区，两者基建投资相差不大。当地下水位高、地基处理较复杂时，则建地下室的费用相应要高一些。当然，在考虑地下室问题时，不仅要考虑地下室本身的问题，还要考虑建造地下室对其他车间的影响。如黏胶纤维厂酸站的设计。如考虑建造地下室，土方量自然要增加，地基及墙体处理费用也会增加，但是，建造地下室不仅降低酸站本身的厂房高度，而且纺丝车间也可以建成单层厂房。当设备的地下管线多时，建造地下室的方案也是可行的。因此，工艺设计人员在工艺流程设计完成之后，应根据流程和建厂条件，认真考虑要否建造地下工程问题。

（3）关于集中式和分散式厂房的考虑 在车间布置设计前，工艺专业要确定车间各工段的集中和分散的问题。影响这个问题的因素是生产特点、生产规模和厂区特点。

① 各工段生产特点相类似的，可以集中在一起，各工段生产特点相差悬殊的，常考虑分离布置。例如，黏胶纤维厂原液车间利用重力流程较多，一般为多层厂房，而且常与腐蚀性较强、污染空气较严重、多为大面积单层厂房的纺丝车间分开布置。腈纶厂的聚合部分和回收部分，均系有毒防爆车间，通常要和大面积的纺丝车间分开。

② 生产规模不大的化纤厂可考虑集中建厂。生产规模大，集中布置不利于生产管理和安全生产时，则要考虑分散布置。以黏胶纤维厂为例，生产规模不大，纺丝和酸站可考虑合建，甚至将原液、纺丝、酸站三个主要生产工段合建在一起。生产规模过大时，如年产万吨以上，则三个主要生产部门，就要分为三个独立的厂房。

③ 若厂区地势平坦而且开阔，则车间采用集中式或分散布置都有回旋余地。若厂区地形复杂，为减少土方量或利用地势位差，就要考虑分散布置。

（4）室外场地的利用 进行布置设计时，要考虑专用室外场地的问题。因为室外布置在经济上有一定优点。室外布置分为露天和非露天两类。露天布置包括露天堆场及露天设备布置。露天堆场适用于不怕风吹雨淋以及不因气候变化而受影响的物料或设备。如一些原材料贮罐、化工操作过程中的某些塔器等。

在风砂小的地区，化纤厂常在室外设置带篷顶的简易非露天设施，主要是临时贮放纤维成品或原材料等。

2. 车间柱网的考虑

车间布置设计与车间厂房采用的柱网关系密切。在布置设计中要认真选用合理的柱网。厂房的柱网对建厂时基建投资和投产后日常运转及维修都有直接影响。一般而言，柱网大，同样面积内柱子会相应减少，这样，设备排列灵活性大，对操作及检修均有利。但这样势必增加厂房造价，增加基建投资。通常在选择柱网时要遵循下列原则。

① 首先要考虑满足设备的安装、运转和检修方便的需要。

② 在同一个厂房内，生产设备对柱网的要求不尽相同，若相差较小时应尽量统一柱网，因采用统一柱网可简化设计工作。若对柱网要求相差过大，也不必勉强统一柱网，以免造成经济性差。

③ 生产厂房的柱网布置也必须与工艺生产设备布置相协调，同时也要考虑建筑结构上的合理性，安全性和坚固性，以及节约用地。厂房的柱网在满足生产和检修的前提下，应优先选用符合建筑模数的柱网。在化纤厂常用的厂房跨度一般有 6m，9m，12m，15m，18m 和 24m，可根据实际需要选用。一般单层、多层厂房都宜用 6m×6m 的柱网，如因生产和设备上的要求最好不超过 12m。否则会增加建筑结构的复杂性和造价。

3. 厂房层高的考虑

影响厂房层高的因素很多，主要有下述几个方面。

① 设备本身占据的高度。

② 设备安装、起吊、检修及拆卸时所需高度。

③ 操作台高度及操作设备时所需高度。

④ 设备顶部空间或车间厂房空间各专业管道所占据的高度。

显然，根据这些因素计算结果，在同一层厂房内，各个工序要求的高度并不一致，但不能机械地把同一层厂房的高度建得参差不齐，一般是要一种层高或两种层高。

另外，确定层高时还应考虑通风、采光等因素。一般化纤厂生产厂房的层高为 4～6m，最低层高不宜低于 3.2m，由地面到屋顶构件凸底面的高度（净空高度），不得低于 2.6m。

4. 车间内组成和组成部分位置的考虑

化纤生产车间是由生产部门、辅助生产部门和行政福利部门组成的。合理确定各部门的位置非常重要。

（1）工艺生产部门　主要是指纺丝液制备、纺丝成型、后处理等工艺生产部门。这是化纤生产车间的核心部分。其他各部门都是根据工艺生产的需要而设置的。在布置设计时，工艺专业要以工艺流程图为依据，绘制工艺设备排列草图，提出各生产工序所要求的面积、位置、朝向以及对其他专业的要求。纺丝车间中的组件清洗应靠近纺丝工序；磨刀间要接近切断机。

（2）工艺生产检验部门　指车间内的化验室、检验室。其任务是对部分原材料、中间产品及成品进行物检和化验。其位置要靠近取样点。

（3）机修、保全室　其任务是车间内设备的日常维护保养。因此，位置应以接近检修工作量最大的工序为佳，并要求有方便的通道。但需注意机修、保全室不宜包在车间内部。一般要沿车间外墙布置，这样既可自然通风和自然采光，又便于利用室外露天堆场，利于工作开展。布置时还需注意不妨碍环境整洁，一般安排在厂房的某个角落。

（4）仪表控制室　这是工艺生产的集中控制部门。生产规模大，自动化程度高，生产中有防爆、防毒要求时，宜采取集中布置。控制室布置在车间内外均可。对于生产规模小，自动化水平一般，则常布置于生产线附近。

（5）中间缓冲存贮部门　主要指原材料、半成品、成品中间库。这种部门的位置应靠近服务对象，而且要便于物品运输。其面积大小决定于堆放天数及堆放高度。

（6）水电气公用工程位置的考虑

① 变电、配电室：布置时既要考虑车间内用电负荷中心，又要考虑电源进线（如电厂位置）方位。变电站必须沿车间外墙布置，以利于利用室外空间。

② 空调室：要求接近空调负荷中心，回风管尽量短。室外排风、进风口位置要选择适当。

③ 热力站：要求接近车间用气负荷中心，还需考虑厂区锅炉房的位置及车间总管走向，尽量避免管道迂回和交叉。

④ 水泵房：车间具体布置时要考虑接近车间用水负荷中心和厂区进水管方位，尽量使管线缩短。

（7）行政福利设施　车间内的行政福利设施包括车间的各行政办公室、休息室、更衣室、浴室、医务室、哺乳室及厕所等。由于这些厂房的功能和生产厂房不同，可根据车间大小，定员多少，生产特点及厂区总体布置情况酌情考虑配置。可以单立建造也可以与生产车间毗连而建，以毗连式为最多。

（8）其他有特殊要求的房间　主要指有防爆、防火要求及严格控制温湿度的房间。

六、车间设备布置的技术考虑

设备布置是根据所选的工艺流程，在给定的区域范围内对工艺设备作出合理的排列，即确定整个工艺流程中的全部设备在平面上和空间中的具体位置。进行设备布置时需要考虑下列技术问题。

1. 工艺流程通顺

必须保证工艺流程通顺，即保证生产过程在垂直方向和水平方向的连续性，以便使生产连续正常进行。

2. 考虑合适的设备间距

设备间距直接影响设备布置和车间总布置设计。设备之间距离大，车间占地面积增加，操作与管理都不方便。设备间距缩小，虽可节省占地，节省投资，但过小则会影响操作与维修。设备间的距离应在考虑如下各种因素后予以确定。

① 设备本身所占空间。

② 设备附属装置或机构所占空间。

③ 设备保暖、保冷层所需空间。

④ 设备生产运转时所需操作空间。

⑤ 设备安装、拆卸、检修时所需空间。对于一些带有长搅拌轮或长传动轴的设备，一定要考虑拆卸传动轴操作所需要的空间。

⑥ 产生腐蚀性介质的设备，其基础需加防护，还要考虑腐蚀性介质对周围设备基础、墙体及柱子基础的腐蚀性。因此，要考虑适当加大设备之间、设备与墙、柱之间的距离。

⑦ 具有运动机械的设备，还要考虑设立安全防护装置的平面与空间。

⑧ 进出设备的管道所占平面和空间。

⑨ 当厂房内设有起重运输设备时。要考虑物料起吊和起重运输设备本身的高度。设备的起吊运输高度，要大于运输线最高设备的高度。

⑩ 要满足设备与设备、设备与建筑物之间的安全距离要求。设备与设备、设备与建筑物之间、运送设备的通道和人行通道的宽度都有一定规范，设计时要遵守执行。表9-1是建议采用的安全距离。

3. 方便操作管理

从操作管理角度出发，同类设备或者操作上有关的设备应尽可能布置在一起。布置时操作面也应尽可能集中，以便于集中管理，统一操作，对于提高质量，节省人员均有好处。如脱泡桶要排列成双排布置时，两排中间作为统一操作面，比设有两个操作面更为合适。当自然采光时，为防止产生视觉错误，布置时要注意操作面的朝向，尽量设计成背光操作，尽量防止面对光线操作。

4. 考虑运输通道

化纤生产中原材料、半成品、回收物料等运输频繁，检修运输量大，某些工序需操作工人巡回操作。另外，考虑到安全生产等问题，设备布置时要考虑运输通道。但要注意除操作巡回检查外，其余各个通道不宜安排在经常操作的作业面上，以免影响操作。通道的宽窄取决于运输工具、运输物件的外形尺寸及人流、货流通过量。

5. 管线配置考虑

设计工作的前后联系密切，前一步工作要为下一步工作打下基础。在设备布置时尽可能有利于管线的配置。例如，在设备布置时如何能缩短设备之间的管线，如何能减少管道的交叉和迂回，如何使管道布置得整齐，易检修维护等。

6. 有特殊要求的设备应考虑集中布置

在化纤生产中，部分设备有防腐、防爆等特殊要求。对具有相同特殊要求的设备，应考虑布置在一起，这样可以在较小的范围内，在土建工程上采取特殊处理，以节省投资，并便于集中管理。如有酸性腐蚀介质的设备，集中布置在一起，耐酸地面、设备基础可集中统一处理，基建时有利于施工，投产后有利于维护保养。再如，把一些热水槽、热水桶等高温设备集中布置在一起，在建筑上采取适当处理，既可节省基建投资，又使其散热不影响车间内其他部分。对于防火防爆要求的设备，因为要符合防火防爆规定，更要考虑集中布置。最好布置于单层厂房内。如果防爆厂房和其他厂房连接时，必须用防爆墙（防火墙）隔开。

表 9-1　建议采用的安全距离

项　　　目	安全距离/m	项　　　目	安全距离/m
往复式运动机械的运动部分与墙面的距离	不小于 1.5	有两人背对背操作并有小车通过时两设备间的距离	不小于 3.1
回转运动的机械与墙面的距离	0.8～1.0	有一人操作并有小车通过时两设备间的距离	不小于 1.9
回转机械相互间的距离	0.8～1.2		
泵的间距	不小于 1.0	有两人背对背操作并偶然有人通过时两设备间的距离	不小于 1.8
泵列与泵列间的距离	不小于 1.5		
被吊车吊动的物件与设备最高点的距离	不小于 0.4	有两人背对背操作并经常有人通过时两设备间的距离	不小于 2.4
贮槽与贮槽间的距离	0.4～0.6		
计量槽与计量槽的距离	0.4～0.6	有一人操作并偶然有小车通过时两设备间的距离	不小于 1.2
反应设备盖上传动装置离天花板的距离	不小于 0.8		
通道、操作台通行部分最小净空高度	不小于 2.0	操作台楼梯坡度	一般不大于 45°
一人操作时设备与墙面的距离	不小于 1.0	塔与塔间的距离	1.0～2.0
无人操作时设备与墙面的距离	不小于 0.5	换热器与换热器间距离	不小于 1.0

7. 生产系列的考虑

规模较大的化纤厂，一般都分成几个生产系列，在设备布置时要考虑按系列布置，力争做到系列分明、连贯，以防系列间互相干扰和误操作，也便于系列开车、停车及检修。

8. 设备布置时还应注意的具体问题

① 大型笨重设备及振动性大的设备如空压机、通风机、离心机等，应布置在车间的底层，设备基础重量应等于机组毛重的三倍，以减少厂房荷载和振动、从而减少基建投资。当必须布置在二、三层时应布置在梁的上方。对于计量设备，为利用重力流程，要考虑设置在相应的楼层上。

② 设备布置就位时，要考虑厂房建筑物梁、柱的位置。主梁和柱子不允许移动，次梁可视需要作允许范围内的移动。因此需穿孔的设备要避开梁和柱。

③ 设备和操作台布置要整齐规则，以有利于操作，有利于下一步的配管设计也能更有效地利用空间。

④ 布置时要考虑大型设备的安装门、安装孔及吊装的运输路线。

第二节　初步设计阶段设备布置图绘制方法

初步设计阶段设备布置设计的成品是车间设备平面、剖面布置图。这种布置图实际上是所选定的工艺流程和设备计算的结果在平面和剖面图上的反映。

一、初步设计阶段设备布置图的内容

这类布置图由车间设备排列图和设备表组成。一般应包括以下内容。

① 表示出厂房、建筑物外形、轴线号、分总尺寸建筑物标高和厂房方位。

② 表示出全部有固定位置的全部设备即所有系列的主设备、辅助生产设备、备用设备以及起吊设备、电葫芦等的安装位置尺寸及方位、设备位号、设备名称、设备间距、设备特征标高等。可以任意移动的运输车辆则不必表示。

③ 表示出所有生产附房和生活附房及全部墙、柱、门窗、楼梯、通道的等的大小及其在平面和空间的位置和楼层标高。

④ 操作平台位置与标高。

⑤ 当设备布置在平面表示不清楚时需绘制必要的剖视图。

⑥ 设备表，其主要以表格形式说明本布置图中所有设备的情况。表格内项目与流程图相同。

二、初步设计阶段设备布置图的绘制要求

1. 图的整体布置要求

设备布置图在方位走向上要与建筑专业一致，而且要与流程图方向一致，即从左向右展开绘制。

2. 线条要求

① 全部梁、柱、门、窗、墙、设备基础、建筑操作平台等建筑物均以细实线表示，并根据实际尺寸按比例绘制。

② 全部设备必须根据实际尺寸按比例绘制。设备轮廓及其搅拌、夹套等特征用粗实线或中粗实线绘制，支架、耳架用中粗实线绘制。

③ 安装专业设计的安装平台、操作平台用中粗实线绘制。

④ 卧式设备和立式设备的法兰连接形式均画两条粗实线。

⑤ 方向标用细实线绘制直径为20cm的圆，黑圆弧为1/8直径，箭头方向指北。

3. 比例要求

在图面饱满，表示清楚的条件下尽可能选择1：100，特殊情况下选择1：50，1：200。

4. 尺寸标注要求

设备定位以建筑轴线或柱中心为基准，标注的尺寸为设备中心线与基准的间距。总体尺寸较大，精度要求不高时，允许将尺寸标为封闭线。有转动轴的设备也常以主传动轴作为定位基准，注意不可作封闭尺寸线。立面图上也要标注标高定位尺寸。

当尺寸线距离较小，没有位置写数字时，尺寸起止点可不用箭头而用45°细斜线表示，此时最外面的数字可标注在尺寸线外侧，中间部分尺寸标注在尺寸线上。必要时可引出后再标注。

5. 平面图要求

① 多层厂房应分别绘制平面图。必要时还可绘制操作平台平面图。

② 多张平面图时，仅在底层平面绘制方向标。

③ 工艺专业绘制的平面图的附房仅以文字标示出房间名称。

④ 平面图上的设备要按比例绘制俯视外形图，并表示出设备本体、设备盖、传动装置的方位。有支架或支座的设备应绘制支架或支座，有基础的设备应绘制基础外形。

⑤ 标注设备位号时，可注在设备轮廓线内，也可用引线引出标在设备外。相同的设备

只要不会造成误解。可以只注明其中一台的位号或者详细绘制一台设备，其余简化。

⑥ 多生产系列时，要标清生产线的系列号，编写方法一般由下向上或由左向右。

第三节　施工图阶段设备布置设计

施工图设计阶段布置设计以初步设计阶段布置图为依据。其设计内容和深度与初步设计布置图有所不同。特点是全部设备及附房在车间所在的方位更加明确，标注的尺寸更加完整，必须满足设备安装定位所需的全部条件。所以，此设计阶段的布置图又可称为设备安装布置图。施工阶段的布置图是设备安装就位的依据。其设计内容和图纸的详细作法如下。

一、施工图阶段设备布置设计的内容

设备布置图主要由设备排列图示部分及设备表两部分组成。另外，在图纸上还有方向标志。

（1）图示部分

① 同初步设计阶段一样，要表示出一定范围内的有固定位置的全部设备。

② 要表示出一定范围内的全部厂房的墙、柱、门、窗、楼梯、通道以及工艺生产所需的全部沟道（明沟、暗沟）、地坑等。

③ 表示出全部设备基础或支承结构的高度。

④ 表示出全部吊轨及安装孔。

⑤ 标注设备位号及设备在平面、立面的尺寸线。

（2）设备表（同初步设计）。

（3）方向标志，一般标出北方。

二、施工图阶段设备布置图的画法要求

① 此设计阶段的设备布置图，除有车间总平面图、立面图之外，为便于施工和安装工作进行，一般还需绘制放大比例的若干分间布置图。

② 绘图时常采用的比例为1∶100、1∶200，有时也采用1∶300、1∶400。分间设备布置图常采用比例为1∶50、1∶100，必要时也采用1∶20、1∶25的比例。同一个车间的各个分间布置图以采取统一的比例为好。

③ 梁、柱、门、窗等建筑物画法要求。

a. 除暗沟用细虚线表示外，其余全部建筑线均以细实线表示。

b. 有特殊要求的门在图上要表示出开向，无特殊要求的均以门洞表示。

c. 标注柱网编号及尺寸。标清每层平面的层高。尺寸线及引出线用细实线表示。

④ 按选定的比例用粗实线或中粗实线绘制设备的外形及其主要技术特征（电机形式、搅拌、夹套、蛇管等），并绘出主要管线接口方位。

a. 当遇到多台相同的设备时，可只对一两台详细绘制，其他简明表示。

b. 每台设备均需标注位号。可标在设备轮廓内，也可用引线引出标注。多台同样设备必须表示清楚其位号。例如，设备的位号为106（一般从左向右或由下向上依次编号）。

⑤ 尺寸的标注。

a. 设备以中心线或设备外廓为基准线；建筑物、构筑物以轴线为基准；标高以室内地坪为基准线。

b. 平面标注的必要尺寸都在平面图中表示；上下高度尺寸在立面图上表示。

c. 当一个设备已经标注其与建筑物（构筑物）的定位尺寸后，与之相邻的设备即可以

已标注的设备为基准进行标注尺寸。

    d. 当某一设备穿过多层楼板时，各层都应以同一建筑轴线为基准线。

⑥ 在适当位置标出方向标志，用箭头标出北方。

习题

    1. 简述车间布置的原则。

    2. 写出车间设计的基本依据。

    3. 车间在设备布置时要注意哪些问题？

    4. 怎样确定设备的定位尺寸。

第十章　管　道　设　计

高分子材料加工工厂的管道是工厂的重要的组成部分，水、蒸汽、压缩空气、油剂、熔体、固体物料等都是通过管道输送的。设备与设备之间很多是由管道连接的，正确地进行管道设计是保证正常生产的关键之一。好的设计对节省投资、降低工人劳动强度、安全生产都有重要的作用。

化纤厂管道的特点视输送介质品种特性而异。固体物料（如短纤维、各种切片）容易堵塞管道，高温熔体（如聚丙烯、聚酯、聚酰胺、聚氨酯）必须严格控制温度。液体包括腐蚀性介质（如硫酸），易燃、易爆、有毒的物质（如二硫化碳）必须保证安全。还有需介质保温的冷冻水、蒸汽，热水以及压缩空气等不同性质的气体管道。另外，空调风道占有相当大的空间，会使布置变得更为复杂。管道布置多数情况取架空布置，也有在车间内的地下沟道中布置。管道设计是工艺施工设计阶段的主要内容之一。

第一节　管道设计的原则和注意事项

一、设计原则

① 统筹规划，合理安排。在对所有工艺管道作详细规划时，要兼顾车间内其他专业管线，如风道、仪表管线、电缆等的架设和位置，以防止碰撞。

② 管道要尽量集中布置，便于安装检修，避免通过电机和仪表控制盘的上空，防止在维修和出现事故时造成较大的损失。

③ 管道布置还要考虑开车、停车和事故处理的需要，在重要的阀门旁边增设附线和设置开车、停车时的临时管线等。

④ 在满足生产条件下，注意整齐、美观、易于区分。

二、注意事项

1. 工艺管道

① 有毒气体或液体的管道不得穿过生活区及人流较多的主要通道。并不得与热力管道和电缆平行敷设。

② 温度敏感流体（黏胶）管不得与热力管道平行敷设，不得已时将黏胶管设在热力管道的下方。管道在布置时绝对避免死角。

③ 防爆管道及易产生静电的管道（如用金属管输送聚酯切片）安装时应注意接地，在管道法兰的每一连接处装"桐桥"。

④ 易结晶管道如芒硝液，为防止管道堵塞，要考虑放空和盲板。

2. 管道的坡度

当介质（例如消光剂）要求管道的坡度时，要满足要求。

3. 管道间距

一般情况下，管道的间距可按如下原则考虑：管道间距按其突出部分之间净空不小于80mm。管道的最突出部分距墙或柱边的净空不小于100mm。管子的最突出部分距管架横梁及管架支柱的距离不小于100mm。

第二节　设计内容和方法及图纸绘制

一、管道设计的内容

工艺管道设计是在施工图设计阶段进行的，工程部门按照设计图进行管道安装施工。由工艺专业人员所设计的车间内工艺管道设计应包括下列内容：

① 带自控和仪表节点的工艺管道流程图；

② 车间水、蒸汽、压缩空气等总管道的平面图；

③ 分区工艺设备的管道布置图和管段轴测图；

④ 管架和特殊管件施工制造图及安装图；

⑤ 管段材料表和车间管道材料汇总预算表；

⑥ 管件、管道施工说明书。

二、管道设计的方法

① 根据工艺要求和物料的性质选用合适管材、管件、阀门。

② 根据物料的输送流量、压力计算管径和壁厚。

③ 根据带控制点的工艺管道流程图、设备布置图、具体设计施工图（或设备接管方位图），进行管道布置设计。管道布置图应包括：

a. 平面布置图和立面布置图等视图；

b. 在图中需注明管道内介质代号、管段编号、管道尺寸、管道材质、管道中心标高和管道内介质流动方向；

c. 阀门、管件和仪表自控等图形和安装位置的标注；

d. 绘出管道地沟的轮廓线，对有些重要工程项目，还需要绘制每一根管段的轴测图。

④ 在绘制每一根管段时，应同时填写管段材料表。管段材料表应包括管道代号；管道起止点，设计的温度和压力参数，管道公称直径、管材名称、规格和长度；阀门名称、型号、规格和数量；弯头、三通等规格、材质和数量，连接管道用的法兰或盲板的名称、标准号、规格、材质和数量，法兰密封垫片的标准号、规格和数量，固定法兰的螺栓、螺母等紧固件的标准、规格和数量。管道上仪表管件的名称、规格、材质和数量等。

⑤ 在设计绘制管道布置图时，同时应标绘出管架位置及管架编号。并填写管架一览表，并请有关人员设计管架施工制造图。

⑥ 编制管道、管件和骨架等材料预算汇总表。

⑦ 编写管道施工说明书。其内容为：

a. 物料介质、阀门、管材等代号的说明对照表及图形符号说明；

b. 各种管道安装的坡度要求；

c. 管道的保温材料及厚度；

d. 管道的油漆颜色规定；

e. 管道施工中应注意的问题；

f. 管道安装完毕后的清洗、试压和验收要求等。

三、图纸绘制

管道施工设计内容较多，一般包括平剖面配管图、透视图、管段图、管架图等。

1. 平剖面配管图

配管图的基本部分，常以房间、工段为单位绘出所有的工艺管道。

配管图常用比例为 1：25，1：50，1：100。配管比较简单的部分，配管图可以与设备图合并。

（1）平剖面配管图的主要内容

① 构成建筑物的结构构件常被用作管道布置的定位基准，因此在各平立面剖视图上都应注明标注建筑定位轴线符号。

② 按比例以细实线绘出车间墙、门、窗、柱、操作台、安装孔、地沟等。设备采用双点划线绘出，并注明设备位号。

③ 用粗实线绘出本车间的全部工艺管道，用代号标注管材、管径、介质、标高及管段号。例 G-100-$Z_{0.3}$＋4000，表示钢管-公称直径 100mm-0.3MPa 蒸汽-绝对标高 4m。

④ 以毫米为单位的定位尺寸。以米为单位用绝对标高标注管道标高。管道标高有管中心标高和管底标高两种表示方法，若为管底标高，则在标高尺寸后加注"D"。

⑤ 以细实线表示出工艺管道上的所有阀门，除特殊要求外，一般不注阀门的标高及手柄方向，需标注阀门代号及规格。

⑥ 以细实线表示出管道上的法兰，大小头。

⑦ 以细实线表示出所有的检测点及调节阀的位置，并注明自控详图号。

⑧ 进出车间的管线应注明来源和去处，用箭头在管线附近标明管内流体流向，可用文字写出相连接图的图号。

⑨ 管架位置按比例绘在平面配管图上。一般可不标出定位尺寸。

⑩ 一般在图纸右上方列出阀门、介质、管材及仪表代号，在图纸左上角画出方位标。

（2）剖面图及详图

① 除简单的配管外，一般在平面配管图不能全部清楚表示管道情况时，需要酌情绘制部分剖面图。剖面图比例必须与平面配管图相同。

② 对较为复杂的配管，为了更容易表示清楚，可以局部放大比例绘制放大详图。在放大范围内的管道必须全部绘制。详图最好与平剖面配管图绘在同一图纸上，若需在另外的图纸上绘制，则需加注所属平剖面图的图号。

2．透视图

局部管道比较复杂时，可以加绘透视图。

（1）透视图上的设备可以绘设备外形，也可以简单地只绘设备进出口和设备中心线，注明设备位号。

（2）以粗或中粗实线绘出管线，与平面配管图一样标注管材、标高及管段号，并绘出所有管件、阀门，注明规格及代号。

（3）有坡度的管线，注出高（或低）端点标高，并注明坡度。

（4）标高用绝对标高，以米表示。

3．管段图

碳钢管不作管段图．需预制的夹套管、铅管，钢衬胶管及不锈钢管需作管段图。图中应注明管段的长度，故最好是阀门，管件均落实后再作此图。考虑在施工安装时阀门，管件的变动及施工误差，一般用在一封闭管段内取一活管段（施工时最后加工）的方法来弥补。管段图画法有两种：

（1）大管段图　以一种物料从一个设备到另一个设备为一个总管段，以透视图方式表示，图中直管、弯头、大小头及阀门均要加注尺寸，在图上并附一管段材料表，不锈钢管大都采用此方式表示。

（2）小管段图 以法兰盘为界，包括管段长度，标号根数和供施工的管段制造图（如图10-1所示）。

4. 管架图

一般绘在配管图上，复杂情况可以单独绘出管架图。

① 管架图需注明管架号，在平面布置图坐标上的位置、管架尺寸，材料及数量和管架的表示方法。

② 管托图，见有关标准。

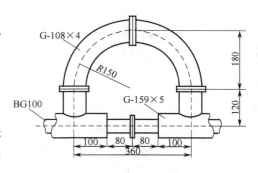

图 10-1　100×150 直管连接详图

第三节　管材、管件的选择及管径计算

一、管材的选择

管材主要由介质特性决定，与温度，压力也有一定关系。现将化纤厂常用介质所采用的管材、管件、法兰与垫片的选用可查阅相关手册。

二、管壁厚度的选择

可根据管内压力、管径、材料允许应力进行计算。计算时要考虑温度对强度的影响，查找有关手册和书籍内由管径和便用压力直接查得壁厚。

三、管径的选择与计算

1. 水、液体、气体管道

根据介质流速和流量计算管径，再根据此流速和管径求得管道阻力，视压力是否能满足要求。

计算公式如下：

$$d=\sqrt{\frac{4GV}{3600\pi c}} \tag{10-1}$$

式中　d——管径，m；

　　　G——介质的流量，kg/h；

　　　c——介质的速度，m/s，具体数值见表10-1。

　　　V——管道内介质的比容，m^3/kg。

表 10-1　化纤厂专用介质流速

介　质	流速/(m/s)	介　质	流速/(m/s)
尼龙66熔体		硫酸 压力泵输送	0.8~1.2
后聚合器出口(黏度80000mPa·s)	≥0.042	自流	0.5~0.9
增压泵至铸带头	0.026~0.077	碱液 浓度 0~30%	2
纺丝熔体管道(黏度114200~115500mPa·s)	≥0.042	30%~50%	1.5
纺丝机支管	0.028~0.088	50%~73%	1.2
风送纤维	15~18	二硫化碳	<1
风送切片聚酯	30~40	甲醇	1
风送切片聚酰胺	20~26	黏胶液	0.1~0.5
			0.6~0.8

115

2. 蒸汽凝结水管道

由于蒸汽凝结水在管中是汽水混合状态，体积比液体大得多，所以管径计算与水或汽不同。蒸汽凝结水管内径计算公式为：

$$d_s = d_1 \left(\frac{\gamma_1}{\gamma_s} \right)^{0.19} \tag{10-2}$$

式中　d_s——蒸汽凝结水管内径，mm；

　　　d_1——按介质是水设计的管内径，mm；

　　　γ_1——水的重度（按 1000kgf/m^3 计）；

　　　γ_s——按汽水混合物计算的重度，kgf/m^3，可从相关表查得。

3. 气流输送管道

化纤厂用气流输送原料和成品纤维，一般采用压气式（中压），和脉冲式输送。

（1）设计气流输送管道注意事项

① 要检修方便，使用寿命长，输送过程中要减少堵管的可能性，压头损失要小。

② 不能有直角转弯，要根据管道的直径不同，设计成一定半径的弧度，防止物料堵管。

（2）管道直径 d 的计算方法：

$$d = \sqrt{\frac{4Q}{3600\pi v_g}} \tag{10-3}$$

式中　Q——空气消耗量，m^3/h；

　　　v_g——气流速度，m/s。

表 10-2　v_g 气流速度

项　　目	高压聚乙烯	涤纶切片	尼龙 66 切片
堆积密度/(t/m^3)	0.52～0.56	0.82	0.5～0.7
v_g/(m/s)	30～47	30～34	20～26
颗粒直径/mm	$\phi 3 \times 3$	$\phi 3 \times 3$	$\phi 3 \times 3$

$$Q = \frac{G}{\gamma_g \mu} \tag{10-4}$$

式中　G——空气重度，kgf/m^3；

　　　μ——混合比，即单位时间内被送物料的重量与空气重量之比，据经验或实验确定，见表 10-3。

表 10-3　物料的重量与空气重量经验之比

项　　目	粒状物	粉状物	纤维状物	涤纶切片	尼龙切片
混合比(μ)	3～20	1～4	0.1～0.6	1～4	4～5
风速/(m/s)	16～34	16～22	15～18	30～34	20～26

算出管径后，最后计算压力降，根据压力降和风量，选择风机。

新的输送方法还有脉冲式输送器，输送管路中采用压缩空气，每次定量输送，物料在管道中呈现柱塞状的一节，由压缩空气从管道的入口匀速运动到管道的出口，再经过吹扫，第二次定量输送，如此循环。这种输送的特点是物料在输送中产生的粉末较少，设备的结构复杂。管道的设计方法相似于气流输送，但要注意对管道的压力校核。

四、阀门的选择

1. 闸阀

闸阀是在阀体内有一块平板与介质流动方向垂直，平板升起，阀即开启。按阀杆上螺纹位置，闸阀可分为明杆式和暗杆式。闸阀的特点密封性能较好，流体阻力小，具有一定的流量调节功能。在生产中用于蒸汽，油和真空管路上。

2. 截止阀

截止阀是利用装在阀杆下面的阀盘与阀体的突缘部分相配合来控制阀的启闭。其特点是结构简单，可用于调节流量。截止阀安装时，应注意方向，阀体注明的箭头方向，应是与流体流动方向一致。在生产中，闸阀主要用于水系统管道和真空管道，大直径的压缩空气总管道上，也常使用闸阀来控制流量。

3. 隔膜阀

阀的启闭机构是一块橡胶隔胶，其四周夹置于阀体和阀盘间，膜的中央突出部分固定在阀杆上，隔膜将阀杆与介质隔离。该阀的特点是严密性好，便于维修，流体阻力小。在生产中用于 200℃ 以下，压力低于 1MPa 的油品、水、酸性介质和含悬浮的介质。

4. 球阀

它是一种中间开孔作阀芯，靠旋转球体来控制阀的开启和关闭。可制成直通球阀，也可制成三通或四通球阀。其特点是结构简单、体积小、流体阻力小、密封性能高。

在生产中，球阀常用于不需调节流量的真空管道和物料管道。

5. 旋塞

利用阀件内所插的中央穿孔的锥形栓塞，以控制启闭的阀件。特点是结构简单，关闭迅速，旋塞也可制成直通、三通或四通，但密封性能差，常用于低压低温物料管道。旋塞不宜做调节流量用。

6. 止回阀

一种自动关闭或开启的阀门，在阀体有一阀盖或摇板，当介质顺方向流动时，阀盖或摇板即开启，当介质逆流向时阀门关闭。

7. 减压阀

该阀的动作主要靠膜片、弹簧或活塞等做感元件改变阀瓣与阀座的间隙，使蒸汽、空气达到自动减压的目的。在生产中用于压缩空气、蒸汽的减压操作。

8. 蝶阀

尺寸小、重量轻、开闭迅速。在生产中用于固相缩聚的真空系统的管道上。

第四节　保温及热补偿

一、管道的绝热保温

在生产中，为减少热能在管道中的损耗，创造较好的工作环境，一般均在热管道外包覆绝热材料，进行管道的保温。保温效果的好坏取决于绝缘材料的种类及厚度。

（1）一般选择原则　热导率低，密度小，机械强度高，价格低，安装简单的材料。

（2）选择时注意事项

① 使用介质的温度：管道和设备中介质的温度是选择保温材料的主要依据，同时还要考虑到黏结剂的耐热温度。如尼龙 66 纺丝厂，联苯管道内联苯温度 300℃，保温材料若用淀粉玻璃棉，使用一年后，淀粉即被氧化。

② 耐腐蚀：要考虑保温材料对管道或设备的腐蚀。如水泥珍珠岩含氯高，不能用于不锈钢管道和设备的保温。

③ 管道中介质对保温材料的影响：选择保温材料时，要注意介质若从法兰、阀门处泄

漏出来时，不能与保温材料起反应。

二、管道的保温措施

对熔体输送保温形式采用夹套管。在夹套管中输送热介质，例如联苯、蒸汽等。

三、热补偿

由于管道是在一般温度下安装的，在输送介质温度变化时，管道会发生伸缩。对管道的两端的固定支架产生很大的热应力。为了减少热应力，设计时要考虑补偿器。一般情况下应尽量利用管道布置自然弯曲时金属弹性来补偿管道的热伸长。

第五节　管架设计

一、主要管架形式及选择

主要管架形式及其选择见表 10-4。

表 10-4　主要管架形式及其选择

管架名称	选用地点
固定支架	① 一般设在有膨胀器的热管两端 ② 当主管肯支管时,高在靠近主管的支和管上
导向支架	只允许管道沿单向移动时采用 ① 水平面导向管架;在水平管道上只允许管道有轴向位移的地方,以承受管道重量并限制位移方向 ② 垂直管导向管架;在垂直管道上只允许管道有垂直方向位移,不承受管道重量 ③ 导向架不能安装在弯头和 Ⅱ 型补偿器附近
滑动支架	① 在两个固定管架之间作支承 ② 水平安装的管道一般都采用滑动管架 ③ 弯头附近的管架宜采用
吊架	主要用于楼板下的单根管道
弹簧支架	在管道有垂直位移的地方,应装设弹簧吊架,以承受重量并适应其位移,当不便装设弹簧吊架时,可采用弹簧支架
型钢吊架	并排的管道吊架在梁或楼台板下采用
墙架柱架	用于沿墙沿柱布置的管道
地面支架	当管道标高在 2.5m 以上时采用,有一管支架、弯管支架等

二、管架间距

在考虑管道强度和刚度的条件下，管架的距离尽量放在。铅管、聚氯乙烯管架间距离不能超过 2m。

三、管道支吊架负荷的计算

支吊架负荷计算必须综合考虑荷重和作用力，尤其是固定支架的推力．其承受的力又分垂直荷载和水平荷载。水平荷载又分水平轴向荷载和水平横向荷载一般不计算水平横向荷载。

1. 活动支吊架负荷的计算

$$Q = ql \tag{10-5}$$

$$N = \mu ql \tag{10-6}$$

活动支吊架邻近有弹簧支吊架，公式如下

$$Q = ql + 0.2 \sum P_g \tag{10-7}$$

$$N = \mu(ql + 0.2 \sum P_g) \tag{10-8}$$

式中　Q——垂直荷载；

　　　N——水平荷载；

　　　q——管道在工作状态下的重量，kg/m；

　　　l——活动支吊架间距，m，当间距不等时，按两侧间距的平均值计算；

　　　μ——摩擦系数，按支吊架形式不同面不同，滑动支架为 0.3，吊架为 0.1；

　　$\sum P_g$——该刚性支吊架与两侧管道上的下一个刚性支架间各个热位移向下的弹簧支吊架工作荷重的总和，kg。

2. 弹簧支吊架

垂直荷载，热位移向下的支吊架：

$$Q=ql \tag{10-9}$$

热位移向上的支吊架，按下列二式

$$Q=ql \tag{10-10}$$
$$Q=1.2P_{AN}$$

式中　P_{AN}——弹簧的安装荷重。

3. 固定支架

垂直荷载　　　　　　　　　　$Q=ql$　　　　　　　　(10-11)

水平荷载根据管架固定点位置不同而异。管架负荷计算可查找相关的表。

四、管架设计注意事项

① 管架可支承在梁、柱、墙等处，推力大的管道支架应支承在梁、柱上。骨架应尽量不吊在有吊车的梁上，因梁有下沉，会破坏管道的坡度。

② 管托管卡的设置，一条管道上可每隔 1～2 个管架设一个管卡。管可不设管托而直接放在管架上。沿墙安装的小管可用钩头。

③ 所有可活动吊架不应破坏管道的保温材料。

④ 铅管和硬聚氯乙烯管在吊装前，必须先将全部管道支架和管托安装和焊接完毕，经核对标高后，再进行管道的安装。如安装后还需动火焊接，则应采取隔热措施，以防管道受热变形。

第六节　管道综合材料表

管道设计结束以后，将所用的管道 管件、阀门、型钢等材料，按工段、工序汇总于表 10-5 中，作为筹建单位和施工单位的依据。表中的小计为设计的实际量。总计量为小计量加安装余量，常为 10%。

表 10-5　综合材料

工程名称		编制		编号		
设计项目		校对		第　页	共　　页	

序号	材料名称	规格	通用图号	单位	数量					重量(kg)		备注
					前纺	后纺	其他	小计	总计	单重	总重	
1												
2												
3												

习题

1. 简述管道设计的原则和注意事项。
2. 管道设计包括哪些内容?
3. 选择管道材料与哪些因素有关。
4. 设计管架时有哪些要求?

第十一章 概　算

第一节 概　述

概算是工程设计中的一个重要步骤。设计中的概算是把建设项目需要的基本建设投资，在建厂之前先计算出来，以确定建设项目投资额。建设项目的总概算应包括从筹建到竣工验收的全部建设费用。概算产生在初步设计阶段，把概算的结果作为判断建设项目的经济合理性的依据。

概算是以初步设计文件、设备清单，文字说明及图纸为依据进行编制。国家计委、建委、财政部文件明确规定，把概算作为编制基本建设计划，实行基本建设大包干，控制基本建设拨款和施工图预算，考核设计经济合理性和建设成本的依据。它涉及全厂范围的各个专业，内容较多。概算文件应包括编制说明、建设项目总概算，单项工程概算，单位工程概算以及其他工程费用概算五个部分。本章着重介绍车间工艺部分概算的编制。

第二节 概算的编制

概算文件由总概算书、综合概算书、单位工程概算书、其他工程费用概算书及相关的附表组成。概算完成后，要附加编制说明，其内容包括：①工程概况，说明工厂的规模、产品品种、公用工程、工程的总投资；②编制依据，说明批准设计的依据、工程概算采用的指标、材料价格的依据、其他工程费用的计算依据等；③说明在概算中存在的问题和在表中不能反应的注意事项；④投资分析，主要分析各项工程的投资比例，与国内外同类投资的水平分析比较等。

一、总概算书

总概算书由三部分组成。①工程费用部分，包括主要生产项目工程费用，辅助生产项目工程费用，公用工程项目费用，三废治理工程费用，服务性工程费用，生活福利和厂外工程估算。一个高分子材料加工工厂生产装置是由反应器、原料输送装置、纺丝设备、成型加工设备等组成的。通常情况下，流程图中包括的上述主要设备要占整个装置的一半以上，关于各种机器设备费用的估算，是根据收集的各类机器设备的价格数据和影响设备费用的主要关联因子，应用回归分析方法，求出设备费用与主要关联因子间联系。对流程图中包括的主要设备估算完成后，就可以估算整个装置的界区建设投资。②其他工程费用，包括筹建费用，土地征用及迁移赔偿费，电力增容费，技术转让费，勘测设计费，建设单位管理费，基建税等，生产准备费用、其他工程和费用。③预备费用又称为不可预见费，包括设备和施工材料涨价增加的费用，修改设计所增加的费用，在设计中可按基建总投资的 $5\%\sim10\%$ 来计算。

总概算书一般采用的格式见表 11-1。

二、综合概算书

综合概算书是总概算书的组成部分，由各个生产车间、公用工程或独立建筑物工程造价的综合文件所组成。根据各单位工程概算汇编而成（见表 11-2）。

表 11-1 总概算综合概算

序号	概算表编号	工程和费用名称	概算价值/万元							占总值的百分数	技术经济指标		
			建筑工程	设备	安装工程	器具工具及生产家具购置费	其他费用	预备费	总值		单位	数量	单位价值/元

表 11-2 综合概算书

编号	工程费用名称	批准概算	建 筑 工 程					设 备		
			土建	卫生	采暖	构筑物	照明	机械	电气	自控

安 装				工器具生产家具	其他费用	总计	技术经济指标		
机械	电气	自控	工业管道				数量	单位	指标/元

三、单位工程概算书

单位工程预算书和预算费用的组成可按单位的性质进行分类。

（1）建筑工程费 如土建、卫生、采暖、电气照明及避雷。

（2）设备购置费 生产项目所用设备、服务用工程项目、公用工程项目和区成的固定资产的设备费用。

（3）安装工程费 工艺设备安装、现场制备安装、工器具和生产家具购置费用。

四、单位工程概算费用组成

单位工程概算是概算的基础。费用组成包括：

（1）直接费用 建筑费、安装人工费、材料费、施工机械使用费及其他直接费用；

（2）间接费用 施工管理费和其他费用；

（3）施工企业技术装备费；

（4）法定利润。

第三节 技术经济分析

技术经济分析是对生产技术进行经济效果的评价，为确定对生产发展最有利的技术提供科学依据和最佳方案。

一、投资估算

1. 国内工程项目基建投资估算

（1）基本建设投资

① 工程费用 直接生产项目是指生产产品的工程项目，原材料贮存，产品的生产和包装，贮存等全部工序，以及直接为生产服务的工程，如空调、冷冻等工程和集中控制室等。

辅助生产项目是指为生产间接服务的工程，如机修、电修、仪修、中央实验室、空压站、设备及材料仓库等。

公用工程项目是指给排水，供电及电讯、供汽，总图运输、厂区外管等。

服务性工程包括厂部办公室、食堂、汽车库、消防站、气体防护站、医务站、哺乳室、倒班宿舍、浴室，厂前区，招待所等。

生活福利工程包括宿舍住宅、食堂、托儿所、幼儿园、子弟学校、职工医院及其相应设施等。

厂外工程是指水源工程，厂外供排水管线，热电站、厂外输电线路，铁路，公路，厂外输油管线，原料管线等。

② 其他费用 主要包括征用土地费、青苗补偿费、建设单位管理费，研究试验费、生产职工培训费，办公和生活用具购置费、勘察设计费，供电贴费，施工机构迁移费、联合试车费、涉外工程的出国联络费等。

③ 不可预见费 为一般不能预见的有关工程及其费用的预备费。一般指在施工过程中的材料代用所发生的费用，修改设计所发生的费用和国家验收所发生的有关费用。其费用一般按工程费用和其他费用之和的一定百分比计。

（2）流动资金 企业进行生产和经营活动所必需的资金称之为流动资金，包括贮备、生产和产品资金三个部分。一般按几个月生产的总成本计。

（3）建设期借款利息 基建投资的贷款在建设期的利息，进入成本，以资本化利息进入总投资。该部分利息不列入建设项目的设计概算，不计入投资规模。作为考核项目投资效益的一个因素。

（4）总投资

$$总投资＝基本建设投资＋流动资金＋建设期借款利息$$

总投资作为考核基本建设项目投资效益的依据。

2. 涉外工程项目建设投资估算

涉外项目就其引进方式而言有成套引进，单机引进，新技术引进、补偿贸易引进等。对于引进工程的投资估算一般分为国外部分（进口费用）和国内部分。

（1）国外部分

① 硬件费 指设备，备品备件、材料、化学药品，触媒、润滑油等费用。

② 软件费 指设计、技术资料、专利、商标，技术服务、技术秘密等费用。

（2）国内部分

① 贸易从属费，一般包括国外运费，运输保险费，外贸手续费，银行手续费，关税，增值税等。

② 国内运杂费和国内保险费。

③ 国内安装费。

④ 其他费用，包括外国工程技术人员来华各项费用和国内人员出国培训和考查的费用。招待所家具及办公费。

（3）国内配套工程。

与国内项目一样估算费用。

二、产品生产成本估算

产品成本是指工业企业用于生产某种产品所消耗的物化劳动和活劳动。是判定的重要依据之一，也是考核企业生产经营管理水平的一项综合性指标。年产品成本包括如下项目。

1. 原材料费

原材料费包括原料及主要材料、辅助材料费用。

$$原材料费＝消耗定额×该种材料价格×年产量$$

式中，材料价格指材料的入库价。

$$入库价＝采购价＋运费＋途耗＋库耗$$

途耗是指原材料采购后运进企业仓库前的运输途中的损耗，它和运输方式、原料包装形式、运输管理水平等因素有关。库耗是指企业所需原材料入库和出库间的差额，库耗与企业管理水平等有关。

2. 燃料费用

燃料费用的计算方法与原材料费用相同。

3. 动力费用

$$动力费用＝消耗定额×动力单价×年产量$$

4. 生产工人工资及附加费

生产工人指直接从事生产产品的操作工人。工资附加费是指根据国家规定按工资总额提存一定百分比的职工福利费部分，不包括在工资总额内。因此，生产工人工资估算出总额后，应再增加一定百分比的工资附加费。

$$生产工人工资及附加费＝（某产品生产工人的年工资＋附加费）/某产品的产量×某产品生产工人人数$$

5. 车间经费

车间经费为管理和组织车间生产而发生的费用。

$$车间经费＝车间折旧费＋大、中、小修理费＋车间管理费$$

6. 副产品费

$$副产品费＝副产品产量×副产品价格$$

副产品费用要从主产品的成本中扣除。

7. 企业管理费

企业管理费为企业管理和组织生产所发生的全厂性的各项费用。如企业管理部分人员的工资及附加费、办公费、研究试验费、差旅费、全厂性固定资产（除车间固定资产外）折旧费、维修费、福利设施折旧费、工会经费、流动资金利息支出和其他费用等。

一般估算的方法按商品、产品、车间总成本的比例分摊于产品成本中。企业内部的中间产品或半成品不计入企业管理费。

$$企业管理费＝车间成本×企业管理费百分率$$

$$车间成本＝原材料费＋燃料费＋动力费＋生产工人工资及附加费＋车间经费－副产品费$$

8. 销售费用

销售费用指销售过程中支付的各项费用，包括产品运输费、广告费、推销费、销售管理费等。

$$销售费用＝产品销售额×销售费用百分率$$

$$或销售费用＝（车间成本＋企业管理费）×销售费用百分率$$

以上 1～8 项相加，构成了产品的生产成本，通常称为工厂完全成本或销售成本。

三、经济评价

有两个以上的方案可以进行方案比较。

1. 综合经济指标

综合经济指标比较见表 11-3。

表 11-3 综合经济指标比较

序号	项目名称	计算公式	方案1	方案2	方案3
1	年总产量/(t/年)				
2	年总产值/(万元/年)				
3	总投资/万元	基建投资＋建设期利息＋流动资金			
4	流动资金利息/(万元/年)				
5	全部贷款利息/万元	基建期利息＋投资后还贷利息			
6	贷款偿还期/年				
7	返本期/年				
8	销售收入/(万元/年)				
9	年总成本/(万元/年)				
10	销售税金/(万元/年)				
11	投资利润率/%	(年利润总额/总投资)×100%			
12	投资利税率/%	[(年利润总额＋销售税金)/总投资]×100%			
13	投资收益率/%	[(年利润总额＋全年折旧)/总投资]×100%			
14	投资净产值率/%	[(年利润总额＋流动资金利息＋年工资总额)/总投资]×100%			
15	产值利税率/%	(年利税总额/年总产值)×100%			
16	单位生产能力投资额/(万元/吨)	总投资/年总产量			
17	产品劳动生产率/[万元/(人·年)]	年总产值/车间定员			
18	净现值(NPV)/万元	从基建开始到经济寿命结束,若干年内的净现值总和 $$\text{NPV} = \sum_{i=1}^{n} c_t(1+i)^{-(t-1)}$$			
19	内部收益率(IRR)/%	净现值为零时的贴现率 $$\text{IRR} = i_1 + \frac{\text{PV}(i_2 - i_1)}{\text{PV} - \text{NV}}$$			
20	盈亏平衡点/%	产量低于平衡点时,企业亏损			
21	利率总额/万元				

2. 经济评价方法的分类

(1) 投资效果的静态分析法 投资回收期法是一种投资效果的简单分析法。它是将工程项目的投资支出与项目投产后每年的收益进行简单比较,以求得投资回收期或投资回收率。是我国实际工作中应用最广泛的一种静态分析方法。

① 按达产年收益计算 达产年收益是指工程项目投产后,达到设计产量的第一个整年所获得的收益额来计算回收该工程项目全部投资所需的年数。计算公式如下:

投资回收期(年)＝ 总投资/(年净利率＋年折旧)

年净利润＝销售收入－销售成本－税金

② 按累计收益计算 累计收益是指工程项目从正式投产之日起,累计提供的总收益额,该收益额达到投资总额时所需的年数。

(2) 投资效果的动态分析法 列入表中的净现值法 (NPV 法)和现金流量贴现法 (IRR 法)属于投资效果的动态分析计算方法。

净现值(NPV)是指,建设项目在整个服务年限内,各年所发生的净现金流量(即现金流入量和现金流出量的差额），按预定的标准投资收益率，逐年分别折算（即贴现）到基准年（即项目起始时间），所得各年净现金流量的现值（简称净现值 NPV，英文名为 Net Present Value），视其合计数的正负和大小决定方案的优劣。净现值的计算公式如下：

$$\text{NPV} = \sum_{i=1}^{n} c_t (1+i)^{-(t-1)} \tag{11-1}$$

式中　c_t——第 t 年的净现金流量，万元；

　　　t——年数（$t=1, 2, 3, \cdots n$）；

　　　n——工程项目的经济活动期，年。

当净现值的计算结果 NPV＞0 时，说明投资不仅能得到符合预定的标准投资收益率的利益，而且还能得到正值差额的现值利益，则该项目为可取。当净现值的计算结果 NPV＜0 时，说明投资达不到预定的标准投资收益率的利益，则该项目不可取。当净现值的计算结果 NPV＝0 时，表示投资正好能得到预定的标准投资收益率的利益，则该项目也是可行的。

现金流量贴现法也称内部收益率法（即 IRR 法）。是指建设项目在使用期内所发生的现金流入量的现值累计数和现金流出量的现值累计数相等时的贴现率（即内部收益率），即净现值等于零时的贴现率。这个内部收益率反映了项目总投资支出的实际盈利率，再将此内部收益率与预定的标准投资收益比较，视差额大小，做出对项目投资效果优劣的判断。

内部收益率的计算方法如下。

① 先将项目使用期正常年份的年净现金流量除以项目的总投资额，所求得的比率作为第一个测算的贴现率。

② 从求得的测算贴现率来计算总净现值时，如果总净现值是正值，说明该贴现率偏小，需要提高，如果是负值，说明该贴现率偏大，需要降低。

③ 当找到按某一个贴现率所求得的净现值为正值，而按相邻的一个贴现率所求得的净现值为负值时，则表明内部收益率就在这两个贴现率之间。用线性插值法求得精确的内部收益率，公式如下：

$$\text{IRR} = i_1 + \frac{\text{PV}(i_2 - i_1)}{\text{PV} - \text{NV}} \tag{11-2}$$

式中　IRR——内部收益率，%；

　　　i_1——略低的折现率，%；

　　　i_2——略高的折现率，%，

　　　PV——在低折现率 i_1 时总净现值（正数）；

　　　NV——在高折现率 i_2 时总净现值（负数）。

3. 不确定性分析

不确定性分析包括对项目作盈亏分析和敏感性分析。用这种方法来确定这些不定因素的变化对工程项目投资经济效果的影响。

（1）盈亏分析　盈亏分析是通过分析项目投产后，产品的销售收入、可变成本、固定成本和利润之间的关系，求出当销售收入等于生产成本，即盈亏平衡时的产量，如图 11-1 所示。从售价、销售量和成本三个变量间找出最佳盈利方案。

盈亏平衡点有三种表示方法：

① 以生产（销售）量表示的盈亏平衡点 BEP_1，计算公式为：

$$\text{BEP}_1 = \frac{f}{P(1 - T_r) - V_i} \tag{11-3}$$

式中　f——年总固定成本（包括基本折旧）；

　　P——单位产品价格；

　　T_r——产品税金；

　　V_i——单位产品可变成本。

② 以总销售收入表示的盈亏平衡点 BEP_2，计算公式为：

$$BEP_2 = Y = PX$$

式中　Y——年总销售收入；

　　P——销售单价；

　　X——产品产量，即所求之盈亏点。

③ 以生产能力利用率表示盈亏平衡点 BEP_3，公式为：

$$BEP_3 = \frac{f}{r-V} \tag{11-4}$$

式中　f——年总固定成本（包括基本折旧）；

　　r——达到设计能力时的销售收入（不包括销售税金）；

　　V——年总可变成本。

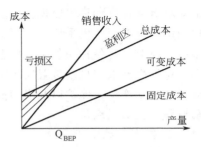

（2）敏感度分析　它是研究项目的产品售价、产量、经营成本、投资、建设期等发生变化时，项目财务评价指标（如财务内部收益率）的预期值发生变化的程度。通过敏感分析，可以找出项目的最敏感因素，使决策者能了解项目建设中可能遇到的风险，提高决策的准确性和可靠性。

图 11-1　某项目盈亏分析图

当其他因素不变时，改变其中的某一因素来了解敏感性分析的结果。

① 销售价格波动 ±10% 的内部收益率和净值。

② 可变成本增加 10% 的内部收益率和净值。

③ 固定成本增加 10% 的内部收益率和净值。

④ 投资增加 10% 的内部收益率和净值。

⑤ 产量减少 10% 的内部收益率和净值。

⑥ 建设期延长 1 年的内部收益率和净值。

习题

1. 概算有哪些作用？

2. 概算文件包括哪些内容？

3. 简述产品生产成本估算的项目。

4. 说明综合经济指标评价分类对评价结果的影响。

第三篇 公 用 工 程

第十二章 自 控 设 计

第一节 概 述

自控设计的特点取决于工艺生产过程的要求，并为工艺生产过程服务。不同的生产工艺过程要求不同的生产过程控制。随着化纤生产工艺复杂化程度以及对产品质量要求的提高，对生产过程自动化的要求也越来越高。锦纶、涤纶、腈纶、丙纶等生产的各主要工艺变量，都要求自动控制和集中监视。大多数控制系统为反馈控制回路，而特殊控制系统如涤纶生产中的纺丝螺杆挤压机采用压力-变频控制系统。锦纶生产中的聚合器液面采用前馈-反馈控制系统。目前，在各种纺丝生产中普遍采用计算机为核心的集散型控制系统。

化纤生产采用自动装置实现工艺过程自动化后，保证了各种工艺变量的自动检测、自动调节、自动连锁，保护以及集中操作等，给生产带来了多方面的经济效果。在生产中采用自动控制的主要优点是：

① 提高劳动生产率；

② 保证并提高了产品质量；

③ 减少了原料、电力和燃料的消耗；

④ 改善了劳动条件，保证操作人员的安全生产；

⑤ 减轻笨重的体力劳动。

自控设计应遵循如下的原则。

1. 可靠性

可靠性是对自动控制要求的核心，失去可靠性就失去了自控的意义。尤其化纤生产是连续性的生产过程，控制的可靠性极为重要。例如锦纶纺丝的温度控制，如果失去控制，升温过高，熔体会发生凝胶化，管路阻塞，不能正常纺丝成型，会在经济上造成巨大损失。而且停机后必须重新清理管道和喷丝头组件后才能恢复开车。

2. 先进性

工艺生产发展对自控提出越来越高的要求，它要求控制性能稳定，控制精度提高。对大中型工厂在控制功能方面，实现多能化。通过计算机控制，人机对话，友好界面，以实现最佳控制，利用网络实现远程控制等。

3. 经济合理性

在选择自动控制方案时要兼顾经济性。针对所建厂的具体设备和生产要求选择对应的自动控制方案，不要盲目求新。在坚持先进、可靠的前提下，力求经济合理。

4. 安全性

在化纤生产过程中经常遇到高温、高压、高黏度以及有火灾、爆炸危险的场合。因此，在选择控制设备方面，应考虑生产的安全。

另外，在调节系统中对可能引起事故的关键变量，应采用自动连锁和报警措施，仪表用压缩空气或电源中断时，执行机构必须按事先安排好的位置动作以保证安全，可设置气源中间贮罐和备用电源自动投入装置。

第二节　化纤生产中的主要调节系统

一、涤纶生产中的主要调节系统

1. 切片筛选与供料系统的自动控制

要实现供料系统的自动化，要求对第一切片料仓的放料阀、振动筛、金属检出器、脉冲输送器、第二片料仓料位计连锁控制。控制系统如图 12-1 所示。

当料位计发出低料位报警时，第一切片料仓的放料阀开启，振动筛启动，切片经筛选，除去超长切片和过小切片，进入金属检出器除去金属。由脉冲输送器将湿切片吹送到的第二料仓，当达到第二料仓高位报警时，先关闭第一切片料仓放料阀、延时关闭振动筛，金属检出器。脉冲输送器必须将管道内的物料吹扫干净才能停止，以防止下次开启时输送管道发生阻塞。

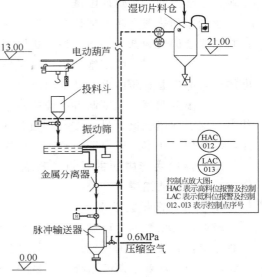

图 12-1　供料系统控制流程

2. 干燥系统的自动控制

干燥的目的是除去切片的水分，防止聚合物在熔化过程中发生水解。目前连续化生产普遍采用的设备是预结晶器和充填干燥塔串联使用。控制的参数主要有两部分，流量控制和温度、湿度控制。

流量控制由干燥塔上的高、低料位计与第二湿切片料仓的回转阀相连锁，当纺丝品种改变，料位发生变化时，可以改变回转阀的转速来控制下料量。当充填干燥塔低料位时应设有报警装置响应。温度和湿度控制是由温度和湿度传感器，将信号传给计算机，控制加热器和除湿机参数，调解由变频机驱动的风机，改变风机的风量和风压，使系统进入新的平衡状态。

3. 螺杆挤压机的压力、变频器环路调节系统

（1）熔体压力对纺丝工艺的影响　切片在挤压机中被加热熔融体的分配管道中，再通过计量泵进行准确计量后送到喷丝头。计量泵供料量的稳定受其转速和熔体压力的影响，供料量不稳定时，将会影响丝的纤度、强力、伸长和均匀度。因此自动调节熔体压力非常必要。

（2）螺杆挤压机压力调节系统　此调节系统是以压力为主参数，压力、变频器环路调节

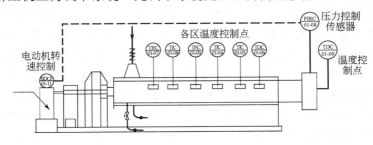

图 12-2　螺杆挤压温度、压力调节系统

系统，如图 12-2 所示。

对压力的干扰，主要是挤压机挤出量变化引起挤压机的压力变化。因此在系统中引入压力传感器，精确测量挤出机的出口压力，反馈到仪表上显示读数。仪表的另一对端子与驱动挤出机的变频机相连接，当压力接近和达到设定值时，变频器降低电机驱动频率，使挤出机螺杆的转速下降，挤出量减少，压力下降，压力降低，逆向操作实现动态调整。

4. 纺丝机温度调节系统

纺丝机上设有温度调节系统和温度、频率转速的巡回检测系统等。纺丝机的温度调节是，控制纺丝箱内的电加热功率，以保证纺丝箱中联苯温度一定。温度太高，则纤维的性能变坏，温度太低，则纺丝困难。

纺丝箱加热器由基本加热、升温加热及调节加热三组电热丝构成。其调节系统分为压力控制和温度调节两部分。前者是位式控制，其目的是对温度进行粗调。

（1）压力控制 联苯饱和蒸气温度与压力相关联，纺丝箱上放空盒内压力低于下限时，电加热全部接通，压力上升到下限值时，电加热全部切断。

（2）温度调节 温度调节系统的检出元件为双支铂电阻，检测纺丝箱内联苯气相温度，其中一支引到巡检仪，另一支与温度调节器相连接，调节器的输出信号送到可控硅功率单元，调节加热功率，以保证纺丝所要求的温度。

二、锦纶生产中的主要调节系统

后聚合器前馈调节系统

1. 引入前馈量的必要

缩聚是连续性的生产过程，每条生产线的产量允许在 $50\%\sim100\%$ 之间选定。如果产量一经选定，其波动范围只允许 $\pm2\%$，使物料在各设备内停留时间一定，以保证聚合物的质量稳定。为此，要求调节系统在产量波动时能自动而又及时地改变进料量。

在仅有反馈调节系统时，由于产量变化等原因，增压泵转速的变化将影响后聚合器出口液位，此时出口液位调节器控制螺旋器转速，使液面维持在设定值。螺旋的转速变化，将影响进口液位，又有进口液位调节器控制闪蒸泵转速，使进口液位维持在设定值。闪蒸泵转速变化又引起反应器液位的波动，反应器液位调节器控制其进料泵的供料量，使缩聚产量发生变化，以适应产量变化的要求。由上述可知，仅有反馈调节时，调节器在被调参数出现偏差后才能产生调节作用。所以这种调节作用总是落后于干扰作用，尤其是后聚合器，容量滞后较大，当扰动出现后，调节作用的滞后时间较长。同时，当缩聚产量变化时，反馈调节系统只能使液位保持恒定，不能满足物料在后聚合器内保持一定时间的要求。因此后聚合器液位调节系统必须引入前馈量。为了保持物料在后聚合器内停留时间一定，必须使后聚合器进口和出口液位随增压泵转速而变化。后聚合器出口液位的主要扰动，是由于纺丝产量的波动所引起的增压泵转速变化，因此将增压泵转速作为前馈量引入。通过加法器 LY_2 将此前馈量和增压泵转速给定量及后聚合器出口液位给定量，进行运算。其结果一方面送到加法器 LY_1，使进出口液位保持一定关系，另一方面进到出口液位调节器作为给定量，使调节器在被调参数未发生变化之前，及时按干扰作用对操作参数进行调整。也就是使调节器根据扰动作用去控制螺旋器及时改变转速，以维持物料在后聚合器内停留时间不变。

后聚合器进口液位的扰动，来自螺旋器转速的变化，实际上起源于增压泵转速的变化。因而，将增压泵转速作为前馈量引入进口液面调节系统。由于闪蒸泵转速与增压泵转速在系统稳定时有一定对应关系，同时进口液面调节系统滞后较大，所以将闪蒸泵转

速信号送入加法器 LY_2，即通过加法器将增压泵转速和内蒸泵转速以及 LY_1 的输出进行运算，其结果作为进口液面的给定值，使调节器根据干扰作用控制闪蒸泵转速，使被调参数满足工艺要求。

2. 系统工作情况

后聚合器液位前馈-反馈调节系统见图 12-3，系统框图见图 12-4。

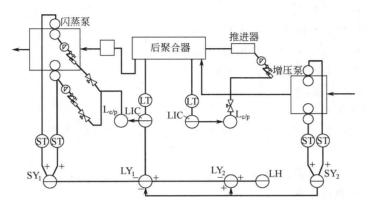

图 12-3　后聚合器液位前馈-反馈调节系统

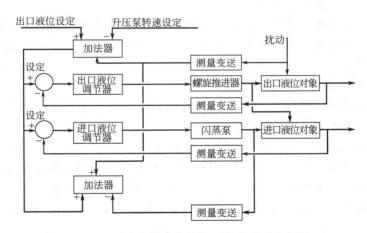

图 12-4　后聚合器液位前馈-反馈调节系统框图

第三节　设计步骤及内容

自控设计一般分为扩大初步设计（简称扩初设计）和施工图设计两个阶段。

一、扩初设计

1. 扩初设计前的准备工作

① 自控和工艺设计人员应密切配合，共同研究工艺流程中的关键变量，了解对象特性，分析干扰因素，以设计合理的自控方案，保证产品质量。研究必须进行检测、报警和连锁保护的关键部位，以达到提高劳动生产率、减轻劳动强度和安全生产前目的。

② 深入现场，熟悉工艺操作，掌握工艺数据，设备性能及产品质量指标，总结先进经验，合理采用技术革新成果。

③ 学习国内外同类装置的先进经验，采用先进可靠的技术及设备。

2. 扩初设计的内容

① 配合工艺专业绘制带检测点和控制系统工艺流程图。按我国国家标准《过程检测和控制流程图用图形符号和文字代号》（以下简称"国标"）及有关补充规定进行绘制。

② 自控扩初设计说明书。

a. 设计的依据：设计文件，工厂提供的技术资料（包括工艺专业提供的技术条件）。

b. 设计范围和环境特点。

c. 介绍自动化水平及仪表设备选型原则。

d. 确定控制室，仪表维护间的面积和位置。

e. 仪表用气源、电源的耗量及技术要求。

f. 控制室对空调的要求。

g. 存在及遗留等问题。

③ 编制自控设备汇总表：可按自控施工图设计中"自动设备汇总表"的编制方法进行编写。

④ 协助预算人员编制自控预算。

二、对外专业提出条件

1. 电气专业

（1）仪表电源　包括负荷和供电要求。

（2）控制照明　操作台盘面上的照度为150lx，盘后区照度为80lx。要求光线柔和、射向适当、无眩光、无阴影。要设置事故照明系统。灯具以暗置为好，可采用发光带，发光天棚及格栅灯罩等。

2. 建筑、结构专业

① 控制室位置的选择应接近现场，方便操作，以面对装置为宜。控制室周围不宜有造成室内地面振动。不能有经常性的电磁干扰。

② 控制室的建筑要求（包括施工图阶段中对外提条件）。

室内装修：一般为吊顶、水磨石地面，或铺塑料、陶瓷板等，墙面做刮大白处理。盘前区最好采用大型玻璃窗以增加自然采光面积，并利于观察现场设备的运行。控制室的门要求关闭严密，开启容易。门的大小应考虑仪表盘的进出。当控制室长度超过10m时应设两个门。

仪表盘的基础：仪表盘一般以10#槽钢底座为基础，中间以角钢（L50×30×3）支撑。底座的外形尺寸应与仪表盘相符，其允许偏差规定如下：外形偏差为±2mm，不直度偏差不大于5mm，角度偏差不大于30′，水平倾斜度不大于0.1％，最大水平高差不大于3mm。

仪表室内电缆沟：一般盘后区可设明沟加活动花纹钢板盖。盘前区可设暗沟或埋管。

仪表的预埋，预留：当管线或线槽穿过楼板、墙壁时，要预留孔。留孔 φ50mm 以下时，可采用预埋短管的方式（砖墙 100mm 以下的孔可不留）。

操作台：现场仪表需要设操作台时，应提出操作台的安装位置、高度和大小。

3. 采暖、通风专业

① 控制室温、湿度条件：夏季温度不高于28℃，冬季不低于15℃，相对湿度为50％～70％。

② 送风形式最好为孔板送风。

③ 提供控制室内全部用电量，以便计算热量。

④ 提供控制室的面积和吊顶高度。

4. 动力专业

① 仪表用气源应为 $5\sim7kgf/cm^2$（$1kgf/cm^2=98.0665kPa$），含油量不大于 15ppm（$\times10^{-6}$）。含尘量要求尘粒小于 20um；露点应比当地最低环境温度低 5℃（操作压力下）。

② 贮气罐容积为统计用量总额的 $1/5\sim1/2$。

③ 用气量可按统计用量总额的 2 倍计算。

三、施工图设计

1. 施工图设计前的准备工作

将扩初设计中存在及遗留的问题经调查研究逐个解决、落实，并做好施工图设计的技术资料收集工作。

2. 施工图设计

施工图设计的内容包括以下几方面。

（1）图纸目录

① 全厂（全车间）自控图纸总目录。

② 各工段自控图纸目录。

③ 复用图纸（设计采用的图例及文字代号，仪表安装标准图、仪表汇线槽制造图，仪表管路配件制造图及其他安装、制造图）。

（2）自控施工图设计说明书

① 设计依据：指明本设计所依据的部（或省、市）批准的扩初设计文件。

② 设计范围：明本设计的设计范围，如车间、工段、公用工程及辅助设施等。

③ 对扩初设计的重大修改。

④ 自控设备、管缆、管线、电缆、管架，汇线槽等施工说明。

⑤ 施工范围划分。

（3）自控设备汇总表。

（4）自控设备表。

（5）材料表。

（6）供电系统图、接线图、信号连锁控制原理图、气源管空视图、仪表盘外配线图等。

（7）信号连锁控制原理图。

（8）供电系统图。

（9）仪表盘内、外布置图，电源板布置图，仪表盘内的电器元件的端子，配线图。

（10）控制室设备平面图。

习题

1. 简述自动控制设计的原则。

2. 简述自动控制设计对外专业提出的条件。

第十三章 建筑设计

第一节 化纤厂设计的特点及对建筑设计的要求

化纤厂的建筑设计是根据化纤生产品种的工艺要求进行的。包括原料的化工生产过程和纤维成型及后加工过程。设计中要满足生产要求还要满足卫生、消防、安全等要求。由于化纤生产的品种很多，工艺路线的区别也很大，不能用一个统一的模式设计。化纤厂建筑设计中的一些共同特点和对建筑设计的要求如下。

① 工艺特点要求。按照生产的工艺过程进行建筑设计，纺丝工序一般采用高层建筑，由上层往下层连续加工。后加工工序一般在一层平面，车间设备多，排布要求严格，厂房占地面积大，便于产品运输。

② 采光照明要求。化纤厂尽可能利用自然光，加大窗的设计面积，使生产环境舒适。对于有温、湿度要求的房间，可采用双层窗和真空玻璃和窗帘或采用无窗厂房来减少热量交换，保证温、湿度要求。

③ 车间温湿度要求。在纺丝和后加工过程中，为保证纺丝和后加工产品的质量以及工人劳保要求，需要一定的温湿度，为保证车间温湿度控制，在建筑设计时，对墙有特定的要求。

④ 防腐蚀要求。湿法和干法纺丝是靠溶剂进行的，有较大的腐蚀性，建筑上要进行防腐处理。熔法纺丝的加热介质（联苯和联苯醚蒸气）和组件清洗车间也需要作防腐处理。

⑤ 防火。化纤厂按火灾危险性可有以下几类。

甲类：腈纶厂聚合，回收工段。涤纶厂（DMT 法）酯交换和甲醇回收工段。黏胶纤维厂磺化车间、真空泵间、二硫化碳计量及回收间。维纶厂醛化车间反应工段等。

丙类：涤纶厂（PTA 法）酯化工段，锦纶、涤纶厂聚合工段，熔融纺丝工和联苯泵间，中间库、成品库、原料库等。

丁类：化纤厂湿法纺丝车间及短纤维后加工部分工序。

戊类：黏胶纺丝、淋洗，酸站等。

从分类来看，化纤厂的甲、丙类生产较多，火灾危险性很大。为了防止火灾蔓延和减少损失，化纤生产中大面积厂房应按上述生产类别和建筑耐火等级进行规划，尽量使火灾危险大的车间集中。面积超过规定的，根据建筑设计防火规范用防火墙分隔。若受生产限制，不能设防火墙时，需征得当地消防部门同意，或采取其他措施。

⑥ 防爆。上述火灾危险性类别中的甲类生产，均应考虑防爆设施。防爆车间的防爆区域与非防爆区域应设置非燃烧体的防爆墙分隔措施。

⑦ 车间内部运输对建筑的要求，化纤厂内部运输有原料运输和半成品，成品的运输。多层厂房的切片一般用风力输送。短纤维的半成品条桶用插车。长丝卷装的半成品用小车运输。车间内部运输由于采用运输工具的不同，对土建的要求也不同。垂直运输要考虑楼梯，电梯在平面中的位置。使用小车运输，则须考虑小车通行道路和小车在平面中的存放面积，同时也要考虑小车经常通行的地面能经受一定的耐磨性和墙、柱受碰撞的影响。

⑧ 防噪。在化纤厂中，卷绕机、空调机和空压机等有噪声发出。当噪声超过规范标准

值 85dB（A）以上时，在建筑设计时可分别采用隔声、吸声等措施加以处理。

第二节　化纤厂平、剖、立面设计

一、平面设计

平面设计主要根据工艺生产要求，公用工程要求，结合采光、建筑结构和地区特点进行综合考虑。

1. 平面设计要求

根据工艺流程的要求，首先确定生产厂房的位置。然后结合车间所在的总图位置，在平面设计中组织好车间人流和货流的进出口位置，保证工人上下班和半成品、成品运送过程中不交叉。车间半成品、成品的运输，原料的入口和成品出口的位置应靠近仓库或厂房，与仓库连成一起布置。

对化纤厂各附属生产用房、空调室、生活室等附属房屋必须合理安排，既要满足生产使用要求，又要满足管理人员及工人生活的要求。为使设计用地达到经济合理，在厂房平面布置时，应尽量合并相同或相近的生产、附属生产和行政办公生活等用房，组成联合厂房。

考虑建筑结构的合理性，根据化纤生产特点和工艺要求，确定平面中适合的柱网尺寸。

考虑设备的安装和检修。化纤厂中有的在检修时要求更大的空间，如挤出机在抽螺杆时挤出机的前端需备有长于螺杆的空间，换组件时需人的操作空间等，在设计时要留出余地。设备的安装孔和检修的出入口位置在平面布置中都要预先加以考虑。

考虑管线综合布置。化纤厂中管线较多，如工艺物料管，上下水，冷冻水，低、中压蒸汽，压缩空气，氮气，脱盐水等。这些管线要有统一的规划和布置，在平面设计中，要为这些管线的布置，安装，检修创造条件。

满足空调通风布置和采光、电器照明布置要求。在平面布置时的位置要考虑送、回风的条件，风道单向送风最大长度以 70～90m 为宜，否则难以达到均匀送风。

化纤厂厂房面积大，组织好屋面排水很重要，车间平面布置应为屋面外排水创造方便条件。

应适当地考虑厂房扩建的可能性。在平面规划中，要为以后的生产更新、生产规模的扩大创造一定的条件，平面布置不要过紧过死，近期建设一般不要影响远期扩建。

2. 平面形式选择

化纤厂厂房平面首先要满足工艺要求，外形结构如果不考虑与当地风格结合的要求，就要尽可能选择外形简单，布置合理经济的厂房平面形式。

生产规模对厂房平面形式的影响较大。生产规模不大的工厂，可选择"一"字形长条厂房平面形式（图 13-1），这种形式若采用自然通风和天然采光也比较容易解决。规模大的工厂，如短纤维多条线的生产、长丝的生产以及黏胶纤维的生产，多采用矩形"块状"的厂房

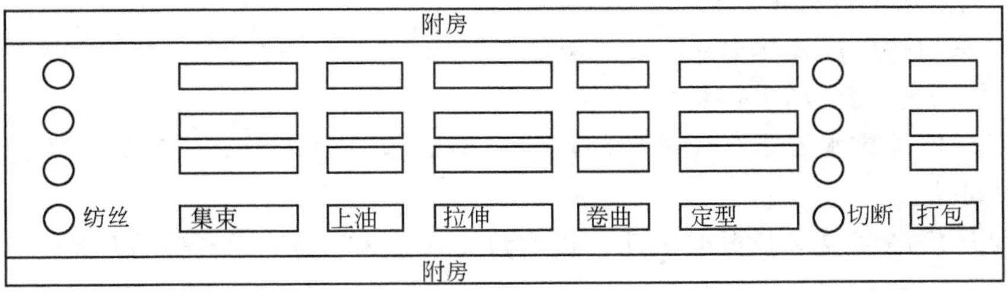

图 13-1　涤纶短纤维车间"一"字形平面设计

135

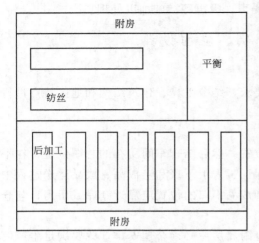

图 13-2　车间"块状"平面设计

平面形式（图 13-2）。这种形式厂房墙的面积一般较少，技术经济指标好，采暖和空调也比较合理，有利于节能。

此外，在化纤厂设计中，由于地形限制，还有"山"字形、"门"字形的平面形式。给车间空调、附房设计带来一定的麻烦，管理也不方便，不是理想的厂房平面形式。

受采光影响，考虑选用用自然光，厂房的层高为 4m 时，双面采光厂房宽度低于 24m。如果使用灯光照明，对厂房的宽度没有限制。

3. 柱网选择

柱网是确定建筑结构的主要因素，设备按工艺要求布置以后，可能存在多种选择柱网的方案，对柱网尺寸选择要求有以下几点。

① 按工艺生产要求，确定主设备的操作空间，主要以纺丝机和后加工设备为依据。

② 按建筑结构方案要求，形成建筑构件标准化，减少构件品种类型，尽可能应为统一柱网尺寸。

③ 按施工和制作方便的要求，所选柱网尺寸构件要便于施工制做，安装方便。

对于化纤生产，没有统一的建筑设计标准，不同的纤维品种和不同的产量都可以有不同的建筑设计方案。如果是熔融纺丝，习惯于物料靠重力输送，纺丝部分为多层厂房。后处理采用单层平面布置。湿法纺丝的厂房习惯上为单层厂房。柱网尺寸根据工艺要求有 6m×6m、6m×9m、8m×9m 等。

后加工单层部分，由于工艺比较单一，目前柱网尺寸尚能统一，其跨度主要取决于设备型号及操作宽度，还要考虑沟道尺寸因素，如用 LVD-801 型联合机 9m 跨度即可，用 LVD-802 型联合机则因该机产量高，丝束宽，一条线 10m 跨度即可。柱距主要取决于构件尺寸，一般为 6m，故短纤维一条线一般为 6m×9m、6m×10m。

二、剖面设计

1. 剖面形式要求

化纤厂剖面设计主要根据工艺生产要求和建筑结构条件选择合理的剖面形式，并根据工艺和暖通要求确定厂房高度和围护结构方案，门窗洞口尺寸等，主要要求如下。

① 满足工艺生产要求。由于化纤品种的区别，工艺上差很大，即使是同一个品种，也有不同的生产方法。例如，涤纶纺丝过程是从上往下垂直进行，为多层剖面形式。腈纶、维纶、黏胶纤维为水平进行平面形式。

② 满足车间的保温隔热要求。由于化纤厂对温湿度要求高，为保证控制，主生产厂房在中间，一般为无窗厂房剖面形式。

③ 满足厂房外排水要求。化纤厂的厂房占地面积一般较大，厂房剖面要合理解决雨水向外排除的问题。

④ 满足厂房高度要求。根据化纤厂机台设备高度和安装检修需要以及车间内管道布置综合设计要求，合理决定厂房高度。

2. 化纤厂剖面形式的选择

根据化纤厂平面布置和工艺生产等要求有两种基本剖面形式。

（1）多层部分横剖面形式　一般指工艺生产工序要求从上往下垂直进行，其剖面特点是切片贮存、干燥、纺丝占用几个楼层，且各层层高均不一致。多层横剖面的宽度决定于生产规模，生产线一般都平行排列，便于管理和维护。剖面除要满足机器立体布置要求外，还要满足采光足的要求。多层剖面屋面雨水排除一般为小坡度平屋面。

（2）单层部分横剖面形式　化纤厂湿法纺丝和后加工部分一般为单层厂房，其横剖面形式根据生产规模和生产线的多少而定。房跨度的数量除满足工艺使用要求外，还要满足空调送排风要求。厂房一般为无窗厂房，但亦有在两侧开高侧窗的，但这种开窗面积受厂房高度限制，不可能太大，车间内部主要靠人工采光解决。

（3）剖面设计实例　图 13-3 为某涤纶工业丝车间平面示意图，图 13-4 为该车间多层纺

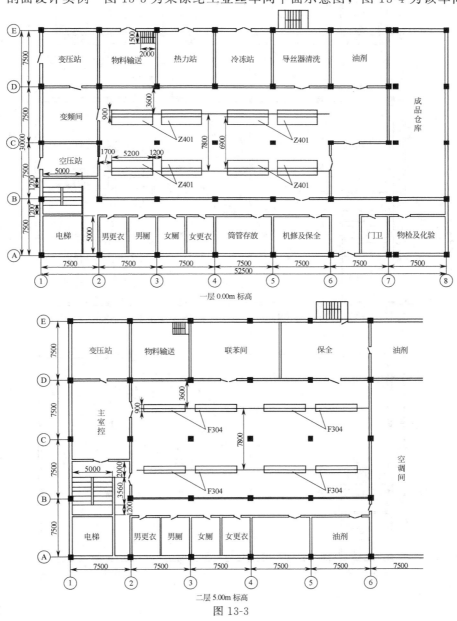

图 13-3

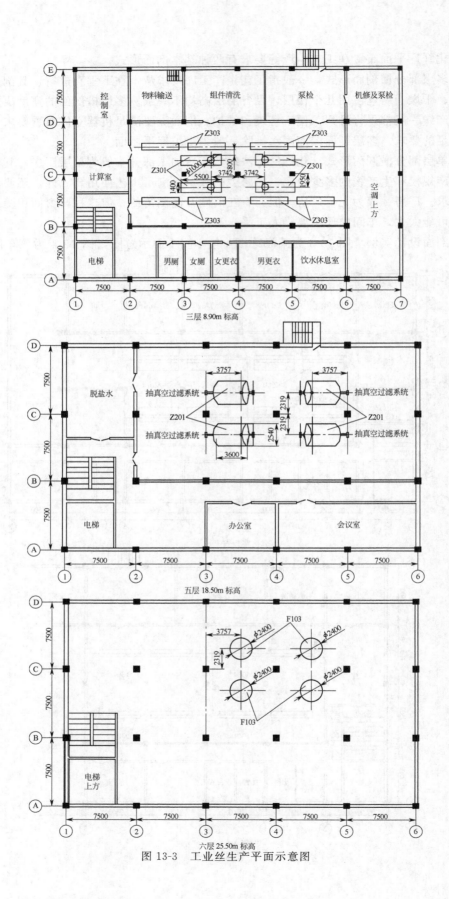

图 13-3 工业丝生产平面示意图

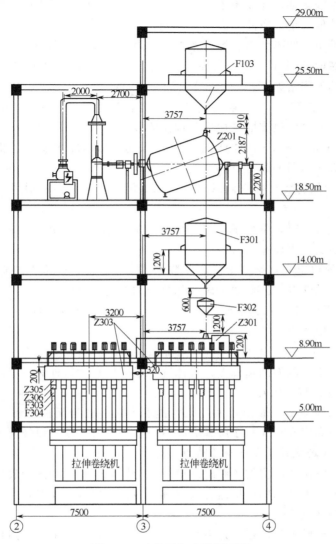

图 13-4　工业丝生产线剖面图

丝部分横剖面，由于工艺需要，剖面高度达 25m 以上。主车间内采光通风由人工解决，附房布置在主车间的外围，可以正常开窗。

3．化纤厂厂房高度要求

（1）多层厂房高度要求　化纤厂纺丝机台为联合机组，多层部分的层高主要决定于纺丝机有的高度尺寸和工艺、通风等的需要。纺丝、卷绕设备一般是定型的，其丝束甬道尺寸也是一定的，卷绕间的层高取决于丝束甬道的长度，一层为 5m 左右，二层由于操作要求，操作工人能处理喷丝板面，加上纺丝箱，高度在 4m 左右。固相缩聚的层高为 7m 左右。其余的层高要考虑设备平台及风道等的空间进行设置。工业丝生产的总高度达 30m 左右。其他品种纤维层高虽有所不同，长丝的纺丝楼也在 20m 以上。

化纤厂除纺丝部分为多层厂房外，短纤维打包部分亦为多层，打包机在底层，二层是计量装置，有皮带秤或电子秤，三层是旋风分离器，各层高度根据工艺设备要求而定。

（2）单层部分高度要求　化纤厂短纤维后加工部分设备除集束架外，机台尺寸不太高，但风道、吊顶及其管线较多，还要考虑平台，如 LVD-802 型联合机的卷曲，切断机都设在平台上，综合考虑其他因素，车间净高需 6～7m。

单层水平纺丝设备一般不太高，综合考虑其他因素，车间层高为 5～6m。

（3）影响厂房高度的因素　主要取决于车间工艺设备高度和操作的空间高度。除此之外，还需要考虑的其他因素如下。

① 为了便于施工和管理，车间层高要考虑厂房统一化要求，一般一个车间应为统一层高，避免因车间层高不同而过多的增加厂房构件的种类。

② 要考虑自然采光和人工照明的要求，自然采光厂房高度需能满足侧窗采光口大小要求。人工照明要考虑人工照明的灯具高度的影响。

③ 要考虑车间通风的要求：空调风道设置的高度。若采用自然通风，厂房过低，则会影响自然通风效果。

当车间存在腐蚀气体时，例如湿法纺丝车间如黏胶纤维、腈纶，维纶车间，厂房高度一般应适当提高，以便腐蚀气体排出。

④ 要考虑设备检修空间：设备检修和安装均需一定的空间，有的检修和安装设备还需在楼面上设置吊轨、吊钩等，因此要考虑这部分增加的空间要求。

⑤ 要考虑立面建筑艺术处理要求：有时因整个厂房立面处理的需要，可能在局部因外观要求对剖面高度有所调整。

三、立面设计

立面设计是指在平、剖面的基础上，整体统一考虑厂房建筑外貌。

1. 化纤厂建筑立面构图特点

化纤厂建筑面积和体量一般都较大，厂房建筑形式一般为无窗厂房，厂房建筑构图有单、多层。单层一般高度 8～9m，多层最高有达 40m，厂房长度，短纤维生产线长约 100m，一般全长约 200m，这是化纤厂立面构图特点。

除主要厂房外，围绕主厂房的还有附属房屋，为提高建筑物构图的表现力，这些紧贴主厂房的附属房屋，可与大体积的厂房组合成富有表现力的建筑立面形式。

2. 化纤厂建筑立面处理

厂房设计是为生产服务的，建筑外表立面处理首先必须满足生产使用功能要求，必须在符合适用，经济及在可能条件下注意美观的原则下进行设计，应力求创造简洁、明朗、美观、朴素大方的化纤厂建筑立面外表形式。

现代化纤厂一般都是简单的几何形式，大尺寸、多倍次重复的建筑结构构件，因此在建筑立面处理时要按此立面构图特点来增强化纤厂厂房建筑物的构图表现力。

在建筑立面处理中，外墙立面处理起着决定作用，一般外墙上立面线条划分方式有垂直划分、水平划分和混合划分。在这些划分方式中，窗洞口形式的处理要适应各种不同的划分方式要求。

围护结构的墙体形式对建筑物的立面处理影响也很大，可根据墙外的线条划分或其他表现形式来增强建筑物的立面处理表现力。

在决定化纤厂建筑立面处理中，厂区构筑物的构图和工业景色空间也起着很大的作用。要结合周边的建筑，融入其中来丰富和增强化纤厂厂房的建筑立面处理效果。同时，建筑物周围建筑群体的空间组织、绿化组织，厂前和入口的建筑小品处理，都可达到美化建筑外貌效果，从而也增强了化纤厂厂房建筑立面处理的表现力。

第三节 化纤厂附属房屋设计

化纤厂附属房屋可分为车间生产用附属房屋和行政办公生活用房两部分。生产用附属房屋包括控制系统各用室、化验物检系统各用室，空调系统用室以及各种维修保全用室等。后者包行政办公室和更衣室、食堂、浴室等。安排的原则是这些用房设置需靠近所服务的车间。

一、纺丝、后加工主要生产用附房

纺丝、后加工主要生产用附房与纤维的品种有关。

（1）纺丝组件清洗用室 用于纺丝组件、计量泵，喷丝板的清洗和检验。其位置与组件的安装方式有关，上装组件，应设置在三层，下装组件设置在二层，可以保证在同一层对组件进行拆解和清洗，避免上下楼层的搬运。组件清洗室要求通风良好。

（2）油剂调配室 包括油剂调配、油剂存放，其位置应位于纺丝间附近，室内要求清洁，地面做瓷砖处理，墙面宜做墙裙。

（3）物检及化验室 包括天平、恒温烘箱、强力仪、纤度测定仪、染色机等。这些房间有的仪器如天平等，有防震要求。其平面位置要便于和车间的联系，靠近取样处。这些房间还有一定的温湿度要求，需有独立的空调系统，房间内一般要求清洁。

（4）车间保全室 分别设置在各所属工段，室内设必要的检修设备和工具，门宜用双扇门，以便大设备和车辆出入。

（5）各种库房 如备品备件库，包装材料库、废丝贮存、筒管堆放、小车剂贮存等，可根据需要分别予以设置，其位置要便于使用。

二、电器、仪表控制，空调、热力站设计

1. 电器和仪表控制室

选择变配电室的位置要接近车间的用电负荷中心，配电室布置在附属房屋时，应考虑通风、防潮、防尘、防水及防火，应避免与潮湿，有水及灰尘较大的房间相邻，通向车间的门应考虑设防火门，通向室外的门均应向外开启，门上设置百叶窗有利于变压器的冷却通风。

变配电室内进出线电缆及操纵柜较多，需设置地沟。变频间，仪表控制室，特别是在附有计算机室时，操纵柜及电缆更多，一般可将地面架空，作通用技术层，上面为便于施工和检修方便，可架设活动地板。

仪表控制室应靠近控制中心，一般可与变配电室相邻布置。由于仪表控制室内有仪表操纵柜和计算机，要求控制温湿度筑设计上应比其他附房有更高的要求，室内地面要求清洁，内装修要求较高吊顶。

2. 空调室

（1）空调室的组成 空调分为两部分。一部分为工艺空调，要满足工艺参数的要求，对空调的温、湿度和空气清洁度要求较高。另一部分为劳动保护用空调，一般需满足工人操作的舒适条件，对温、湿度没有具体的要求，但是在同一车间内温、湿度相差太大会增加工艺空调的负荷。

空调室安装空调机组，机组由空气过滤、洗涤、调温、调湿、送风、回风、风量控制等部分组成，占地面积较大，用水和蒸汽，风机功率大，振动和噪声影响周围的环境。还要做好防水处理。

（2）设计空调室的要求　在设计空调室时，应注意以下问题和要求。

①　空调室的位置应考虑总风道走向，并应尽量靠近负荷中心，使送排风管道路线尽量短捷，尽量避免风道迂回曲折。为防止表面结露和热量交换，风道应有防潮保温设施。

②　空调室的进风口位置不应与厕所及其他有害气体和含尘量较大的房间相邻，以免污浊空气和有害气体吸入进风口而侵入车间。

③　空调室的风机部分避免与精密仪表房间如仪表控制室、化验、物检室等房间相邻，以免风机振动，影响仪表的正常工作。

④　空调室的洗涤室和其周围相邻房间共用墙体要防止墙面渗水，结露，其水池部分及其底部均应考虑防水措施，以免漏水。

（3）空调室在平面中的布置　为便于管理，空调室的布置一般根据负荷中心采取集中布置。设在厂房附房中或厂房平面中，这样的布置有利于建筑风道系统的组织。

（4）风道的设计　为保证车间内车容整齐，空调风道系统必须进行统一考虑，有条件时，车间内总风道和支风道应尽量与建筑结构形式结合在一起。总风道应尽量利用车间内结构层或附房上部和走道上部空间。支风道应与车间结构形式和柱网相结合统一考虑，车间内应尽量采用建筑风道，不设吊挂风道。

3．热力站

热力站一般布置在附属房屋内，亦有单独布置，应与锅炉房相近，热力站应接近负荷中心及压力平均区域。热力站温度较高，一般应避免与试验室，仪表电器室等相邻。由于热度高，需考虑有自然排气通风。

三、车间生活室及行政办公室设计

1．车间生活室

车间生活室设计主要根据生产需要按国家有关标准进行设计。工厂生活室的组成、设备及其计算指标主要根据化纤厂生产过程中的卫生特征、生产性质、规模、工作制度以及职工人数确定。化纤厂生活室一般包括更衣室、浴室、盥洗室、厕所、车间食堂、车间卫生站等，设计这些用室总的要求是平面位置安排要适中，便于工人使用，对各用室的具体要求如下。

（1）更衣室　用于更换工作服和存放衣服。更衣室的位置一般设在附属房屋内的主要人流出入口附近，其平面位置应考虑工人使用方便，并应考虑有自然通风。

（2）浴室　一般可在厂区设集中浴室，浴室地面、内墙面及顶棚要注意防潮、滴水。地面材料要平整、防滑，应有2％的坡度坡向地漏，便于排水。室内应有良好的自然通风，窗台高度一般不应低于1.8m。设在车间附房内的浴室，其位置宜靠近存衣室及厕所盥洗间。

（3）厕所　厕所的位置布置应适当，一般距离最远工作点不超过75m，最大不宜超过100m。为便于工人使用，厕所的设置应尽量做到小而分散。一般可与淋浴室及更衣室相邻，便于使用。

（4）车间食堂　在寒冷或多雨地区或与厂区食堂较远的大，中型化纤厂可考虑设置车间食堂，在附房平面中的位置一般可设在工人人数较多的工段附近，以便于就餐。车间食堂一般由进餐、配餐和加热等部分组成，要考虑热源使用的方便。在食堂附近无盥洗设备时，需设洗手盆。车间食堂平时亦可兼作工人休息或开会学习等使用。

142

2. 车间行政办公室

车间行政办公室一般包括车间主任室，党、团、工会办公室，行政生产及技术办公室和车间会议室等，可根据需要及车间生产规模而定。车间办公室在附房中一般应设在靠近所服务的车间附近，当车间人数少又过于分散时，可在适当地点集中设置。办公室应有较好的采光通风，并应适当避免车间噪声干扰。

四、附属房屋平、剖面设计

1. 平面设计

化纤厂附属房屋在车间平面规划中一般占用面积较多，除靠车间布置外，有的附房直接插空布置在车间平面中，布置在车间中的平面随车间平面规划统一进行安排，要做到就近使用方便。布置在厂房周边的附属房屋平面应统一进行平面规划，通常规划的原则如下。

① 各附属房屋应尽量靠近其所服务的车间，如为楼房时，供工人经常使用的生活用室，如存衣室、浴室、车间食堂等一般应尽量布置在第一层，楼上可布置其他行政办公、生活等用房。

② 在平面布置上应尽量把各厕所、卫生间分组集中布置，以节省管路。多层布置时，上下也应将这些房间集中布置。

③ 在平面规划中，在考虑附属房屋各出入口位置及相互关系时，应做到使用方便，避免人货流交叉。

2. 附属房屋柱网及平面形式

（1）附属房屋柱网选择主要原则

① 要使各附房平面布置经济合理，面积利用充分。

② 要使布置的各附房采光通风有利。

③ 附房柱网开间和进深的构件尺寸要有利于工业化生产方便。

④ 若有可能，附房柱网尺寸是好能与厂房柱网相一致，以便于厂房构件统一化和定型化，这也有利于将来的工艺更新和厂房扩建。

（2）化纤厂附属房屋常用柱网尺寸　化纤厂附属房屋常用的开间尺寸有 3600、3900、6000 等，若采用混合结构，砖墙承重，开间可以灵活。在选择开间尺寸时，要考虑到车间柱网尺寸，以免附房开门洞时，受车间柱碰影响。

附属房屋的进深由于采光及通风的关系，一般为 6m，亦有 9m。进深大时影响自然采光的效果。

（3）化纤厂附属房屋平面形式

① 进深 6m、9m 的平面形式（图 13-5）：这种平面形式布置较为简单，紧靠厂房 6～9m

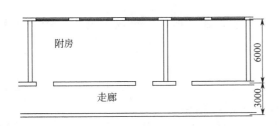
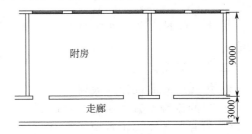

图 13-5　进深 6m、9m 的平面形式

跨度和通风都比较容易解决，各种附房都可直接布置面向车间，使用较为方便，且面积省，是化纤厂常采用的一种附属房屋平面形式。

② 进深 9m＋3m、9m＋3m＋9m 的平面形式：这种平面形式面积大，不经济。由于平面进深大，采光、通风都带来了问题，紧靠厂房一面的 9m 跨度人工采光和人工通风。但由于化纤厂附属房屋在平面中占用面积比例较大，因而在大型化纤厂中也采用这种附属房屋平面形式。

③ 楼房布置的平面形式：这种平面形式一般是将紧贴厂房的附属房屋布置在楼房中，一方面可解决附房面积问题，另一方面也可充分利用空间，楼房进深一般为 6m＋3m 或 9m＋3m，其各层平面布置要考虑使用方便，一般底层可布置生产性附房和生活室。

④ 设有总风道的剖面形式：这种形式剖面设有总风道，除满足楼房布置的平面形式要求外，还需满足总风道的功能要求。

⑤ 楼房剖面形式：这种形式一般为 2～3 层的剖面形式，需满足各层的使用功能要求。

上述几种剖面的结构形式，可以由承重墙及钢筋混凝土屋面系统组成的混合结构，或由钢筋混凝土梁、柱组成的框架系统形式，视地区条件和结构选型以及经济合理性等要求而定。

（4）附属房屋剖面高度　附属房屋剖面高度除满足本身使用功能和采光、通风要求外，还要考虑屋面外排水要求。附属房屋进深大的，所取的高度要大些，以便于采光、通风。设有总风道的要视厂房外排水天沟是否要通过附属房屋屋面流出，屋面水若要经附房屋顶流出，则附属房屋顶面高度不得高于天沟出水口的高度。附属房屋的高度尺寸要综合予以考虑，但其高度应尽量统一，以免构件过多，造成施工不便。

（5）与厂房伸缩缝的设置　附属房屋结构形式有采用混合结构或钢筋混凝土结构，与厂房柱网和结构形式不一致时，两者由于高度不同，结构系统的不同，在连接处应设伸缩缝。

第四节　化纤厂房主要建筑构造要求

一、屋面设计

化纤厂屋面要求有较好的隔热保温效能，以保证车间内部生产所要求的温、湿度参数和节能的需要。屋面 K 值各品种纤维生产都有所要求，一般由暖通专业根据室内温、湿度参数的要求定出。

有防爆要求的化纤厂房，需设置轻质泄压屋盖。泄压屋盖应采用非燃烧体材料，屋盖自重一般不宜大于 $100kg/m^2$，并具有爆炸瞬间能破碎成细块，掉落时不会造成重大破坏和伤亡。

此外，对清洁要求较高的房间，如长丝后加工车间做吊顶，以免灰尘落下，影响产品质量。

二、门窗设计

1. 化纤厂门的设计一般要求

① 门的设置位置应满足生产联系、安全及人工疏散的要求。

② 门洞尺寸应根据材料、产品运输工具以及生产设备大小等因素确定，并符合建筑模数，洞口宽度一般应大于运输工具、产品设备的宽度 600mm，洞口高度应大于 300mm，过

大的生产设备可采用预留安装孔洞办法解决。

③ 防火墙上的门洞应为防火门，易爆房间的门应向外开启。

④ 生产车间附房门一般应向附房内开启，以免与车间运输工具等相碰撞。

⑤ 门的材料有钢、木、塑钢等，根据使用要求、技术经济、材料供应及加工制作等条件选择，但应考虑门的标准化和互换性，为工厂制作创造条件。

2. 化纤厂常用门的形式

化纤厂除车间要求保持一定的温湿度参数，对车间门有一定的密闭要求外，一般对车间门并无过多的特殊要求，较多的形式有以下几个。

(1) 普通门　这是较常用的形式，除有温湿度要求的车间外，都可采用，如推拉、折叠门等。用作车间外门的门，在寒冷地区，应加强门缝的保温措施，如压毛毡、橡皮等；在风砂地区，对有清洁度要求的车间，考虑防风砂门，外门一般应向外开启，并在门上设置雨篷。

(2) 自动门　这种门密闭性能好，能自动关闭，有利于车间温湿度控制，常用在温湿度控制要求较高的地方，如在长丝卷绕与平衡间之间。

(3) 防火门　化纤厂多数工段属丙类生产，在有防火墙设置的地方，都要用防火门。防火门一般由防火卷帘构成，平时卷在门框的上面，便用时自动或手动落下。

(4) 变压器室门　变压器室主要考虑室内通风，因此门上通常需装设百页板。

3. 窗的设计

在化纤生产中，由于其生产特点，在纺丝和后加工部分通常采用无窗或无天窗厂房，但在多层部分及附属房屋中仍需设置窗洞口，以解决采光及通风问题。化纤厂窗的设计要求如下。

(1) 窗的形式　在多层部分由于有的层高较高，一般多采用平开窗和组合窗的形式。在附属房屋中，通常多采用平开窗。窗的设计通常选用国标。

(2) 窗的材料　常用塑钢窗、木窗、钢窗等。可视地区材料供应情况及生产特性，因地制宜选用。

(3) 窗洞口尺寸　窗洞口尺寸要适应建筑模数化要求，以便不同窗材料可互换，通常以300mm 为模数进级，常用的洞口尺寸如下。

宽：900，1200，1500，1800，2000，3000 等

高：1200，1800，2400，3000 等。

三、墙体设计

1. 化纤厂墙体要求

墙体设计主要取决于车间的温湿度参数、车间生产特点和工艺要求以及建厂地区的气候条件和节能要求，还要符合防火的规定。

墙体可分为外墙和内隔墙，外墙主要用于建筑物的围护墙，起遮挡风雨及控制室内外环境的作用，它不仅要求有足够的强度，而且要满足建筑物的热工性能以及节能要求。内墙主要用于区分室内空间，起分室和分隔车间的作用。

墙体按其用途的不同，有承重墙、非承重墙；按所用材料的不同，有砖墙、墙板、砌块墙等；按使用功能需要分，有保温墙、非保温墙、防爆墙、泄压墙及隔声墙等。

化纤厂外墙由于车间内要求保持稳定的温湿度参数，根据化纤品种不同，对外墙 K 值有一定的要求，因此墙体设计必须适应不同化纤品种的 K 值要求。

2. 化纤厂墙体形式

化纤厂通常采用的墙体有以下几种。

(1) 砖墙　砖墙是化纤厂墙体的主要形式,可以满足化纤厂的墙体设计要求,砖墙可节省钢筋、水泥,且施工方便,价格低廉,货源充足。其缺点是体积大,砌体重量大,劳动强度高,不便于机械化施工。

(2) 其他形式的墙体

① 保温墙:用一般墙体不能满足车间内部气候要求,或要求轻质墙体时,可加设保温材料做成的保温墙。保温墙一般有内贴式和夹心式两种做法,前者施工简便面易于破损;后者墙体整体性能较差。

② 隔声墙:一般宜选用组织结构疏松而均匀的材料,尽量避免刚性连接,以免造成声桥,降低隔声效果。隔声墙隔声量可通过计算决定。

③ 防爆墙与泄压墙:为了减轻爆炸事故,在化纤厂有爆炸危险性的车间或工段应采取各种措施减轻爆炸程度的影响,对相邻房间生产人员及设备可用防爆墙分隔,在防爆车间设置轻质承压墙等。

防爆墙上不宜开孔洞,有爆炸危险的多层厂房,必须穿过防爆墙通行时,可采用外走廊或外阳台通行,如必须通过防爆墙的管道、电缆等应作填料密封处理。

泄压墙应采用非燃烧体的轻质材料,通常采用石棉水泥瓦做泄压墙,根据需要可有保温层或无保温层,用柔性连接固定在预制的钢筋混凝土或钢制的横梁上。当设保温层时,保温层宜采用非燃烧体和难燃烧体的轻质材料,如木丝板、聚苯乙烯泡沫塑料等。

四、楼地面设计

1. 化纤厂楼地面设计要求

地面一般由面层、垫层和地基组成。楼面一般由面层和板结构层组成。化纤厂楼地面设计除根据生产特性考虑楼地面各构造层外,还应考虑以下问题。

(1) 工艺要求　要考虑生产设备和运输工具对地面的影响及不同生产特性对地面的影响,如有的生产部分有侵蚀性,有的部分有防爆要求,有的部分有水等。

(2) 卫生要求　化纤厂地面清洁度要求高,车辆多,地面要求平坦,不易起尘。

(3) 经济要求　化纤厂厂房地面占整个建筑物造价的百分比较高,因此地面材料要考虑经济耐用,维修,保养方便。

2. 化纤厂楼地面面层选择

化纤厂一般采用整浇的地面面层。按其材料性质可分为水泥、水磨石、菱苦土、沥青等,一般情况下,大多数楼地面可为水泥和水磨石地面面层。

3. 地面与设备基础

化纤厂有的机器设备较大,如纺丝机、卷绕机、打包机。在地板上留孔,在地面上做单独设备基础。

在长丝后加工设备一般可不做单独设备基础,直接安装在地面上。

五、沟道设计

化纤厂车间有工艺,通风、电缆、排水等沟道,必须进行合理的规划设计。对沟道设计的要求主要有:沟道布置应满足工艺生产要求,在沟道平面综合时,应首先考虑工艺生产沟道的布置要求。沟道布置的线路长度和深度应尽量减少,以节约工程费用。沟道一般宜布置在设备通道和走道下，应尽量避开设备基础，沟道若必须通过建筑物的变形缝时，变形缝处应断开，不得直接通过，以免在地基下沉时，造成沟道破坏。

习题

1. 简述化纤厂建筑设计中的一些物点和对建筑设计的要求。
2. 依据哪些条件确定柱网选择方案。

第十四章 结 构 设 计

第一节 化纤厂结构特点及型式

一、概述

化学纤维的生产，从聚合、纺丝开始到制成纤维打包为止，经过很多道工序，同时还有同它相配套的辅助工段，如组件清洗、仪表、空压、空调、变配电以及生活、办公等。为了生产上的需要和联系上的方便，必须合并组织在一个大厂房内。厂房的形式有单层厂房和多层厂房，有 6～18m 不同尺寸的柱网，层高也不同。把它们组织在一起是一项细致而复杂的工作。结构选型要密切配合工艺特点，在布局上还应注意到荷载、层高、温度、地基、地震等因素，合理划分变形缝（包括温度缝、沉降缝、抗震缝等）。划分变形缝的首要原则是力求把不同层高和过长的区段分开。考虑地震因素时，各个区段的平面形状以及竖向形状力求成为简单的矩形。

化纤厂主厂房的结构可归纳为三种：

① 钢筋混凝土多层框架结构，如聚合、纺丝、打包等楼房；

② 单层钢筋混凝土排架结构，如后处理、仓库等平房；

③ 砖墙承重结构，如空调、变配电，办公、生活室等附属房屋可采用钢筋混凝土排架结构。

二、钢筋混凝土多层框架

化纤厂楼房结构方案大致可分为四种。

① 整体现浇钢筋混凝土框架。

② 现浇钢筋馄凝土框架，预制楼板。

③ 预制钢筋混凝土排架，现浇楼板。

④ 全装配整体钢筋混凝土框架。

以上方案的采用，应根据施工条件，如构件的加工、吊装能力、模板供应情况等因地制宜地选定。

在选择结构方案时，还应注意化纤厂楼房的以下特点。

① 楼板上有较多的设备及管道留孔。

② 有较多的管道吊挂点。

③ 有一般的悬挂吊车轨道，无桥式吊车。

④ 层高不大，一般为 4～6m。

⑤ 外墙有一定保温要求，不能太薄，因此，应考虑框架填充的墙体材料问题。如采用砖墙，则增加很多重量。

⑥ 黏胶纤维厂对混凝土有防腐要求，其中纺丝车间及酸站有较强的酸性腐蚀性气体及液体，除了建筑上采取相应防护措施外，结构上对钢筋混凝土也需采取措施。

⑦ 厂房宽度较大，为了避免暴雨时室内下水道冒水，屋面通常采用小坡度（2%）外排水。

⑧ 为了适应风力或地震力的作用，不使框架有较大的水平位移，化纤厂多层厂房只能采用钢架体系的承重框架。它的空间刚度主要由框架节点的刚性来保证。当框架梁及柱为预制时，节点的刚性则由后浇混凝土来保证。化纤多层厂房无法采用竖向支撑或剪力墙以增加水平刚度，其原因是工艺布置不允许在大车间内有支撑或剪力墙影响生产；厂房的长、宽较大；少量的支撑或剪力墙受力太大则很难设计；楼板上留孔较大、较多，削弱了楼板的水平刚度，影响水平力的传递。

采用整体现浇钢筋混凝土多层厂房，不但消耗大量的模板及脚手架，增加工人的劳动强度，还会延迟工程进度。当施工吊装能力较弱，或在高烈度地震区，梁、柱节点的钢筋较多，设计预制装配节点有困难时，才采用现场浇筑的多层厂房。现浇可以采用滑模或工具钢模板，这就要求梁、柱的截面和位置尽量统一。

第二节 化纤厂的荷载

荷载可分为两大类，永久荷载和活荷载。永久荷载包括建筑物自重、土壤重量及土压力等；活荷载包括长期作用的荷载（设备重量、隔墙重量等）短期作用的荷载（施工荷载，风、雪载等）特殊荷载（地震荷载、爆炸荷载等）。

化纤厂设计中对以上荷载都应考虑，但某些荷载与一般厂房设计相同，可查阅有关建筑结构荷载规范。根据规范的有关规定确定。其他荷载根据厂房条件及使用寿命确定。

一、设备荷载

楼板上的设备荷载，如同长期荷载一样固定在某一位置，可以作为长期荷载考虑。但由于使用过程中，技术改造或工艺改变，使荷载位置及大小都有变化的可能，可以作为活荷载考虑。设备荷载兼有以上两种荷载的特性，需要考虑最不利条件，以及全部拆除时的状态，尤其在计算连续梁和其他超静定结构时不应忽略。

计算设备荷载时，应包括以下几个方面。

① 设备支架、底座及基础的重量。

② 设备内物料的最大重量，或其加工部件的最大重量。

③ 当该设备需要充水试验时，不应忽略充水试验的荷重大于正常操作时的重量，则应采取充水试驻时的重量。

④ 设备及管道保温层的重量。

⑤ 由其他设备、管道或工作平台传来的垂直或水平荷载。

一些小设备如电动机、泵等，其换算的等效均布荷载在 $200kg/m^2$ 以内时，可包括在楼面操作荷载以内，不再另加。对于大型设备，不仅要摸清设备在楼板上的传力点，还应根据车头车尾的重量，确定每一传力点荷重的大小。大型设备的荷载往往大于楼面活荷载，一般按集中荷载考虑。计算时，如设备底面积较小，不扣除设备区的操作荷载，近似按楼面操作荷载加设备传重计算。如设备的底面积较大，可扣除设备区的操作荷载。

在确定设备荷重后，应作出设备荷载草图，作为结构计算的依据。由于设备荷载作用的长期性，在进行梁柱，基础计算时，对此荷载不予折减。对于有振动的设备，不应忽略搬动对结构的影响。

二、操作、检修及安装荷载

设备正常运行时，由于制品的原料、成品及操作工具的堆放和运输而在楼面上产生的荷载为操作荷载。当设备拆卸或修理时所产生的楼面荷载为检修荷载。安装荷载是指重大设备安装时产生的楼面荷重，需根据安装方法及最大部件的重量确定。安装荷载一般只限于安装路线范围内考虑。若安装荷载小于操作荷载，可不另行考虑，当大于操作荷载时，则取其大者。以上三种荷载取其大者作为楼面活荷载，一般按均布荷载考虑。

化纤厂根据各车间生产的特点和设备类型，其楼面荷载为：生产性车间不低于 $400kg/m^2$，非生产性的房间如厕所、办公室不低于 $200kg/m^2$。最低的荷载值传至梁、柱、基础时不予折减。有时往往将生产性与非生产性的房间取统一的最低值，以便于工业化。

车间的活荷载取值变化范围较大，与车间性质有密切关系。可以根据实际物料堆放位置和重量、设备搬运存放位置和重量来确定活荷载取值。

三、管道支架荷载

化纤厂的管道很多。其敷设方式有集中敷设、分散敷设、集中与分散敷设相结合等敷设方式。

① 集中敷设　是将各种管道集中在同一路线上，整齐简洁，维修方便。集中敷设的管线荷载一般在 $100kg/m^2$ 以上。

② 分散敷设　为满足要求，根据车间设备的分布形式，管道分散敷设。管道走线短，预埋件多，楼板留孔分散，管线荷载一般在 $50\sim100kg/m^2$。

③ 集中与分散敷设相结合　在实际使用中，往往将集中敷设与分散敷设结合并用。其荷载值计算应注意以下几点：

a. 管道重量应包括保温层的重量；

b. 管道重量不应忽略管道支架的自重；

c. 对温度变化较大的管线，不应忽略温度应力产生的水平力。

四、平台荷载

设备一般有各种工作平台，其平台按材料一般为钢或钢筋混凝土。

各种平台的荷载主要根据使用要求，并考虑平台材料承载力。一般上人并携带小型工具的平台，其荷载在 $100\sim150kg/m^2$。钢平台的设计往往不是荷载控制，而是挠度控制。一般平台有较大荷重，考虑设备检修，则采取 $200kg/m^2$ 作为设计荷载。

化纤厂的荷载问题比较复杂，设计时应注意以下几点。

① 设备未定型，计算设备荷载应考虑代材的可能性，留有一定余地。

② 个别设备荷载比较大，应采取措施，分散荷载或提高个别区域的承载力。

③ 对整个建筑物，各楼层较重设备的布置力求均匀对称，避免建筑物引起不均匀沉降，甚至影响正常生产。比较重的设备不宜布置在顶层，宜布置在低落层，对抗震有某些车间设备布置改变可能性较大时，活荷载应适当考虑加大，以适应其要多层厂房楼面活载传至基础。

习题

1. 化纤厂主厂房有几种结构？

2. 计算化纤厂的负荷时包含哪些内容？

3. 怎么样确定管道支架的荷载？

第十五章 供电设计

化纤企业的供电设计主要可分为变电，动力、照明、防雷和接地、厂区供电五个部分。

第一节 变电部分

一、电力负荷的分级与计算

1. 电力负荷的分级

化纤企业主要生产设备的用电负荷在中断供电时，产生产品报废、原材料凝固在设备里，造成较大的经济损失，因此基本上属于二级负荷。与生产有密切联系的附属生产设备如空调、空压和软化水等，其用电负荷亦列入二级。其他机修，电修等用电负荷则列入三级。

2. 电力负荷的计算

计算电力负荷的方法 确定电力负荷的方法很多，如需要系数法，二项式法，利用系数法及单位产品耗电量法等。一般可采用经验需要系数法进行计算。

（1）最大负荷的计算 作为发热条件选择供电变压器、馈电线路及电器元件的依据，化纤企业主要生产设备的最大负荷一般均采用经验需要系数法进行计算，同一类型的用电设备组按下式计算：

$$P = K_x P_e \tag{15-1}$$

$$Q = P \tan\phi \tag{15-2}$$

式中 P——同一类型的用电设备组的最大有功负荷，kW；

Q——同一类型的用电设备组的最大无功负荷，kW；

P_e——设备额定容量，kW；

K_x——按用电设备分类的平均经验需要系数；

$\tan\phi$——功率因数角的正切函数。

化纤企业的一些附属生产设备例如风机、水泵以及压缩机等，一般其需用轴功率为已知，此时需要系数可用下式求得：

$$K_x = K_e K_0 / (\eta_d \eta_c) \tag{15-3}$$

式中 K_e——需要系数；

K_0——同时使用系数；

η_c——线路效率，可取 0.97；

η_d——电动机效率（查电动机产品样本）。

$$K_f = P_t / P_e \tag{15-4}$$

式中 K_f——负荷系数；

P_t——设备需要轴功率，kW；

P_e——设备额定容量，kW。

（2）尖峰负荷的计算 作为确定网络内电能年消耗量的依据。在短时间内由于电动机启动等原因可能产生的最大负荷称为尖峰负荷，与尖峰负荷相对应的电流称为尖峰电流。尖峰电流是计算电压波动、选择熔断器、继电保护的依据。在化纤企业电气设计中经常要计算下列各种情况下的尖峰电流，接有多台电动机的馈电线路：

$$I_{jf} = \sum I_{(n-1)} + \sum KI_{emax} \tag{15-5}$$

式中　$\sum I_{(n-1)}$——n 台电动机中除去启动电流最大的一台电动机后，其余（$n-1$）台电动
机的最大负荷电流，A；

　　　K——启动电流最大的一台电动机的启动电流倍数；

　　　I_{emax}——启动电流大的一台电动机的额定电流，A。

（3）年平均负荷的计算　年平均负荷用于求算企业年电能消耗量，在化纤一般可用单位
产品耗电量计算年有功电能（W_y）和无功电能（W_n）消耗量：

$$W_y = wM \tag{15-6}$$

$$W_n = W_n \tan\phi \tag{15-7}$$

式中　w——单位产品耗电量；

　　　M——产品的年产量，t；

　　　$\tan\phi$——企业年平均功率因数角的正切函数（按补偿后的功率因数计算，一般为 0.9~
0.92）。

二、供电系统

从电源至企业受电点之间的电源线路称为供电系统，化纤企业供电系统的设计一般包括
电源确定，电源系统结线和高压开关站（或总降压站）等部分。

中小型化纤企业一般应从电力系统取得供电电源。大型联合企业用电量较大，经有关部
门的统一规划也可自建发电厂。电源电压一般用电量不大的化纤企业可选用 6kV 或 10kV
电源，当用电量较大、供电距离较长或受电源条件限制时，也可采用 35kV 或 110kV 电源。

在设计时应对企业的用电量、用电设备对供电可靠性的要求，用电负荷的分布情况、建
厂地区的供电条件，企业的发展远景及用电设备的电压等级等因素予以综合考虑，并在选择
厂址时与供电部门协商，经过技术经济比较拟定初步方案，在初步设计阶段予以确定。在这
部分设计工作中，由电源引至企业的供电线路，自备电厂和总降压站等，一般委托有关电力
设计部门承担，因此在设计中应具体划分设计范围，做好设计配台工作。

1. 位置的选择

高压开关站的位置应符合下列要求：

① 接近负荷或网堵的中心；

② 具有良好的进出线条件；

③ 应尽量设在污源的上风头；

④ 考虑防火、防爆要求的间距；

⑤ 不应妨碍企业或车间的发展，根据需要适当考虑扩建的可能；

⑥ 不应设在厕所、浴室或其他经常积水场所的正下方。

2. 结构与布置

高压配电装置室的耐火等级不应低于二级。高压配电装置一般采用室内型成套装置，高
压开关柜宜装设在单独的高压配电室内。当高压开关柜数量较少时，也可和低压配电屏装设
在同一房间内。高压开关室一般设计成单层建筑。室内高压电力电容器装置一般装设在单独
房间内，具有高压电力电容器组的高压开关室应与电容器室用防火墙隔开。

配电装置室一般宜有自然通风，电容器室的作业地带夏季室内温度应不超过 40℃。室
内应有消防料材，一般可设置卤化物灭火装置。

三、配电系统

配电系统指从高压开关站至各车间变电所的结线系统。配电系统的设计主要包括下列内容。

1. 配电电压

化纤企业的配电电压一般为 6～10kV，选择配电电压时应根据用电设备的具体情况，通过技术经济比较加以决定，一般配电电压力求单一，当技术经济比较合理优点突出时，选用 6kV、10kV 两种配电电压。

2. 配电系统结线

（1）树干式　由高压开关站引出的馈电线路向若干车间变电所供电，这种方式一般适用于化纤企业内容量不大、布置较为分散的厂区负荷变电所。

（2）放射式　由高压开关站引出单独的馈电线路向车间变电所的变压器供电，这种方式在化纤企业中广泛采用。

其他混合式或环形供电方式很少采用。

3. 线路结构

在化纤企业中一般采用电缆线路，敷设在有砖砌沟帮而无沟底的电缆沟中，这种电缆沟可不必考虑坡度和防火。在电缆根数较少时可采用直埋方式。在环境条件允许时，某些远离厂区的用电负荷也可采用架空线路供电。

4. 车间变电所

车间变电所的数量按企业规模和用电量的大小来确定。分布的原则是变电所应合理分散，尽可能接近负荷，以达到节约有色金属，节省用电，降低总的供电设备的投资等要求。线方便，通风良好，具有运输变压器的条件，不应在厕所、浴室或其他经常积水场所的正下方。

一般采用双变压器形式的变电所。每台变压器的容量不宜大于 1000kW。当用电设备容量大经济上合理时可选用较大容量变压器，或两台以上的变压器。当一台变压器退出运行时，另一台变压器的容量一般应能保证全部负荷的 60％～70％。但应保证一级及全部或大部分二级负荷用电。当变电所只有一台变压器时，其负荷率可考虑为 75％～85％。

第二节　动　力　部　分

化纤企业动力部分的设计包括自车间变电所低压配电屏至动力用电设备的低压配电系统，内容有接线方式、设备选型、继电保护和线路结构等。由于工艺设备种类繁多，车间布置不同，环境条件复杂等因素，所以低匝配电系统的方式变化也很大，总的要求是，必须满足工艺生产对供电可靠性和电能质量的要求。系统结线简单，操作方便，运行安全，构造合理，施工方便。节省有色金属消耗，节约基建投资，减少电能消耗和运行费用。

一、动力用电设备的特点

① 某些纺丝机的拖动具有变频调速的要求，目前大都采用静态变频器；由于它对环境条件有一定要求（主要是温度）所以一般设置在单独的房间内并设有空调装置。

② 生产装置中多机台联动的联合机组较多，各机台间有速度协调的要求，有直流电机调速及交流电机调速。

③ 某些用电设备有自启动要求，但有时限。

④ 电热装置有温度调节要求，受热工仪表的控制。

二、车间环境特征

各种类型的化纤企业，由于工艺流程和原材料品种不同，其生产车间环境各具特征。化纤工厂中目前常用的车间配电网络接线方式主要有放射式系统、干线放射式系统和链式系统。

车间配电线路的结构选择与房屋的结构形式和车间环境条件有密切关系。一般合成纤维厂的纺丝部分为多层建筑，后加工部分以单层建筑为主，再结合上述车间的环境特征，一般干线采用 VLV 型电缆，分支线路采用 VLV 型或 BLV 型导线，线路敷设方式经常使用有下列几种。

（1）桥架系统　在电缆数量较多，不适于采用电缆沟敷设方式的场所，采用此种系统较为适宜，它具有敷线灵活，施工方便，安装迅速，维护简单等优点，但钢材用量较大。桥架系统在户内外均可采用，有开启式和封闭式两种，后者可以防止机械损伤和外界有害液体的侵入。桥架可用钢材、铝或塑料制成。

（2）电缆沟敷设　一般适用于正常环境车间地下交叉较少的场所。

（3）电缆支架明敷　一般适用于电缆数量较少的场所。

（4）线卡明敷　一般适用于分支线路，线卡可由铝或塑料制成，用膨胀螺桂、粘贴法等固定件固定在墙面或梁面上，腐蚀性车间宜采用塑料线卡和粘贴法固定的方式。

（5）钢管暗敷或明敷　钢管明敷线路使用较少，有时用于防爆要求。一般用于分支线路，在腐蚀性车间也可用硬塑料管暗敷。

第三节　照　明　部　分

化纤生产过程是连续进行的，车间的夜间工作照明和有些要求温、湿度指标相对较高的无窗车间（物检室）采用人工照明。照明对工人的身体健康、安全生产、提高劳动生产率都有重要的意义。化纤企业车间照明设计有下列几方面的工作。

一、选择光源

荧光灯具有效率较高，显色性能较好，寿命较长、亮度低、发光体本身很长，光通量分布均匀以及温度上升少等优点，是化纤企业生产车间内普遍采用的光源。高压水银荧光灯在视觉条件要求低，而厂房较高的场所也有采用。节能灯和白炽灯则一般使用于生活性场所。

二、照度及其计算

生产车间以工作面上的最低照度作为照度标准，工作面的计算高度按机器的具体情况确定。化纤企业目前采用的照度标准如表 15-1 所列。

表 15-1　化纤企业采用的照度标准

工作种类与名称	单独使用一般照明的最低照度/lx		工作种类与名称	单独使用一般照明的最低照度/lx	
聚合	荧光灯	75	涤纶后加工	荧光灯	100
干燥	荧光灯	75	打包	荧光灯	100
挤压	荧光灯	75	试验室	荧光灯	150
短丝卷绕	荧光灯	150	组件组装	荧光灯	75
长丝卷绕	荧光灯	150	空调室	荧光灯	75
集束	荧光灯	100			

生产车间的荧光灯照度采用逐点法计算，其计算公式为：

$$E_{lx} = F \sum_e C / (1000KhL) \tag{15-8}$$

式中　F——线光源的总光通量，lm；

154

L——线光源长度，m；

h——计算高度，m；

K——减光补偿系数，取1.4；

C——考虑机器挡影而附加的计算系数，可根据具体情况确定。

附房的照度一般采用单位容量法或利用系数法计算。

三、供电方式

通常由低压配电室的动力配电屏引出照明干线向车间内一次照明配电箱供电，再由一次照明配电箱采用放射式供电方式向二次照明配电箱供电。也可在低压配电室设置照明配电屏采用放射式供电方式，以照明干线向车间内的二次照明箱供电。车间内的工作照明绝大部分在二次照明配电箱内控制，附房和一部分车间内的灯具按需要可就地装设开关进行控制。

事故照明可采用带有蓄电池和换流装置的荧光灯具，当主电源断电时，即由蓄电池经换流装置向荧光灯供电，使事故照明维持一定时间，供人员疏散之需。在正常情况下，蓄电池经换流装置充电。

四、灯具型式与安装

（1）灯具的选择　在正常环境条件下，目前一般选用简易式荧光灯具，因其构造简单，造价较低。在采用高压水银荧光灯时，一般采用工厂罩型或深用型灯具。在潮湿车间为了防止灯头锈蚀可采用瓷质灯头。具有腐蚀性介质的车间宜采用塑料灯具。防爆灯具应注意符合爆炸性介质的要求。

（2）灯点布置和灯具安装　灯点布置包括决定灯点排列与悬挂高度。车间建筑的构造、机器的外形特征、机台排列、操作面的位置和运行操作的要求等都是布置灯点时应加考虑的因素。合理设计的灯点布置要求达到限制眩光、避免阴影、均匀照度，便于安装维护和充分发挥照明装置效能节约能耗的要求，使照明装置能满足视觉要求，并且适当照顾到整齐美观，有助于造成舒适的工作环境。

化纤企业中常用的灯具安装方法有下列几种。①钢丝绳吊装。当车间较高，柱网跨距大，照度要求较高的情况下，在柱间拉上钢丝绳，然后将灯具固定在钢丝绳上。此法简单，造价低。②吸顶安装。当车间高度较低或有顶棚时，可采用吸顶安装，用于办公室，控制室等。③空间交叉。但在化纤企业的主要生产车间内具有这种条件的情况较少。

（3）桥架安装　将电缆桥架和灯具安装结合起来，这种方式的优点是施工简便灵活，维护方便，但钢材用量较大。

其他还有采用角钢或槽钢吊灯具等方式，其缺点也是钢材用量较大。在化纤企业主要生产车间内，有各种管道、吊挂零件和操作平台等分布其间，在设计中应考虑这种情况，既要避免相互影响，又要因地制宜地在保证安全的前提下充分加以利用。

第四节　接地与防雷部分

一、电力设备接地

电气网络中电力设备的接地直接关系到人身、电气设备和房屋建筑等的安全。化纤企业中高压配电系统电力设备的接地要求与一般情况相同，低压配电网络中电力设备接地保护设计中要注意的一些问题。

1. 低压配电网络的接地方式

低压配电网络的接地可分为电源接地和负载接地两个方面，有三种类型，如图 15-1～图 15-3 所示。

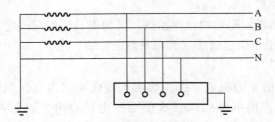

图 15-1　TT 型接地方式

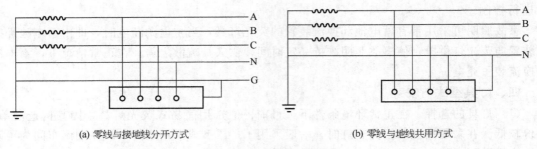

(a) 零线与接地线分开方式　　　　　　　　　　(b) 零线与地线共用方式

图 15-2　TN 型接地方式

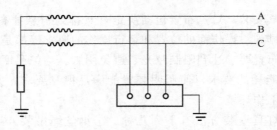

图 15-3　IT 型接地方式

其中两个字母代表的意义如下：

TN —— 第二个字母表示负载侧的接地状态：T 表示电源侧接地与负载侧接地是相互独立，N 表示电源侧接地与负载侧接地直接连接。
—— 第一个字母表示电源侧接地状态：T 表示直接接地，I 表示非接地或一点阻抗接地。

（1）TT 接地方式　适用于大规模的配电网络，能抑制电压的异常升高；容易检测；接地回路通过两个接地装置，阻抗较大，一般接地过流不能使保护装置动作，应用漏电断路器作为保护装置，对相邻接地系统可能有干扰。当电力设备发生绝缘破坏时，其金属壳上的电压为：

$$V = e \frac{R_1}{R_1 + R_2} \tag{15-9}$$

式中　e——变压器二次侧相电压，V；

　　　R_1——电源侧接地电阻，Ω；

　　　R_2——负载侧接地电阻，Ω。

TT 方式的特点：系统绝缘损坏而发生漏电时，不能构成闭合回路，仅通过分布电容流过容性电流，如系统规模较小，分布电容小时，电流将较小；不能限制异常电位升高；和其他系统绝缘，不致互相干扰；大规模配电系统要长期维持非接地状况困难；发生两点接地时，危险性较大，必须加强管理；接地检测较困难。

（2）TN 接地方式　有两种配线方式，一种是零线与接地保护线分开的方式，另一种是零线与接地保护线共用的方式。NT 接地方式的特点是适应于大规模配电网络。

但这种接地方式当零线中断或接线错误时，电力设备的金属外壳上将产生危险电压。在今后的设计中以采用零线与接地线分开的方式为宜。这种方式的特点是：能限制异常高电位；故障点易于发现；当绝缘破坏时，尽管人体触及带有电压的电气设备的金属外壳，但由于专用接地线的分流作用，使人体得到保护；由于电源侧接地与负载接地之间有金属导体联通，阻抗值较小，单相接地短路在一般情况下，过流保护装置将动作。但缺点是，相邻的接地系统可能有互相干扰；对检查零线的绝缘困难；接地线断路时将形成更大危险。

零线与接地保护线共用的方式是我国企业经常使用的方式，一般化纤企业使用这种方式。

2. 接地方式的要求

从保证人身完全出发，IEC 的 TC64 委员会对接触电压作了规定，长期的允许接触电压对交流为 50V，对直流为 120V。并对超过允许接触电压的接地故障规定了最大切断时间，见表 15-2。

表 15-2　预期接触电压与最大切断时间关系

预期接触电压	交流/V	50	75	90	110	150	220	280
	直流/V	120	140	160	175	200	250	310
最大切断时间/s		5	1	0.8	0.2	0.1	0.05	0.03

按照上述规定，各种接地方式必须根据各自的特点规定具体的要求。

（1）TN 方式　当按地故障发生时，必须按表 15-2 规定的时间内切断电源，因此保护装置的整定值和接地回路的阻抗必须满足下式要求：

$$Z_0 I_0 \leqslant U_0 \tag{15-10}$$

式中　U_0——相电压；

Z_0——接地回路的阻抗；

I_0——按表 15-2 所规定的时间内切断电源时，要求的断路器的动作电流。

对 TN 方式一般推荐采用具有过电流保护的断路设备或电流型漏电断路器。

（2）TT 方式　在 TT 方式的接地系统中，必须满足下式的要求：

$$R_a I_0 \leqslant U_a \tag{15-11}$$

式中　R_a——接地阻抗；

I_0——按表 15-2 所规定的时间内切断电路时，要求的断路器动作电流；

U_a——表 15-2 所规定的接触电压。

TT 方式系统中，可采用漏电断路器。

（3）IT 方式　车间内所有电力设备的金属外壳必须全部接在同一接地系统上，并应满足下式要求；

$$R_a I_0 \leqslant U_0 \tag{15-12}$$

式中 R_a——接在一个接地点上的所有电力设备金属外壳的接地系统的接地阻抗；

I_0——在一点接地故障的情况下，所有接地装置的全部阻抗的故障电流；

U_0——规定安全接触电压值。

对 IT 方式，可采用绝缘监视装置和漏电断路器。

二、防雷

化纤企业主要生产厂房比较高，在落雷区容易发生雷击。雷击建筑物会发生的人身伤亡和设备损失和控制系统失灵，给生产和安全造成的损失难以估算。所以设计做到安全可靠、技术先进、经济合理。化纤厂的建筑物防雷按《建筑物防雷设计规范》GB 50057—94 为强制性国家标准施行。

第五节　厂　区　供　电

一、厂区供电要注意下面的特点

化纤企业除主要生产厂房外，分布在厂区范围内的公用工程和行政福利设施等也是供电对向。统筹设计厂区供电要注意下面的特点。

1. 厂区环境条件

化纤生产过程含有化工过程，化工原料有易燃、易爆性介质，或有腐蚀性介质，或兼而有之，对电气设备和线路都将产生不良影响，在设计中应对具体情况采用有效措施。管道交叉多。在厂区空间和地下都有各种管道分布，增加了电气线路的复杂性，在设计中应充分加以注意，务求从全局出发，统一安排，以求达到最佳的技术经济效果。

2. 用电设备的特点

大多数为低压用电设备，电设备的容量较小，负荷分散，分布范围较广。公用工程中空压、制冷用电负荷较大。用电的规格以 380V 三相四线为主。照明一般采用 220V 单相电。在设计中需要核实情况，合理布置。

3. 供电方式

根据企业的用电量大小，设计变电所。变电所到设备的配线方式，可以采用电缆线路埋地敷设，有条件时采用电缆桥架。送电可采用放射式或链式供电方式，条件适宜时也可将若干工程项目作为一组，由一条馈电干线供电，馈电线引至处于该组负荷中心的一个建筑物，再用配电箱向组中的其他用电负荷供电。

二、设计中应注意的问题

① 一般厂区供电线路偏长应注意线路电压降和单相接地短路故障继电保护装置灵敏度的校验。

② 厂区工程项目中如有手携式用电设备时，应敷设专用接地线或采用漏电断路器。

③ 在接零系统中，为了满足单相接地故障情况下继电保护装置灵敏度的要求，馈电线截面放大过多，形成经济上不合理时，可将接零保护改为接地保护，装设漏电断路器，此时应注意零线应与接地线相绝缘。

④ 厂区工程项目用电设备当采用链式供电方式时，应注意供电线路重复接地的问题，并充分考虑零线的可靠性。

习题

1. 怎么样计算工厂的最大用电负荷?
2. 动力用电设备有哪些特点?
3. 说明线路敷设的方法。
4. 化纤厂各工序对光源有哪些要求?
5. 厂区供电设计应注意哪些问题?

第十六章 化纤厂空气调节

空气调节是使室内或局部区域的空气温度、湿度、流动速度、压力、洁净度等参数保持在一定范围内的技术。化纤厂空调包括环境空调和工艺空调和通风系统三大部分。

环境空调是指车间内设置的旨在满足生产和劳动保护要求的空气调节系统。如为涤纶卷绕车间、拉伸车间、假捻车间等设置的空调系统等。

工艺空调是指服务于化纤生产的某个特定阶段，为使化纤生产连续进行而必须设置的空调系统如丝束冷却吹风系统等。

通风系统包括全面通风和局部通风，是指为降低化纤车间有毒或易燃易爆气体浓度而设置的送风与排风系统。

第一节 化纤厂空气调节设计应考虑的问题

化纤厂生产特点是连续化生产，因此，在对化纤厂空调系统进行设计时必须考虑生产过程的连续性；对于有易燃、易爆产生的车间，在进行风机和排风管道设计时应考虑防爆安全；对于有腐蚀性气体产生的车间，在进行排风设计时应考虑风机和排风管道防腐蚀。

对于与生产过程密切相关的冷却吹风系统的设计要考虑以下问题。

① 送入各纺丝部件风量相等，在生产中，一般通过设置静压室来保证。

② 因设备运行情况不同，所以空调系统的送风量应具有可调性。即应选用变风量空气调节系统。

常用的变风量空调系统如图 16-1 所示。

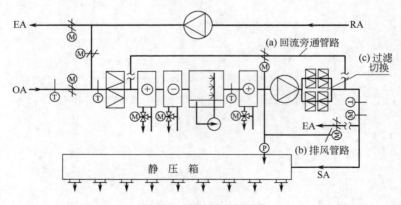

图 16-1 变风量空调系统

它是在主风道或静压室上设一旁通风室，并配有压力控制仪和自动薄膜阀。压力控制仪的压力可根据工艺设定。当纺丝机开动台数减少，需要风量降低时，风道或静压室压力升高，薄膜阀自动开启，部分风从旁通道回到空调机组，因为进入主风道的风是经过风机产生温升的，所以应将其引入处理段之前，过滤段后。

③ 丝束冷却送风量是保证生产的重要因素，故应设备台，以保证风机或空调室内构件出现故障时，特别是清洗空气过滤器时不致停风。

④ 空气的洁净。冷却吹风的主要作用是冷却从喷丝板挤出的熔融聚合物，使其固化冷却成为纤维。冷却风中含有尘粒对工艺过程和纺丝成品质量具有严重影响。对于直径>1.0μm 的尘粒，一方面会堵塞冷却吹风系统的过滤装置，使系统风压减小，风速下降，导致成型条件不均匀；另一方面其极易黏附在熔融丝束表面，造成结疤，形成永久性疵点，而影响产品质量。因此，在进行冷却吹风系统的空调设计时必须考虑其洁净度，一般>1μm 的大气尘计数效率应<98％。在工程中一般采用两级过滤（初效过滤＋中效过滤）即可满足要求。为防止空气的二次污染，中放过滤段一般放在风机的出口，要求较高时，中效过滤段采用一用一备，确保在更换滤料时不影响空调系统的使用。

⑤ 环吹风是密封系统，送排风一般在系统内进行，送排风量应力求取得平衡。在排风管上应设排风调节阀。为保持总排风管内排风稳定。应在排风机的吸入口设补风口。

第二节　化纤厂空气调节设计参数确定

在空气调节设计中，空调室内外计算参数的确定很关键，因为这直接影响空调系统的冷热负荷，与选用空调设备的容量直接相关。计算参数选择过于严格，设备投资费用和运行费用大大增加；计算参数选择过于缓和，则满足不了工艺要求，影响生产的顺利进行。因此合理、正确地选择计算参数十分必要。

一、室内计算参数的确定

室内计算参数系指空调房间内的温湿度基数及其允许波动范围。化纤生产中这些参数因生产品种和工序而异，具体数值根据生产工艺、劳动卫生和国家经济状况等几方面因素决定。

例如，生产黏胶纤维要考虑局部排毒和全室换气。在纺丝时，为防止黄化工段静电诱发爆炸，需要保持较高的相对湿度等。

化纤生产有关车间的空气温湿度要求见表 16-1～表 16-7。

表 16-1　黏胶纤维各工段空调温湿度参数

工　段　名　称	夏　季		冬　季	
	温度/℃	湿度/％	温度/℃	湿度/％
磺化	<32	>70	>18	>70
熟成与过滤	20～24	—	20～24	—
原液准备	20～24	—	20～24	—
长丝纺丝	<31±1	>80	>20	>80
强力黏胶丝纺丝	<31	60～70	>20	60～70

表 16-2　涤纶各工段空调温湿度参数

工　段　名　称	夏　季		冬　季	
	温度/℃	湿度/％	温度/℃	湿度/％
原液制备	自然	自然	自然	自然
纺丝	34＋2	—	32	—
热处理	38±3	—	38±3	—
冷却与冷断	34±2	约50	20±2	约50
整理	34±2	约50	20±2	约50
干燥	34±2	约50	20±2	约50
仪表	28±2	约50	25±2	约50
泵检	28±1	—	28±1	—
	(20±1)	—	(20±1)	—
物检	20±1	50～60	20±1	50～60

表 16-3　腈纶各工段空调温湿度参数

工 段 名 称	夏 季		冬 季	
	温度/℃	湿度/%	温度/℃	湿度/%
纺丝	＜33	—	＞18	—
聚合	＜33	—	＞18	—
毛条	28±1	65±5	22±1	65±2
化验	20±1	65±2	20±1	65±2

表 16-4　锦纶长丝各工段空调温湿度参数

工 段 名 称	夏 季		冬 季	
	温度/℃	湿度/%	温度/℃	湿度/%
纺丝侧吹风	19～20	60～80	19～20	60～80
卷绕	22.5±0.5	71±1	22.5±0.5	71±1
纺丝	30～32	50～60	30～32	50～60
试验室	23±1	65±2	23±1	65±2
牵伸	25±1	65±2	23±1	65±2
倍捻	25±1	65±2	23±1	65±2
络筒	25±1	65±2	23±1	65±2

表 16-5　涤纶长丝各工段空调温湿度参数

工 段 名 称	夏 季		冬 季	
	温度/℃	湿度/%	温度/℃	湿度/%
纺丝环吹风	30±2	30±2	30±2	75±5
纺丝侧吹风	20±1	70±3	20±1	70±3
卷绕	27±1	70±5	27±1.5	70±1.5
纺丝	＜35	—	＞22	—
平衡	25±2	80±5	23±2	80±5
弹力丝	26±3	70±5	26±3	70±5
牵伸	25±1.5	70±10	23±1.5	70±10
物检	21±0.5	65±2	21±0.5	65±2

表 16-6　涤纶短纤维各工段空调温湿度参数

工 段 名 称	夏 季		冬 季	
	温度/℃	湿度/%	温度/℃	湿度/%
纺丝环吹风	30±2	25±5	30±2	75±5
纺丝	＜35	—	＜35	—
卷绕	(18～27)±1	65±5	(18～27)±1	65±5
集束平衡	24～27	65±5	20±1	65±5
后加工	自然	自然	自然	自然

表 16-7　涤纶工业丝工段空调温湿度参数

工 段 名 称	夏 季		冬 季	
	温度/℃	湿度/%	温度/℃	湿度/%
纺丝侧吹风	(22～28)±1	65±5	(22～28)±1	65±5
纺丝	＜35	—	＞18	—
卷绕牵伸	＜30	65±5	—	—
牵伸电机冷却	16～25	＜65	—	—
检验	20±1	65±2	20±1	65±2

化纤生产常用的纺丝泵和喷丝板经使用一定时间后要进行校检，为避免温度波动产生热胀冷缩现象而影响校检结果，在化纤厂的泵板校验室亦应加设空调，其温度为（20±1）℃，湿度应小于50％。

二、室外计算参数的确定

室外空调计算参数对空调系统冷热负荷的影响甚大。在室内计算温度和围护结构确定后，室外空调计算参数直接影响空调设备容量的确定。容量太大，造成初期投资大，设备积压浪费；容量太小，又不能保证车间的温湿度要求。我国一些主要城市的室外空气计算参数见表16-8。其他地区的室外计算参数可参照《工业企业采暖通风和空调设计规范》所定原则予以确定。

表 16-8　我国部分城市室外空气计算参数

序号	地名	位置			室外计算干球温度/℃			夏季室外平均每年不保证50h的湿球温度/℃	冬季室外计算相对湿度/%	夏季大气压力/mbar(10²Pa)	极端最低温度/℃	极端最高温度/℃
		北纬	东经	海拔/m	采暖	冬季空气调节	夏季空气调节					
1	北京市	39°48′	116°19′	31.3	−9	−12	33.8	26.5	41	1001.3	−27.4	40.6
2	上海市	31°10′	121°26′	4.5	−2	−4	34.0	28.3	73	1005.3	−9.4	38.9
3	天津市	39°06′	117°10′	3.3	−9	−11	33.2	27.2	54	1005.3	−22.9	39.6
4	齐齐哈尔	47°23′	123°15′	145.9	−25	−29	30.7	23.1	69	987.9	−39.5	39.9
5	哈尔滨	45°41′	126°37′	171.1	−26	−29	30.3	23.9	72	985.5	−38.1	36.4
6	长春	43°54′	125°13′	236.8	−23	−26	30.5	24.2	68	1030.6	−36.5	38.0
7	四平	43°11′	124°20′	164.2	−23	−25	30.5	24.5	66	986.6	−34.6	36.6
8	延吉	42°53′	129°28′	176.8	−20	−22	30.8	24.0	58	986.6	−32.2	37.1
9	沈阳	41°46′	123°26′	41.6	−20	−23	31.3	25.3	63	999.9	−30.6	38.3
10	锦州	39°48′	120°07′	66.3	−15	−17	30.8	25.5	47	997.3	−24.7	37.3
11	营口	40°40′	122°12′	3.5	−16	−19	30.3	25.5	61	1005.3	−27.3	35.5
12	大连	38°54′	121°43′	93.5	−12	−14	28.5	25.2	56	994.6	−21.1	34.4
13	石家庄	38°04′	114°26′	81.8	−8	−11	35.2	26.5	48	995.9	−26.5	42.7
14	太原	37°47′	112°33′	777.9	−12	−15	31.8	23.3	46	918.0	−25.5	39.4
15	呼和浩特	40°49′	111°41′	106.30	−20	−22	29.6	20.8	55	889.3	−32.8	37.3
16	西安	34°18′	108°56′	396.9	−5	−9	35.6	26.6	63	958.6	−20.6	41.7
17	银川	38°29′	106°16′	1111.5	−15	−18	30.5	22.2	57	882.6	−30.6	39.3
18	西宁	36°35′	101°55′	2261.2	−13	−15	25.4	16.4	46	773.3	−26.6	32.4
19	兰州	36°03′	103°53′	1517.2	−11	−13	30.6	20.1	55	842.6	−21.7	39.1
20	乌鲁木齐	43°54′	87°28′	653.5	−23	−27	33.6	18.7	78	934.6	−41.5	40.9
21	喀什	39°28′	25°59′	1288.7	−11	−16	33.3	20.0	63	865.2	−24.4	40.1
22	和田	37°08′	79°56′	1374.6	−10	−13	33.8	20.4	50	857.3	−21.6	40.5
23	济南	36°41′	116°59′	51.6	−7	−10	35.5	26.8	56	998.6	−59.7	42.5
24	青岛	36°09′	120°25′	16.8	−7	−9	30.3	26.6	63	1003.9	−20.5	36.9
25	南京	32°00′	118°48′	8.9	−3	−6	35.2	28.5	71	1003.9	−14.0	40.7
26	蚌埠	32°57′	117°22′	21.0	−5	−8	35.8	28.1	66	1002.6	−19.4	41.3
27	合肥	31°51′	117°17′	23.6	−3	−7	35.1	28.2	71	1001.3	−20.6	41.0
28	安庆	30°31′	117°02′	44.0	−2	−5	34.8	28.1	70	999.9	−12.5	40.2
29	杭州	30°19′	120°12′	7.2	−1	−4	35.7	28.6	77	1005.3	−9.5	39.7
30	温州	28°01′	120°40′	6.0	3	−1	32.9	28.7	73	1005.3	−4.5	39.3
31	南昌	28°40′	115°58′	46.7	−1	−3	35.7	27.9	72	998.6	−7.7	40.6
32	赣州	25°50′	114°50′	123.8	2	0	35.4	26.8	72	990.6	−6.0	41.2

序号	地名	位置			室外计算干球温度/℃			夏季室外平均每年不保证50h的湿球温度/℃	冬季室外计算相对湿度/%	夏季大气压力/mbar (10²Pa)	极端最低温度/℃	极端最高温度/℃
		北纬	东经	海拔/m	采暖	冬季空气调节	夏季空气调节					
33	福州	26°05′	119°17′	84.0	5	4	35.3	28.0	72	997.3	−1.2	39.3
34	永安	25°58′	117°21′	208.0	3	1	35.5	26.6	77	982.6	−7.6	40.5
35	郑州	34°43′	113°39′	110.4	−5	−8	36.3	27.9	54	991.9	−17.9	43.0
36	宜昌	30°42′	111°05′	131.1	0	−3	−35.7	28.2	72	995.9	−8.9	41.4
37	武汉	30°38′	114°04′	23.3	−2	−5	35.2	28.2	75	1001.3	−17.3	39.4
38	长沙	28°12′	113°04′	44.9	−1	−3	36.2	28.0	77	997.3	−9.5	40.6
39	桂林	25°20′	110°18′	166.7	2	−3	33.9	26.9	68	985.3	−4.9	39.4
40	南宁	22°49′	108°21′	72.2	7	5	34.5	27.3	72	995.9	−2.1	40.4
41	韶关	24°48′	113°35′	69.3	4	4	35.1	26.9	70	998.6	−4.3	42.0
42	广州	23°08′	113°19′	6.3	7	5	33.6	28.0	68	1005.3	0	38.7
43	成都	30°40′	104°01′	505.9	2	1	31.6	26.7	80	947.9	−4.6	37.3
44	重庆	29°35′	106°28′	260.6	4	1	36.0	27.4	81	973.2	−1.8	42.2
45	贵阳	26°35′	106°43′	1071.2	−1	−3	29.9	22.7	76	887.1	−7.8	37.8
46	昆明	25°01′	102°41′	1891.4	3	1	26.8	19.7	69	807.5	−5.4	31.5
47	拉萨	29°42′	91°08′	3658.0	−6	−8	22.7	13.7	28	651.9	−16.5	29.4
48	林芝	29°33′	94°21′	3000.0	−3	−4	2.5	15.3	48	705.2	−15.3	30.2
49	日喀则	29°13′	88°55′	3836.0	−8	−11	22.6	12.3	29	635.9	−25.1	27.6
50	台北	25°20′	121°31′	9.0			[32.9]	[27.3]	84	1005.6	−2.0	37.5

第三节　化纤厂空气调节过程

化纤厂的空气调节一般利用送风和排风状态的差异带走或供给空调区域多余或欠缺的热量和湿量，以保证空调区域的温湿度在要求的范围内。

一、空调房间送风状态与送风量

1. 夏季空调房间送风状态与风量的确定

已知空调车间内的余热为 Q，余湿为 W。为排除余热和余湿，保持车间内的空气状态 $N(i_N、d_N)$，送入 $G(\text{kg})$、$S(i_S、d_S)$ 状态的空气，以吸收车间内的余热 Q、余湿 W，使车间内的空气保持为 $N(i_N、d_N)$ 状态（图 16-2）。

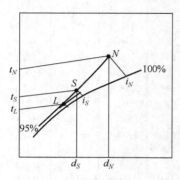

图 16-2　车间空调 i-d 图

空调过程的热湿比 ε 为：

$$\varepsilon = Q/W = (i_N - i_S)/[1000(d_N - d_S)] \tag{16-1}$$

即空气状态变化取决于车间内的余热量和余湿量。也就是说只要送风状态点位于过室内空气状态点 N 的热湿比 $\varepsilon = Q/W$ 的过程线上，那么送 $G(\text{kg})$、$S(i_S、d_S)$ 状态的空气就能保证室内要求的状态点 $N(i_N、d_N)$。其中

$$G = Q/(i_N - i_S) = 1000W/(d_N - d_S) \tag{16-2}$$

对于给定车间，车间内的余热量 Q、余湿量 W 和室内空气状态 N 均是一定的，所以空调房间的送风量 G 仅取决于送风状态点 S。

从式(16-2) 和可见，S 点接近于 N，送风量大，空气处理与输送设备负荷也大，故投资及运行费用高；S 点远离 N，送风量小，上述费用均低，故较经济，但空调效果差。因为送风温差大，会造成室内温度分布不均。实际生产中，送风温差应根据工艺要求，结合气流组织方式确定，见表 16-9。

表 16-9　允许送风温差 Δt_S 值

温　度　精　度	送风温差 Δt_S	车　　间
≥1℃	人工冷源≤15℃	纺丝间，聚合、原液配制及干燥间等
±1℃	6～10℃	环吹风，侧吹风，泵检，物检，平衡，PET 等卷绕及控制室等
±0.5℃	3～6℃	聚酰胺卷绕间等
±0.1～0.2℃	2～3℃	化纤厂一般不设这类车间

选定了送风温差，送风状态则随之确定，其确定方法如下：

① 在 i-d 图上找到室内空气状态点 N；

② 根据车间内的热湿负荷算出空气变化过程的热湿比（$\varepsilon = Q/W$）,过 N 点作 $\varepsilon = Q/W$ 过程线；

③ 根据送风温差 Δt_S 求送风温度 $t_S = t_N - \Delta t_S$，t_S 等温线与 $\varepsilon = Q/W$ 过程线的焦点即为送风状态点 S，最后用式(16-2)求出送风量。

应该指出的是，按上述允许温差方法求得的送风量还应满足换气次数的需求。所谓换气次数就是通风量相当于房间体积的倍数：

$$n = Gv/V \qquad (16\text{-}3)$$

式中　n——换气次数，次/h；

　　　G——送风量，kg/h；

　　　V——空调房间的体积，m³；

　　　v——空气的比容，m³/kg。

化纤厂各车间要求的换气次数列于表 16-10。

表 16-10　化纤厂各车间换气次数

车　间　名　称	换气次数/(次/h)	车　间　名　称	换气次数/(次/h)
聚合及原液调配等	5	物检室等	6～8
纺丝、卷绕	5～6	高精密车间	12

大家知道，车间内的余热量 Q 氛围显热 $Q_显$ 和潜热 $Q_潜$ 两部分，所以送风量也可由显热和温度的关系求得。

$$G = Q_显 / C_{pv}(t_N - t_S) \qquad (16\text{-}4)$$

化纤厂空调房间一般年为有余热、无余湿车间，所以送风量亦可用式(16-5)求得。

$$G = Q / C_{pv}(t_N - t_S) \qquad (16\text{-}5)$$

式中　C_{pv}——空气的定压比热容，一般 $C_{pv} = 1.01$kJ/(kg・℃)。

2. 冬季送风状态与风量的确定

冬季室内余热往往比夏季少，甚至为负值。所以冬季的热湿负荷比夏季小或为负值，故送风温度往往高于室温，送风的焓值也往往大于室内空气的焓。

因为送的是热风，其允许送风温差较夏季大，所以冬季送风量一般小于或等于夏季。但

165

无论风量如何，冬季的送风状态点都应在通过室内状态点 N 的热湿比线上。

如果冬夏两季室内湿温度一致，可以采用等风量送风方式。这种方式比较简单，全年只调节送风参数即可。冬季送风状态点的确定过程如下：

① 找出室内空气状态点 N，并算出冬季空气变化过程的热湿比 ε_d；

② 找出夏季送风状态点 S_x 的含湿量值；

③ 找出 ε_d 过程线和 d_{S_x} 等含湿量线，二线交点即为要求的送风状态点 S_d。

有时冬夏两季室内温湿度参数并不一致，而且采用等风量方式，会造成空调系统耗电量大，所以有时采用减小风量的送风方法，其送风状态点的确定与夏季一致：先求冬季空气变化过程的热湿比 ε_d，选定送风温度（35～40℃），找出过室内空气状态 N 的热湿比 ε_d 线和送风温度线之交点即为所求。冬季减小风量并不需更换风机，可以改变皮带轮以降低风机转速。

3. 有毒气散发车间送风量的确定

在某些聚合车间（如聚丙烯腈的聚合车间）常有大量有毒气体溢散到室内空间，对人体造成危害。为了稀释室内有毒气体，使其浓度不超过规定范围，需向室内送入新风。新风量可用下式计算：

$$G_{新} = Z/(Y_a - Y_s)v \qquad (16-6)$$

式中　$G_{新}$——新风量，kg/h；

　　　Z——室内散发有毒气体重量，mg/h；

　　　Y_a——室内空气中有毒气体的允许浓度，mg/m^3；

　　　Y_s——送入室内空气中有毒气体的浓度，mg/m^3；

　　　v——空气的比容，m^3/kg。

二、纺丝冷却吹风的送风状态与送风量的确定

熔融纺丝时，从喷丝板小孔中喷出的熔体细流用冷却风强制冷却，使之在短时间内凝固成丝条，丝条与卷绕机的第一个导丝元件接触时，丝条温度应≤65℃，以防单丝之间产生粘连。在丝条固化之前的纺丝线上的各点，熔体细流的直径、速度及温度都不相同。在这个区域内，丝条对冷却吹风变化的反应非常敏感，冷却条件的微小变化都要导致纤维纤度和微细结构的变化，所以冷却吹风是熔纺成型中非常重要的一环。

冷却吹风的状态主要指风温与风湿。风温与纤维的预取向度有关；风温高，纤维在塑性-高弹形变区的解取向大，不利于取向；但风温高，熔体细流的凝固点下移，纤维的高弹形变区变大，又有利于取向。初生纤维的取向度（双折射）取决于以上两方面的因素。所以冷却吹风温度的选择应根据生产品种及设备情况而定，可参见第一章第四节。

风湿对熔纺成型的影响不甚显著，但增加风湿优点很多，首先可防止初生纤维在甬道中产生静电，减小丝条抖动；其次可提高空气比热容和热导率，有利于丝条的冷却。但风湿不宜过高，一般不超过80％。

冷却风的送风量可由下列确定：

$$G_{冷} = (n_{冷}Fcn_1/v) \times 3600 \qquad (16-7)$$

式中　$G_{冷}$——冷却吹风送风量，m^3/h；

　　　$n_{冷}$——冷却吹风位数；

　　　F——冷却吹风面积，m^2；

　　　v——空气的比容，m^3/kg；

　　　n_1——考虑漏风等因素的系数，一般取 1.2～1.25；

166

c——冷却吹风风速，m/s。

在纺丝设备一定的条件下，式(16-7)中的 $n_冷$、n_1、F、v 不变，所以送风量仅取决于风速 c。一般风速应在 $0.4\sim0.5$m/s。采用环吹风时，风速可以响应降低；纺速提高时风速应适当加大。

三、空气调节过程

空气调节过程是先对空气进行预处理，使之达到所要求的送风状态，经管道送入车间，吸收（或补充）车间的余热（热量）、余湿后，达到室内规定的基准温湿度的全过程。

如果按被处理空气的来源划分，空气调节过程可分为：①全新风空气调节系统；②部分回风空气调节系统；③全回风空气调节系统。其中，前两种在化纤厂使用较多。

如果按处理后空气的用途划分，空气调节系统可分为：①工艺用空调，主要指与纺丝成型直接相关的丝束冷却送风系统（如熔纺）和丝束烘燥送风系统（如干法纺丝）；②环境空调，这对纺丝成型的影响也很大，主要指卷绕间、平衡间及后加工车间的空调送风系统；③劳保空调，这是从人体健康角度考虑而设置的空调系统，主要指纺丝间送风、车间内排风、局部送排风等系统。

下面介绍各种空气调节过程的特点及其使用情况。

1. 新风式空气调节系统

全新风系统是指全部采用室外空气的系统，也称全空气系统，主要适用于下列场合。

① 工艺设备需要连续输送空气进行热湿交换，而空气又不能回用的系统。如涤纶、锦纶纺丝的丝束冷却送风。

② 车间内空气有污染，但又需要空气调节。如涤纶、锦纶的纺丝间及黏胶长丝纺丝的送风系统。

③ 车间内有易爆气体污染；需用固定送风进行稀释。如 CS_2 计量室送风、腈纶聚合车间送风等。

④ 为补充车间内排风而设置的送风系统。

⑤ 为同化机器内部散热而设计的空调系统。如牵伸电机冷却送风等。

常用的全新风系统有以下几种类型。

（1）喷淋式全新风系统　该系统可控制空气的温度和湿度，化纤厂应用较多。该系统的必要构件如图 16-3 所示，调节过程如图 16-4 所示。

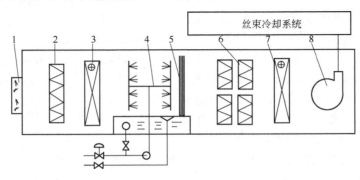

图 16-3　喷淋式全新风系统
1—进风口；2—初级过滤器；3,7—加热器；4—喷水室；
5—挡水板；6—精滤器；8—送风机

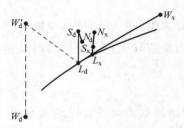

图 16-4　喷淋式全新风
系统调节过程

实线：夏季　虚线：冬季

W—室外新风状态点；S—送
风状态点；N—要求的状态；

L—机器露点；x—夏季；d—冬季

室外新风 W_x 先经喷水室处理，使之由 W_x 状态冷却去湿到机器露点 L_x，再经加热器加热至送风状态 S_x，送入车间，吸收车间内的余热、余湿，变化至室内要求的状态 N_x 而完成调节过程。

室外空气先经预热器预热，使空气由 W_d 状态变化到 W_d' 状态，再用喷循环水的办法使空气等焓加湿至机器露点 L_d，再用加热器至送风状态 S_d，送入车间放出热量并变化至室内要求的空气状态 N_d 而完成空气调节过程。

（2）表冷式全新风系统　表冷式全新风系统在化纤厂中也有应用，特别是小型化纤厂应用较多，该系统的特点是温度控制精度较高，而湿度控制误差较大，特别是冬季不能实现对空气的加湿处理。为此在该系统中常设置蒸汽加湿装置，以实现湿度的调节。该系统构件见图 16-5，空气调节过程见图 16-6。

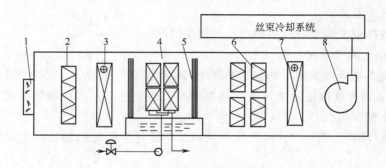

图 16-5　表冷式全新风系统

1—进风口；2—初级过滤器；3,7—加热器；4—表冷器；

5—挡水板；6—精滤器；8—送风机

夏季空气调节过程与喷淋式全新风系统基本相同，其中空气冷却是借助表冷器完成的。

冬季空气调节过程有两种方法：一是先将室外空气加热，使之由状态 W_d 变化至 W_d''（$t'_{W_d}=t_{L_d}$），然后用 100℃ 以下的蒸汽加湿至 L_d，再用加热器将 L_d 状态的空气加热至送风状态 S_d，送入车间，空气将沿等 ε_d 线变化至 N_d，完成调节过程。二是将空气直接加热至 W_d'（$t'_{W_d}=t_{S_d}$），然后再用 100℃ 以下蒸汽加湿到送风状态点 S_d 送入车间，完成空气调节过程。化纤厂还采用一些全新风系统是为满足劳动保护的需要，或为补充室内排风而设置的，其仅对空气湿度有一定要求，所以可以省略精滤器和二次加热器。

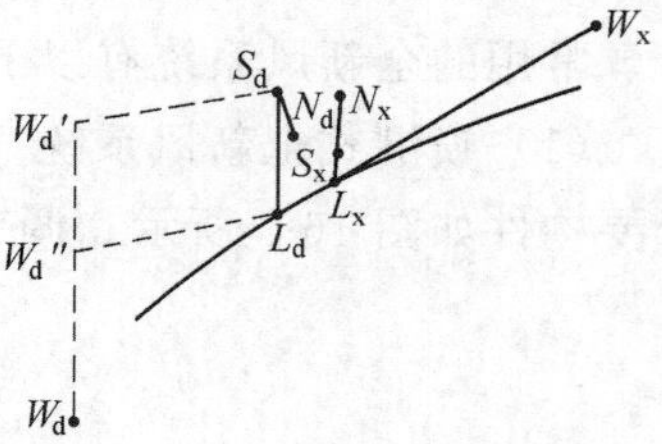

（3）液体吸收式全新风系统　这种全新风系统的结构与

图 16-6　表冷式全新风
系统调节过程

实线：夏季　虚线：冬季

W—室外新风状态点；S—送风状态点；

N—要求的状态；L—机器露点；

x—夏季；d—冬季

喷淋式相类似。但调节过程是借助盐溶液浓度的变化来实现的。其特点是一步完成，如图 16-6 的 $W_x \rightarrow S_x \rightarrow N_x$ 线所示。此法虽处理过程简单，但盐溶液再生处理设备十分复杂，所以，一般仅在喷淋式系统不能满足要求时才使用这一系统。

（4）全新风系统的用热与用冷　对于喷淋式及表冷式全新风系统，夏季用冷量 Q 为将送风量 G 由室外状态冷却到露点状态所需的冷量，即：

① 将室外新风冷却至室温所用冷量 $G(i_{W_x}-i_{N_x})$；

② 消耗室内余热用冷量 $G(i_{N_x}-i_{S_x})$；

③ 抵消再加热器加热用冷量 $G(i_{S_x}-i_{L_x})$。

用热量 Q' 为将 $G(\mathrm{kg/h})$ 露点状态的空气加热到送风状态的用热量，即：

$$Q'=G-(i_{S_x}-i_{L_x})$$

对于液体吸收式全新风系统的用冷量 Q 为将 $G(\mathrm{kg/h})$ 空气冷却到送风状态所用的冷量，由两部分组成：

① 冷却新风用冷量 $G(i_{W_x}-i_{N_x})$；

② 室内余热用冷量 $G(i_{N_x}-i_{S_x})$。

2. 部分回风式空气调节系统

为了节约能源，化纤厂常用部分回风式空气调节系统。这种空气调节系统的特点是气源的一部分取自空调车间，并在处理之前与室外新风混合。

这类空调系统一般用于下列场合。

① 车间内空气的温度及相对湿度需要调节，但车间内没有污染源。如涤纶的卷绕车间，锦纶的牵伸、加捻、络筒、卷绕、平衡、物检等车间。

② 车间内空气无污染，但需控制温度或需同时控制温度与湿度的车间，如泵板检验、仪表控制室、物检室、计量泵校检室等。

常用的部分回风空调系统有以下两类。

（1）部分回风的喷水式系统　部分回风的喷水式系统如图 16-7 所示。

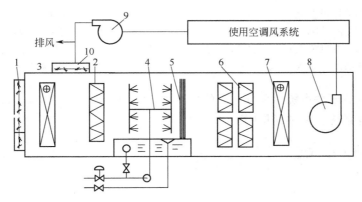

图 16-7　部分回风喷淋式系统

1—新风阀；2—初级过滤器；3,7—加热器；4—喷水室；5—挡水板；
6—精滤器；8—送风机；9—回风机；10—回风阀

系统中的新风阀有最小新风阀和最大新风阀，以易于控制新风量。在调节过程中，最大新风阀全关时，仍可保证最小新风量。如果仅用一个新风阀，阀上应用最小开度的限位。当设有回风机时，可不控制新风阀，仅控制回风和排风阀以调节新回风比例。当固定新回风比时，只需用一个新风阀。回风风机的安装位置和是否设置，可根据具体情况而定。

喷水式系统调节过程的 i-d 图见图 16-8。

空气调节过程为：

夏季：

$$\begin{array}{c}W_x\\ \searrow\\ \xrightarrow{\text{混合}}H_x\xrightarrow{\text{喷水}}L_x\xrightarrow{\text{加热}}S_x\xrightarrow{\text{吸热}}N_x\\ \nearrow\\ N_x\end{array}$$

冬季：$W_d\xrightarrow{\text{加热}}W_d'$

$$\begin{array}{c}W_d'\\ \searrow\\ \xrightarrow{\text{混合}}H_d'\xrightarrow{\text{喷循环水}}L_d\xrightarrow{\text{加热}}S_d\xrightarrow{\text{放热}}N_d\\ \nearrow\\ N_d\end{array}$$

或：

$$\begin{array}{c}W_d\\ \searrow\\ \xrightarrow{\text{混合}}H_d\xrightarrow{\text{加热}}H_d'\xrightarrow{\text{喷循环水}}L_d\xrightarrow{\text{加热}}S_d\xrightarrow{\text{放热}}N_d\\ \nearrow\\ N_d\end{array}$$

如果室外新风的焓大于 W_d' 点的焓，混合后空气的焓大于或等于机器露点所具有的焓，则可不必设预热器。

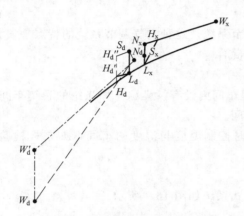

图 16-8　部分回风系统调节过程
实线：夏季　虚线：冬季
W—室外新风状态点；S—送风状态点；N—要求的状态；
L—机器露点；H—混合状态；x—夏季；d—冬季

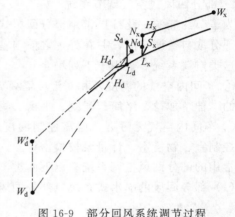

图 16-9　部分回风系统调节过程
实线：夏季　虚线：冬季
W—室外新风状态点；S—送风状态点；N—要求的状态；
L—机器露点；H—混合状态；x—夏季；d—冬季

（2）部分回风的表冷系统　部分回风的表冷系统结构与喷水式相似，只是将其中的喷水室改为表冷器。该系统空调过程见图 16-9。

夏季：

$$\begin{array}{c}W_x\\ \searrow\\ \xrightarrow{\text{混合}}H_x\xrightarrow{\text{喷水}}L_x\xrightarrow{\text{加热}}S_x\xrightarrow{\text{吸热}}N_x\\ \nearrow\\ N_x\end{array}$$

冬季：$W_d\xrightarrow{\text{加热}}W_d'$

$$\begin{array}{c}W_d'\\ \searrow\\ \xrightarrow{\text{混合}}H_d'\xrightarrow{\text{喷蒸汽}}L_d\xrightarrow{\text{加热}}S_d\xrightarrow{\text{放热}}N_d\\ \nearrow\\ N_d\end{array}$$

或：

$$\begin{array}{c}W_d\\ \searrow\\ \xrightarrow{\text{混合}}H_d\xrightarrow{\text{加热}}H_d'\xrightarrow{\text{喷蒸汽}}L_d\xrightarrow{\text{加热}}S_d\xrightarrow{\text{放热}}N_d\\ \nearrow\\ N_d\end{array}$$

或：

$$\begin{array}{c}W_d\\ \searrow\\ \xrightarrow{\text{混合}}H_d\xrightarrow{\text{加热}}H_d''\xrightarrow{\text{喷蒸汽}}S_d\xrightarrow{\text{放热}}N_d\\ \nearrow\\ N_d\end{array}$$

部分回风系统用于冷却室外新风，用冷量较全新风系统少。如果回风占总风量90%时，这部分用冷量将节省90%。

3. 多功能冷却送风系统

这种空调系统的特点是，使用一台空调机组同时为丝束冷却系统、卷绕间、纺丝间送风。为了既能保证丝束冷去和卷绕部分的空调温度，又不设多套空调系统，该空调系统是将所有的空调风处理至同一露点状态，然后对湿度要求不高的部位直接送露点风，对湿度要求高的部位则对露点风进一步处理，使之达到要求后再送风。

该空调机组由若干功能构件组合而成，使用部门可根据需要自行选用及组合。图 16-10 为其基本组合形式的示意图。

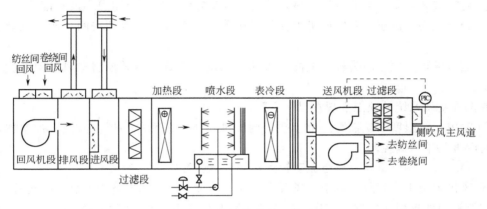

图 16-10　多功能冷却送风系统

室外新风通过新风阀进入混合室，与回风混合，然后经过预过滤器，根据风源情况，分别进行冷却和加湿处理，使空气达到露点状态。去丝束冷却系统的空气经过加热器和精过滤器，从丝束冷却送风压力控制阀直接导入纺丝部位对丝束进行冷却；在主风道与送风机之间设置联动系统，当主风道风压大于设定值，风机自动减速以保证主风道系统风压稳定。去纺丝间和卷绕间的空气由风门直接导入纺丝间和卷绕间，换热后经回风管道进入回风机。

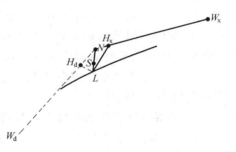

图 16-11　空调过程 i-d 图

该空调系统的调节过程及车间内空气变化过程见图 16-11。

第四节　局部式空气调节系统

在化纤厂除了大面积生产车间和丝束冷却需要空气外，有些辅助性房间，如物理检验室、泵板检验间及仪表控制室等小面积房间也需要空气调节，以控制室内的温度及相对湿度。

这些房间面积不大，对温度及相对湿度要求较严格。对于这些小房间采用集中式大型空气调节是不经济的，因此采用局部式空气调节系统——空气调节机组。

空气调节机组具有体积小，现场安装简便、运行管理简单、使用灵活等优点，当前广泛使用。

目前国内生产的空气调节机组有恒温恒湿机组和调温机组两种。化纤厂主要使用前一种。

恒温恒湿机组带有电加热器、加湿器、冷却器和自动控制装置，用于有恒温恒湿要求的空气调节房间。其工作过程是室外新风与室内回风在混合室内混合，经过滤器进表冷器冷却，再经风机加压后，进入电加热器加热进入车间。使用后部分空气排除，部分空气回用。

局部式空调系统的优点表现在以下方面。

① 不需设置较大的空气调节机房。有的空气调节机组可直接安放在空调房间内。即使设置单独机房，也比集中式空调系统机房的面积减少 50％左右。

② 送风回风系统简单。使用空调机组时，送回风管道较短，甚至可以不用风道。

③ 施工安装简单。空调机组是整体结构，安装方便，有些机组可不设基础。

④ 调节灵活。由于一台空调机组往往只服务于一个或两个空调房间，所以风量易灵活调节。

⑤ 运行管理方便。因为机组上配有自动控制调节装置，容易控制送风温湿度。节省土建投资。

局部式空调系统的缺点表现在以下方面。

① 室内相对湿度不易控制。由于空气调节机组使用表面冷却器，虽设有加湿器，但室内相对湿度仍难精确控制。

② 噪声大，耗电量高。机组振动较大，需做防震处理。

③ 风机剩余压头有限，对于送风管道长或阻力过大的局部式空调系统，应设增压风机。

空调机组的选用应根据空调房间的冷热负荷和用风量参阅恒湿恒温机空调机样本或手册确定。

局部式空调系统不同于集中式空调系统，其机房布置需遵守以下原则。

① 空调房间的面积不大，室温精度大于或等于±1℃，机组噪声或振动不影响生产时，空调机组可直接放在空调房间内否则另设机房。

② 当一个空调集中服务于几个空调房间，或几个机组服务于一个或几个空调房间时，宜单设机房，以便管理。

③ 如果空调房间面积较大，需有制冷设备，且制冷机房为空调系统专用时，则距离不宜太远，以减少冷量损失。采用氨剂制冷时，制冷机房应与空调机房分开布置。

④ 空调机房应与空调房间毗邻，以便管理和管道设置。

⑤ 机组运行控制盘应设在空调机房内，但应与振动设备有一定距离。如果空调系统多且分散布置时，应单独设控制室。

⑥ 空调机房需靠外墙布置，以利于采排风。

第五节　化纤厂空气调节系统控制

化纤厂空调系统的控制方式，包括送风温湿度的控制、风压的控制、侧（环）吹风窗风速的控制三种形式。

1. 送风温湿度的控制

送风温湿度的控制包括直接控制法和间接控制法。

（1）直接控制法　通过设在送风总管内的温湿度传感器所发送的信号来直接控制送风的温湿度，通过温度传感器来控制冷冻水阀和再热蒸汽阀（或热水阀）的开度，达到所要求的温度；通过湿度传感器来控制新回风之比及蒸汽加湿器喷出的蒸汽量，以调节送风的相对湿度。该控制方式能够节约能源，对控制系统的要求较高，控制系统的灵敏度低时，容易引起被动。

（2）间接控制法　由于冷却风的热负荷主要是以工艺散热量为主，一般比较稳定，通过控制送风的露点温度，基本上控制了温湿度。首先根据露点温度传感器的信号，控制表冷器和二次加热器的调节阀，以达到所要求的露点温度；再根据湿度传感器的信号进行湿度微调。国内目前有两种湿度微调方法：一是采用喷循环水加湿，根据湿度信号首先控制新回风之比，再控制二次回风与一次回风之比（或控制电加热进行微调），从而达到所要求的湿度；另外一种则是采用蒸汽加湿，湿度信号直接控制蒸汽加湿器喷出的蒸汽量，进而调节送风的相对湿度。

2. 风压的控制

由于过滤器阻力的变化，纺丝位的增加或减少都会引起送风压力的波动进而影响各纺丝位的送风量和冷却风速的稳定。因此，对于送风总管内的压力必须进行控制。

$$P_3 = \Delta P_1 + \Delta P_i \tag{16-8}$$

式中　P_3——送风总管上控制点的压力，Pa；

　　　P_1——控制点到侧（环）吹风窗的阻力损失，Pa；

　　　P_i——侧（环）吹风窗的控制压力，Pa，一般为350Pa。

对于风压的控制，目前一般有两种方法：一种是采用变频控制，通过送风总管上的压差信号来控制变频柜的电源输出频率，以调节风机的转速，达到恒定的送风压力；二是采用旁通控制法，在送风总管上设置旁通风管和旁通阀，多余的风量排到回风系统中（在具体的工程中，排风可以先排到纺丝间，再通过回风管回到空调机组或直接排到回风管上）。在这种情况下，送风总管上的压差信号用来控制旁通风阀的开度，从而维持送风系统压力的稳定。

3. 侧（环）吹风窗风速的控制

一般情况下侧（环）吹风窗的外形尺寸是不变的，通过调节侧（环）吹风窗的送风量来调节侧（环）吹风窗的面风速。对于风量的控制，常用的有两种：一是通过流量信号控制，用孔板流量计测得的流量信号调节侧（环）吹风窗送风支管上风阀的开度，以调节流量；二是采用压差信号控制，压差传感器设在冷却风窗内，压差信号控制侧（环）吹风窗送风支管上风阀的开度，达到控制流量的目的。

第六节　化纤厂空调系统的运行调节

设计空气调节过程时均以最不利的情况为基础。事实上，市内余热、余湿量是不断变化的，室内气象条件的变化更大，所以设计的空调系统并不总是满负荷工作。如何使空调系统充分发挥其效用，既满足车间生产的要求，又具有较低的运行费用是空调运行调节要解决的问题。

一、负荷变化时的运行调节

负荷变化是指室内余热量 Q 和余湿量 W 随室内工作调节和室外气象条件变化的情况。室内热湿负荷变化时的运行调节有以下两种情况。

1. 余热量变化、余湿量不变

如图 16-12 所示的情况，如果送风状态 S 不变，原有的室内状态 N 就不能维持，新的室内空气状态点 N' 将在新的热湿比线（$\varepsilon' = Q'/W$）与 d_N 的交点上。

若维持原有室内空气状态 N 必须不改变送风状态点，新的送风状态点 S' 应为热湿比线 ε' 与 d_s 的交点。

显然在运行调节时，只需调节再热器的供热量即可。

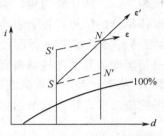
图 16-12　余热量变化、余湿量
不变的调解过程

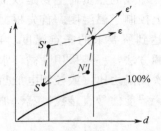

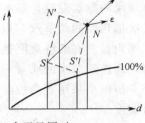
图 16-13　余热、余湿量同时
变化的调解过程

2. 余热、余湿量同时变化

设余热量由 Q 变到 Q'，余湿量由 W 变到 W'，则热湿比 ε 将变化到 ε'，ε' 可能大于 ε，也可能小于 ε，见图 16-13。

如果送风状态 S 不变，就会出现新的室内空气状态点 N' 或 N''。要保证室内空气状态 N 不变，必须改变送风状态点。湿平衡方程：

室内负荷变化前：
$$d_N - d_S = 1000W/G$$

送风状态不变时：
$$d'_N - d_S = 1000W'/G$$

室内空气状态不变时：
$$d_N - d'_S = 1000W'/G$$
$$d'_N - d_S = d_N - d'_S$$

可知，要保证室内空气状态不变，不但要调节空气的焓值，还要改变空气的含湿量，显然，仅调节二次加热量是不够的。工作实践发现，以下方法可实现上述调节过程。

（1）定露点运行调节法　前已述及，室内温湿度参数控制有一定精度，即室内的温湿度参数有一个范围，如图 16-14 的阴影部分。在这个区域中的任何一点都能满足要求。如果室内负荷变化，而送风状态不变，则空气将沿新的热湿比线变化至新的送风状态 N' 或 N''（见图 16-14），如果 N' 或 N'' 仍在阴影之内，则不必调节；如果 N' 或 N'' 离开阴影，就必须进行调节，此时可固定机器露点调节热量，使室内空气状态维持在阴影范围内，如图 16-15 所示。

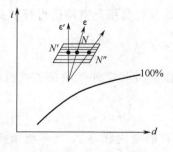
图 16-14　送风状态不变

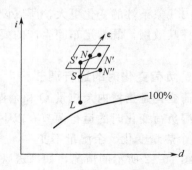
图 16-15　定露点运行调节法

如果通过定露点调节法仍不能达到室内允许的空气状态时，就要采用变露点调节法。

（2）变露点运行调节法　以有一次回风的空气处理室为例，介绍几种变露点的运行调节方法。

① 调节预热器的加热量，进行变露点运行调节，如图 16-16 所示。在定露点运行调节时，是将新风和回风按固定的百分比混合到状态 H，由预热器加热到状态 M，再经绝热加湿到机器露点 L。在变露点运行调节时，为了得到不同状态的露点状态 L'，需改变预热器的加热量，将混合状态 H 的空气加热到过 L' 点的等焓线上（M' 点），然后进行绝热喷雾，则可得到新的露点状态。

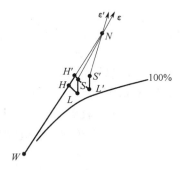

图 16-16　调节预热器的加热量

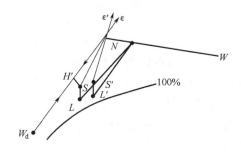

图 16-17　调节新回风比例

② 调节新回风比例，进行变露点运行调节。如图 16-17 所示，定露点运行调节时，随新风状态的变化调节新回风比，使新风与回风按 HN/W_dH 的比例混合后达到位于 i_L 线的状态 H，再经绝热喷雾达到露点 L。而在变露点运行调节时，即使新风状态未变，也要改变新回风比，使新风与回风比按 HN/W_dH 的比例混合后到 i'_L 线上，再经绝热喷雾达到新的露点状态 L'。

③ 调节喷水温度，进行变露点运行调节。见图 16-18。定露点运行时，是用一定温度的冷水将状态为 H 的混合空气进行冷却干燥，达到露点状态 L。而在变露点运行调节时，即使新风状态不变也要改变喷水温度，将状态为 H 的空气处理到新的露点状态 L'。

这种方法对湿负荷变化较大的房间的调节效果显著，但因需采用有湿度敏感元件的自控系统，所以其应用受到限制。

3. 室外空气状态变化时的运行调节

室外空气状态变化而空调设备并未作相应调整时，就会导致室内空气状态的变化而影响生产的顺利进行。因为室外空气状态在一年内的变化很大，所以要对空调设备进行相应的调节，以保证室内空气状态。

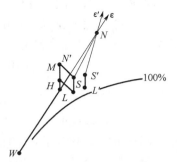

图 16-18　调节喷水温度

对具有一次回风的空调系统的工况区的划分如下。

第 I 区：室外空气含热量位于含热量 i'_{W_d}（开始停止预热时的室外空气含热量）以下的区域，属冬季最寒冷的季节。

第 II 区：室外空气含热量高于热量 i'_{W_d}，但低于冬季最低机器露点含热量 i_{L_d}，即在含热量 i'_{W_d} 和 i_{L_d} 之间的区域，称为冬季。

第 III 区：室外空气含热量位于含热量 i_{L_d} 与 i_{L_x}（夏季所允许的最高机器露点含热量）为界的区域，称为春秋季。

第Ⅳ区：室外空气含量位于含热量 i_{L_d} 与 i_{N_2}（夏季所允许的最高室内空气含热量）为界的区域，称为夏季。

第Ⅴ区：室外空气含热量高于夏季所允许的最高室内空气含量以上的区域，称为夏季最炎热时期。

各工矿区的调解方案如下。

第Ⅰ区：最寒冷时期，室外空气的含热量小于 i_{W_d}，故必须开启预热器对空气进行预热，使其含热量等于 i_{W_d} 在与室内空气按比例（9：1）混合到 H_d 点，经绝热加湿到 L_d，经再加热器加热至送风状态点 S_1 送入车间。其处理过程为

$$W_d \xrightarrow{\text{预热}} W'_d \searrow$$
$$N \nearrow \text{混合} H_d \xrightarrow{\text{喷循环水}} L_d \xrightarrow{\text{加热}} S_d \xrightarrow{\text{放热（吸热）}} N_d$$

随室外空气温度的提高，可逐渐减少预热量，当室外空气的含热量等于 i'_{wd} 时，室外新风与一次回风的混合点一定落在含热量 i_{Ld} 线上，此时，预热器关闭。

还有一种调节方法，即先将室外空气与室内空气按 1：9 的比例混合到 H'_d 点，再将 H'_d 状态的空气预热至 H_d，再用循环水喷淋至 L_d，加热至送风状态后送入车间。其处理过程为预热器。

$$W_d \searrow \qquad \text{预热}$$
$$N \nearrow \text{混合} H_d \xrightarrow{\text{加热}} H'_d \xrightarrow{\text{喷循环水}} L_d \xrightarrow{\text{加热}} S_d \xrightarrow{\text{放热（吸热）}} N_d$$

第Ⅱ区：改变室内外空气的混合比，继续用循环水处理空气是这一时期空气调节的特点。随着气温的回升，室外空气的含热量逐渐增加，使用回风的比例可逐渐减少，新风比例逐渐增加，当室外空气的焓等于 i_{L_d} 时，可全部使用新鲜空气，用循环水处理至 L_d 后，加热至 S_d，再送入车间。

第Ⅲ区：当室外空气状态在此区域内变化时，仍可全部使用室外空气并用循环水处理空气，但循环水温要随室外空气湿球温度的升高而自然升高，机器露点也相应上升，室内空气状态点将在空调范围内变化。

室外空气状态在该区变化时，还可采用调节新回风比并用循环水的方法，此时室内参数控制点为 N_2。处理过程为：

$$W_x \searrow \qquad$$
$$N_2 \nearrow \text{混合} H_c \xrightarrow{\text{喷循环水}} L_x \xrightarrow{\text{加热}} S_x \xrightarrow{\text{吸热}} N_2$$

第Ⅳ区：该区的调节原则是用 100％ 的新鲜空气，通过喷水室用冷冻水冷却空气。室外空气温度升时，其含量是增加的，所用冷冻水量亦相应增加，或水温下降。

第Ⅴ区：处于该区的室外空气的含热量大于室内空气的含热量。如果采用回风，将可减少冷水用量，降低能耗。所以该区调解过程是：

$$W_x \searrow \qquad$$
$$N_2 \nearrow \text{混合} H_x \xrightarrow{\text{喷冷冻水}} L_x \xrightarrow{\text{加热}} S_x \xrightarrow{\text{吸热}} N_2$$

综上所述，空调的运转调节不外乎是掌握室外气象条件和室内余热余湿的变化，对风量、水温、水量及加热量进行调解的过程。具有一次回风空调系统的运行调节可归纳于表 16-11。

表 16-11　全年空调系统运行调节

区域	调 节 内 容	新风与回风比例	调 节 方 法	特 点
Ⅰ	预热器加热量	满足卫生要求的新风量	用阀门调节热媒流量	新风量全年最小
Ⅱ	新风与回风的比例	新风量逐渐增加	用联动多叶阀调节新风与回风比例	预热器全关闭
Ⅲ	新风与回风的比例	新风量逐渐增加	用联动多叶阀调节新风与回风比例	循环水温逐渐升高
Ⅳ	喷水温度	全新风	用三通阀调节冷水与循环水的混合比例	开始使用冷冻水
Ⅴ	喷水温度与新、回风比例	喷水温度逐渐降到低,新风量逐渐减小到满足卫生要求量	调节三通阀与联动多叶阀	制冷量达到设计参数

二、化纤厂常用空调方案

各化纤厂生产品种或生产工序不同,采用的空调系统及调节方案也随之不同,可分为两大类。

1. 变风量系统调节方案

变风量系统的调节可分为双露点变风量调节和固定露点变风量调节。

（1）双露点变风量系统　该系统适于对气流速度没有严格要求的车间,如后加工的络筒、捻线等车间。这种调节系统的特点是在确保全年室内相对湿度稳定的条件下,室内温度在允许的控制范围内波动,这是既适合纺织工艺特点,又节约能源的控制方案。双露点变风量调节方案见表 16-12。

表 16-12　双露点变风量调节方案

区 域	温 度	相 对 湿 度	备 注
Ⅰ	调新、回风比	变风量	喷循环水
Ⅱ	全新风	变风量	喷循环水
Ⅲ	全新风	变风量	喷冷冻水,调喷水温度
Ⅳ	新风量占 10%	变风量	控制车间温度

（2）固定露点变风量系统　该系统也适合于对气流速度没有严格要求的车间。其控制特点是全年车间温度与相对湿度相同,如假捻的筒子架区。这是一种既节能又能满足严格控制室内温度及相对湿度的控制系统。固定露点变风量调节方案见表 16-13。

表 16-13　固定露点变风量调节方案

区 域	温 度	相对湿度	备 注
Ⅰ	调新回风比 混合风加热精调	变风量	喷循环水
Ⅱ	全新风,喷冷冻水调温	变风量	调冷冻水喷淋温度
Ⅲ	新风占 10%,喷冷冻水调温	变风量	调冷冻水喷淋温度

2. 定风量系统调节方案

（1）全新风系统　这是化纤厂广泛采用的一种送风方式,主要用于空调房间的送风和丝束冷却。全新风系统调节方案见表 16-14。

表 16-14　全新风系统调节方案

区　域	温　　　度	相对湿度	备　注
I	新风加热,或新风加热配合喷热水	二次加热	喷循环水
II	喷冷冻水或喷循环水加表冷器	二次加热	

　　如果采用喷热水方案,这要增加循环水加热装置;如果采用表冷器,则要在二次加热器前加装一组表冷器和挡水板。

　　(2) 双露点加表冷器或冷冻水喷淋系统　本系统适用于化纤厂的后加工车间,相对湿度全年不变,温度可按工艺要求区分为夏季和冬季,气流速度全年不变。该方案是节能方案之一,其调节方案见表 16-15。

表 16-15　双露点定风量调节方案

区域	温　　　度	相对湿度	备　注
I	新、回风比达不到要求开混合风加热	调喷水量或二次加热	喷循环水
II	在 B_1 与 B_2 控制范围内,全新风	调喷水量	喷循环水或冷冻水 (使用冷冻水时用二次加热调节相对湿度)
III	新风 10%,调冷冻水温	二次加热	调冷冻水喷淋温度或调表冷器内冷冻水温

　　(3) 固定露点加表冷器和喷淋系统　这是一个要求高精度控制室内温度、相对湿度与气流速度的方案,分为冷冻水喷淋与用表冷器冷却两种类型,两者效果相同。其调节方案见表16-16 及表 16-17。

表 16-16　固定露点定风量调节方案 (喷冷冻水)

区域	温　　　度	相对湿度	备　注
I	调新回风比,达不到要求时开混合风加热	二次加热	喷循环水
II	全新风,达不到要求时减少新风喷冷冻水	二次加热	全新风时喷循环水
III	新风 10%,调喷淋水温度	二次加热	调冷冻水喷淋温度

表 16-17　固定露点定风量调节方案 (用表冷器)

区域	温　　　度	相对湿度	备　注
I	调新回风比,达不到要求时开混合风加热	二次加热	喷循环水
II	全新风,达不到要求时减少新风喷冷冻水	二次加热	全新风时喷循环水
III	新风 10%,调喷淋水温度	二次加热	调冷冻水喷淋温度

第七节　化纤厂压缩空气站的设计

　　压缩空气站 (以下简称空压站) 是化纤厂的重要动力中心之一。它的任务是为全厂生产装置、辅助生产装置及公用工程装置提供工艺及仪表用压缩空气。由于大型化纤厂,特别是大型化纤联合企业为全年不间断连续运行,因此要求空压站常年不间断供气,空压站的设计应能保证安全生产、保护环境、节约能源、努力改善劳动条件,做到技术先进、经济合理。

一、空压站的设计规范和标准

　　除应执行压缩空气站设计规范 (GBJ29—90) 外,还应符合下列国家现行规范、标准的有关规定:

　　① 一般用压缩空气质量等级 (GB/J 13277—91);

　　② 工业企业卫生标准 (TJ 36—79);

③ 建筑设计防火规范（GB 316—87）；

④ 工业企业噪声控制设计规范（GBJ 87—85）；

⑤ 工业金属管道工程施工及验收规范（GB 50235—97）；

⑥ 现场设备、工业管道焊接工程施工及验收规范（GB 50236—97）；

⑦ 机械设备安装工程施工及验收通用规范（JBJ 23—96）；

⑧ 压缩机（JBJ 29—96）；

⑨ 其他。

二、设计基础资料

1. 压缩空气负荷

用户的压缩空气负荷资料应包括各用气装置、工段或设备的名称、规格、数量，使用压力要求，最大消耗量，平均消耗量，对空气的质量要求（包括含尘量、露点温度、含油量等）。

2. 工程项目总图

了解各用户在总图上的分布情况，确定空压站在总图上的位置，以便考虑空压站的建筑布置。

3. 气象资料和地质资料

主要包括平均最高和最低气温、大气压力、主导风向、空气含尘量、土壤等级和冻结深度、水位等。

4. 水质资料

所使用水源的水质、硬度、悬浮物含量、pH 值、冷却水进水温度和夏季最高水温等。

5. 工程项目近期和远期发展情况

考虑空压站的扩建余地或预留机台位置。

6. 改扩建空压站所需资料

除上述资料外，尚应了解原有空压站空压机及辅助设备的规格、数量、使用年限、质量情况等，以及原有建筑、结构形式和主要建筑尺寸、管道布置情况等。

三、空压站的布置

空压站在厂内的布置应根据下列因素，经技术经济方案比较后确定：

① 靠近负荷中心；

② 供电、供水合理；

③ 有扩建的可能性；

④ 避免靠近散发爆炸性、腐蚀性和有毒气体以及粉尘等有害物的场所，并位于上述场所全年主导风向最小频率的下风侧；

⑤ 空压站与有噪声、振动防护要求场所的间距应符合国家现行标准规范的规定；

⑥ 空压站的朝向宜使机器间有良好的穿堂风，并宜减少西晒。

空压站宜为独立建筑物，根据具体情况也可和冷冻站、空分站等性质相似的站房组合在一起设置联合站房，以节省用地、节省投资和方便管理。

四、压缩空气供应方案

（1）集中空压站　对耗气量较大，用户比较集中的工厂宜设置集中空压站。

（2）区域性空压站　对耗气量较大，工厂规模也较大，用户比较集中的工厂，可设置区域空压站，各空压站之间压缩空气管道可以联网，以调节负荷互相备用。

（3）分散供气　对于耗气量较小，用户少而分散的工厂可在车间辅房内设置小型空压站就地供气，压缩空气管网。

五、对压缩空气的质量要求

一般化纤厂要求提供两种压缩空气，其质量要求见表 16-18。

表 16-18　化纤厂用压缩空气质量要求

质　　量	压力等级/MPa	露点温度/℃	含尘量/(mg/m³)	含油量/(mg/m³)
工艺用压缩空气	0.6～1.6	−40～−20	最大粒子直径≤1μm	0.1
仪表用压缩空气	0.6～0.8	−40 以下	最大粒子直径≤1μm	0.1

六、压缩空气的设计消耗量

1. 以平均消耗量为基础的设计消耗量 Q_1（m³/min）

$$Q_1 = \sum Q_0 K (1 + \varphi_1 + \varphi_2 + \varphi_3)$$

式中　Q_0——在同一压缩空气系统中用户平均消耗量的总和，m³/min；

　　　K——压缩空气消耗不平衡系数，根据经验取 1.2～1.4，当最大消耗量与平均消耗量相差较大时，取较大值；

　　　φ_1——管道系统的磨损系数，取 0.1～0.15；

　　　φ_2——干燥设备自耗气系数，对无热再生设备取 0.12～0.15，微热再生设备取 0.05～0.08，冷冻干燥和加热再生设备取 0；

　　　φ_3——设计未预见系数，取 0.1。

2. 以最大消耗量为基础设计消耗量 Q_2（m³/min）

$$Q_2 = \sum Q_{max} K_1 (1 + \varphi_1 + \varphi_2 + \varphi_3)$$

式中　$\sum Q_{max}$——在同一压缩空气系统中用户最大消耗量的总和，m³/min；

　　　K_1——同时使用系数，$K_1 = 0.75～1$，用户较多时，取较小值；

　　　φ_1、φ_2、φ_3 同上。

七、安装容量及机组选择

① 空压机的设备安装容量，是安装在同一供气系统（即相同的供气压力和供气质量）中所有空压机额定生产能力的总和，其中包括工作和备用机组容量。

② 不同供气压力、品质的供气系统和空压机的型号、台数应根据供气要求，压缩空气负荷，设计消耗量等经技术经济方案比较后确定。空压站内空压机台数宜为 3～6 台。对同一品质、压力的供气系统，空压机型号不宜超过两种。

③ 当最大机组检修时，其余机组的排气量应能保证全厂生产所需气量。5 台或 5 台以下供气系统可增加 1 台作为备用。6 台以上活塞式空压机可考虑设置 2 台备用。

④ 单机排气量在 60m³/min 以下的空压机宜选用活塞式或螺杆式空压机，单机排气量在 60m³/min 以上时宜选用离心式空压机。纺织化纤厂一般宜选用无油润滑空压机，当采用有油空压机时，应对压缩空气采取有效的除油措施。

⑤ 空气干燥装置的选择应根据供气系统和用户对空气干燥程度及处理空气量的要求，经技术经济比较后确定。要求大气压力下露点在−23℃以上的，可采用冷冻式干燥器；要求大气压力下露点在−23℃以下的，应采用吸附式干燥装置（包括有热再生、无热再生、微热再生等）。当用户要求干燥空气的供应不能中断时，干燥装置应设备台。

⑥ 空压站应根据供气系统在压缩空气出口处分别设置贮气罐。为保证仪表空气压力稳

定宜单独设置仪表空气贮罐，仪表空气贮罐的容积应能保证在事故停车后有 20min 的仪表空气用量。对于压缩空气负荷波动较大或要求供气压力稳定的用户，宜就近加设贮气罐或其他稳压设施。

第八节　化纤厂冷冻站设计

冷冻站是化纤厂重要的动力中心之一。冷冻站的设计应能满足生产工艺及空调对用冷的要求，保证安全生产、保护环境、节省能源，努力改善劳动条件，做到技术先进和经济合理。

一、冷冻站的设计主要应执行的国家有关规范、标准

① 工业企业采暖通风和空气调节设计规范（GBJ 19—87）。

② 制冷设备通用技术规范（GB 9237—88）。

③ 建筑设计防火规范（GBJ 16—87）。

④ 工业企业设计卫生标准（TJ 36—79）。

⑤ 工业企业噪声控制设计规范（GBJ 87—85）。

⑥ 机械设备安装工程施工及验收通用规范（JBJ 23—96）。

⑦ 制冷、空气分离设备安装工程施工及验收规范（JBJ 30—96）。

⑧ 工业金属管道工程施工及验收规范（GB 5023i—97）。

二、设计基础资料

① 冷负荷资料应包括全厂用户的名称、平均用冷量和最大用冷量、使用情况（连续或间断、年使用时间等）、制冷剂和载冷剂名称、供水温度和回水温度、供水压力和回水压力、流量、水质要求等。

② 工程项目总图，包括备用户在总图上的分布情况，确定冷冻站在总图上的位置，以考虑冷冻站的建筑布置及管路敷设。

③ 气象资料应包括工厂建设地区的温度地大气压力等。

④ 地质资料包括土壤等级、土壤酸碱度。

⑤ 水质资料包括冷却水水源的水质资料、水的浑浊度、水的碳酸盐硬度、pH 值、总硬度等，以及冷却水进水温度和夏季最高水温等。

⑥ 工厂近期和远期发展规划，以便考虑制冷站的扩建余地或预留机台位置。

⑦ 除上述资料外，对改扩建制冷站尚应了解原有制冷站的设备规格、数量、使用年限、质量情况等，以及原有站房建筑结构形式和主要建筑尺寸、管道布置等。

⑧ 设备和主要材料资料，包括制冷机组及其辅助设备的主要性能、技术规格和参数、外形图、安装图及价格等。主要材料如管材、保温材料的规格、性能及价格等。

三、一般规定

1. 一般规定

工艺和空调用人工冷源可采用压缩式制冷（包括活塞式、螺杆式、离心式制冷机）和溴化锂吸收式制冷。制冷方式的选择应根据电源、热源、水源以及用户所需的冷量、供水温度、冷却方式等情况进行技术经济比较后确定。

2. 制冷站冷负荷的确定

根据生产工艺、空调需要的冷负荷，计算出制冷站设计最大冷负荷，作为制冷站选型和确定规模的依据。

① 根据各用冷单位的负荷曲线相加，求得总的负荷曲线。其最大值及平均值乘以冷量

损耗系数，即得出制冷站最大计算冷负荷及平均冷负荷，其中应说明常年冷负荷与季节性负荷的区别。

② 冷量损耗计算系数，一般冷水机组系统为 1.05～1.10，盐水机组及氨间接制冷系统为 1.10～1.15。

3. 制冷机选型应考虑的原则

盐水机组及氨间接制冷系统应遵循以下原则。

① 需要的冷冻水温度、供回水温差、压力等应符合要求。

② 总制冷量和单机制冷量应能适应全年冷负荷变化酌情况下安全经济运行。

③ 节约能源，特别是选用大型机组时，应充分考虑电、热、冷的综合利用，优选低能耗产品。

④ 保护环境。应优先选用臭氧消耗系数及地球变暖系数值较低的制冷剂，制冷剂的毒性、设备噪声和振动对周围环境的影响程度要尽可能小。

⑤ 对冷却水源的水量、水温、水质及对冷却设备设置的可能性，对采用水冷式或风冷式冷水机组应进行技术经济比较。

⑥ 站房建设一次投资要省，全年运行费用要低。

⑦ 维修周期长，自动化程度高，操作方便。

4. 制冷机台数的确定

① 一般空调用制冷机不考虑备用，台数以 2～4 台为宜，并与冷负荷变化情况及运行调节相适应。

② 生产工艺用的常年运行的制冷机，台数不宜过多，以 2～4 台为宜，可考虑备用1台。

5. 各种冷水机组、盐水机组、风冷机组的制冷名义工况（见表 16-19）

表 16-19　制冷机冷名义工况

机　　组	冷冻水温度/℃		冷却水温度/℃	
	出　水	进　水	出　水	进　水
水冷冷水机组	7	12	37	32
风冷冷水机组	7	12	室外湿球温度 24	室外进风干球温度 35
水冷盐水机组	−10	−5	37	32

当使用工况和机组名义工况不一致时，应根据制造厂提供的性能曲线对制冷且进行修正或进行计算确定。

6. 载冷剂的选择

当制冷系统的蒸发温度＞0℃，制冷水系统的水温＞5℃时，应采用水为载冷剂；当蒸发温度在 0℃ 以下时，应采用盐水或乙二醇水溶液为载冷剂。一般选择盐水的浓度应使其凝固点比制冷剂蒸发温度低 5～6℃（开启式）或 6～8℃（壳管式）。

7. 制冷剂的安全分类（见表 16-20）

表 16-20　制冷剂的安全分类

可　燃　性	毒　性	
	无毒或低毒	毒性较大
高可燃性	A3	B3
中度可燃性	A2	B2(如氨)
低燃及无火焰扩张趋势	A1(如 R11,R12,R22,R134,R500 等)	B1(如 R123)

四、冷冻站的布置

冷冻站在厂区的位置应根据下列因素、经技术经济方案比较后确定：

① 靠近冷负荷中心，并便于管道引出，使室外管网布置经济合理；

② 供电、供热、供水合理；

③ 有扩建的可能性；

④ 避免靠近散发有爆炸性、腐蚀性和有害气体以及粉尘等有害物的场所，并位于上述场所全年风向最小频率的下风向；

⑤ 冷冻站对噪声、振动有要求场所的间距应符合国家现行标准规范的规定。

氨压缩式制冷装置应布置在单独的建筑物内。确有需要布置在生产厂房时，应尽量靠边布置，并与相邻的房间用防火墙隔断。不得布置在民用建筑和企业的辅助建筑物内。氨剂冷冻站应设置在下风向。

氟利昂压缩制冷机组和溴化锂吸收式制冷机组可布置在生产厂房及辅助建筑物或单独的建筑物内，也可根据情况布置在建筑物的地下室或楼层上。

对于压缩式制冷的冷冻站，一般用电负荷较大，应尽量靠近电源建筑，在环境条件允许的情况下可和空压站、循环水站、变配电站等组合成为综合动力站，以节省建筑和占地面积，方便运行维护，减少管理人员。

五、冷冻站的设置方式

冷冻站的设置方式可分为分散和集中设置两种，应根据工厂的具体情况，用户的分布情况进行综合比较后确定。

① 分散设置：当用户比较少，而且比较分散的工厂，可在车间或车间辅房内设置小型冷冻站，就地供冷。

② 集中设置：当用冷量较大，用户又相对集中的工厂，宜设置全厂性或区域性冷冻站，以选用大型制冷设备，减少设备台数，节省建筑面积和建设投资，便于集中管理。

以水或盐水为载冷剂的大中型冷冻站，一般应优先考虑集中建设方案。

六、载冷剂管路设计

1. 材质与连接方式

载冷剂（包括水、盐水、乙二醇水溶液等）管道直径在 70mm 以下时，可采用焊接钢管或镀锌焊接钢管；管径在 70mm 以上时，可采用无缝钢管或焊接钢管。管道连接应尽量采用焊接。

当管径在 70mm 以下时，可采用丝扣连接，管径在 70mm 以上时，可采用法兰连接。阀门应根据压力等级要求选用闸阀、蝶阀、截止阀等。

2. 供水方式

载冷剂系统可采用压力供水、重力回水或压力供水、压力回水方式，即开式系统和闭式系统。

开式系统需设置回水池，回水池的有效容积应等于或稍大于整个载冷剂系统的容积，以将全部载冷剂收集于回水池，也可按 10min 左右的循环水量进行估算。

闭式系统不设回水池，只需在系统的最高点设置膨胀水箱。膨胀水箱的底部标高至少比系统管道的最高点高出 1.5m，其接管应尽量靠近循环水泵的进口处。

膨胀水箱的容积可按下式计算：

$$V = 0.006 V_c Q$$

式中　V_c——系统内单位冷量的水容量之和，L/kW，当采用机械循环供冷时（供回水温差 5℃），可取 30；

　　　　Q——系统的总冷量，kW。

3. 载冷剂系统的补充水量

载冷剂系统的补充水量开式系统可按 1% 考虑，闭式系统可按 0.5% 考虑。

4. 厂区的冷水管道

当地下水位较低而土壤温度较低时，宜采用直接埋地敷设；水位较高时，宜采用高支架或低支架敷设。其他载冷剂管道宜架空敷设。

5. 管道保冷

管道的保冷应符合下列要求。

① 直接埋入地下的冷水管道，在土壤温度较低时，可不做保冷处理，但应根据土壤情况，采取必要的防腐措施。

② 保冷层的厚度应保证外表面不产生凝结水，即表面温度不应低于周围空气的露点温度，保冷层的外部应设置隔气层。

③ 架空敷设的管道，除必须保证表面不结露外，尚应保证管道冷损失引起的温升不超过允许范围。

④ 保冷管道和金属支架间应垫以与保冷层厚度相当的木垫块以免产生冷桥，木垫块应作防腐处理。

七、溴化锂吸收式制冷

① 当制冷量大于或等于 350kW 时，并有比较便宜的热源，且冷水温度高于 5℃ 时，宜选用吸收式溴化锂制冷。

② 溴化锂吸收式制冷机的设备选型应根据建厂条件、热源供应情况，要求提供的冷水温度以及冷负荷的大小等参照表 16-21 确定。

③ 选择制冷机时，应根据冷水和冷却水产生的污垢等因素进行修正。污垢系数对制冷量的影响系数可参照表 16-22 实际制冷量为名义制冷量乘以冷却水侧及冷水侧的影响系数。

表 16-21　溴化锂吸收式制冷机要求的冷水温度以及冷负荷的大小

热　　源	冷水温度/℃		机　　型	热源单耗 （每千瓦制冷量） /[kg/(kW·h)]	冷却水单耗 （每千瓦制冷量） /[m³/(kW·h)]
	进	出			
85℃热水	20	15	热水型单效机组	120	0.35
95℃热水	15	10	热水型单效机组	120	0.35
<0.2MPa 蒸汽	12	7	蒸汽型单效机组	2.6	0.265
≥0.25MPa 蒸汽	18	13	蒸汽型双效机组	1.45	0.273
≥0.4MPa 蒸汽	15	10	蒸汽型双效机组	1.36	0.273
≥0.4MPa 蒸汽	12	7	蒸汽型双效机组	1.45	0.273
≥0.6MPa 蒸汽	12	7	蒸汽型双效机组	1.36	0.273

表 16-22　污垢系数对制冷量的影响系数

污垢系数/(m²·℃/kW)		0.043	0.086	0.172	0.258	0.344
制冷量（%）	冷却水侧	104	100	92	85	79
	冷水侧	103	100	94		

④ 溴化锂冷冻站房应靠近冷负荷中心和热源供应点。站内可设制冷机房、水泵间、控制值班室、水质化验间、分汽包及凝结水箱间，以及维修间、更衣室等辅助及生活间。

⑤ 溴化锂制冷用冷却塔应选用中温型，冷却塔的位置应选择在散发纤维和粉尘污染点的上风向，并尽量靠近制冷机房，有条件时应将冷却塔设置在制冷站的屋顶上。

⑥ 系统中宜装置溴化锂溶液贮液器，其容积一般按贮存最大一台制冷机中的溴化锂溶液量计算。贮液器可设在机房地坪上，也可装在机房上空，但贮液器中估计的液位与机器最低液位之差不大于 4~4.5m，贮液器与机组连接可用真空橡胶管。

⑦ 机组的加热蒸汽压力应稳定，其变化范围应在 ±0.02MPa 以内，约为全负荷时的 1.5~1.8 倍。

⑧ 当工作蒸汽的干度低于 0.95 时，宜装配汽水分离器及疏水阀。

⑨ 当蒸汽压力超过机组标准压力时，应安装减压阀。

⑩ 蒸汽调节阀一般随机配套，安装在减压阀之后，离高压发生器的距离应尽可能短。一般为 1.2~3.0m。

⑪ 进制冷机的蒸汽管路上应设置截止阀、压力表、温度计、安全阀、过滤器、流量计等。安全阀的排气管要接至室外安全位置排放。多台制冷机的站房宜设置分汽缸，分汽缸上应设置湿度计、压力表、安全阀和疏水器等。

⑫ 为避免过大的阻力损失和噪声，蒸汽流速可按下列推荐值选用：管径 DN100 以下，流速为 20~30m/s；管径 DM100 以上，可选用 30~40m/s；应避免管路急剧扩大和收缩。

⑬ 为节能，应尽可能收集和回收蒸汽凝结水，凝结水管道上应装截止阀，宜在排出管后装设凝结水箱、凝结水泵或凝结水回收据，将凝结水送回管网。

⑭ 一般进制冷机蒸汽系统阀门及仪表较多，且位置较高，宜设置操作平台。所有机外阀门及管道的重量应由支架或吊架承重，不允许由机组承受。

⑮ 蒸汽系统、冷剂水及冷媒水系统、发生器、溶液热交换器、蒸发器等都需保温。

习题

1. 画图说明变风量空调系统的工作原理。

2. 局部式空调有哪些优点？

3. 冷冻站设计需要哪些基础资料？

第十七章 给水与排水

第一节 化纤厂给排水系统的划分

一、水的分类

水的质量对化纤工艺过程及产品质量的影响很大，由于不同的生产环节用水的规格不同，形成了不同的供水系统。通常按水质、水温和用途不同，可分为普通生产用水、生活用水、软水、脱盐水、循环冷却水和消防水等系统。给水系统各工厂设计不尽相同，一般采用下列方案。

（1）脱盐水系统　这种水的水质好，但处理成本高，所以只用于配制溶液、油剂调配、物检化验等。

（2）软水系统　化纤厂的软水用量较大，主要用于处理后的和喷丝板洗涤和某些循环冷却水系统的补充水，例如，螺杆挤压机进料段入口和风机轴承等处的冷却。

（3）普通生产用水系统　水质相当于不做杀菌处理的生活用水。有些工厂直接采用城市给水处理厂供给的生活用水，也有一些工厂用深井水直接作为普通生产用水。这种水不与产品直接接触，一般用作冲洗地面、消防、空调和冷却水的补充水。消防水系统的水质可以划归普通生产用水，也可划归生活用水。

（4）生活用水系统　这类水一般用在食堂、茶炉间、淋浴和厕所等生活设施。

（5）循环冷却水系统　化纤厂常用的循环冷却水系统可按水质分为两类：一类以普通生产用水作为补充水；另一类以软水作为补充水。以普通生产用水作补充水的循环冷却水系统，一般用于空压站、冷冻站等处的冷却。以软水作补充水的循环冷却水系统用于因间壁温度高、冷却水管直径小而特别容易结垢的部位。

各种供水系统管道材料的选择见表 17-1。

表 17-1　供水的管道材料选择参考

供水系统名称	供　水　管　道	供水系统名称	供　水　管　道
脱盐水系统	不锈钢管、碳钢衬胶管、塑料管	生活用水系统	镀锌钢管、铸铁管
软水系统	镀锌钢管	循环冷却水系统	镀锌钢管
普通生产用水系统	碳钢管、铸铁管		

二、排水系统

根据生产的工艺特点，车间排水可按水质和处理方法不同进行分流单独排出。一般分为冷却水、生活污水、低浓度工艺废水和高浓度工艺废水等系统。各系统的划分原则如下。

（1）冷却水系统　一般指冷却、蒸汽冷凝的排水。由于这类几乎无污染，通常不经处理而直接排入雨水排水系统或直接排入水体。本系统使用的管道材质一般为铸铁管或混凝土管。

（2）生活污水系统　生活污水一般指车间内洗手池、厕所、淋浴间、食堂排出的废水。这种污水可经过沉淀后用于农田灌溉或并入城市污水处理厂处理。本系统使用的管道材质一般为铸铁管和混凝土管。

（3）酸碱度水系统　酸碱废水一般指组件清洗和软化水、脱盐水站再生后的排水等。化验室的排水和某些经过回收处理的工艺废水也属于本系统。这类水应先经过中和达到国家排放标准后，与全厂处理过的废水一起排放。本系统使用的管道材质一般为陶土管和塑料管。

（4）低浓度工艺废水系统　主要来自洗涤或处理丝束后排放的废水。如黏胶纤维和维纶生产中的酸性废水、涤纶生产中的油剂废水都属于此类。其特点是水量大，浓度不太高，而且通常是均匀排放。对于这类废水，首先应考虑经过适当处理后回用于生产，或在进行生化及其他处理前尽可能采用一些物理化学方法回收其中的有用物质。本系统废水的类型较多，处理方法各不相同，使用的管道材质一般按有无腐蚀性划分，无腐蚀者采用铸铁管、碳钢管或混凝土管；有腐蚀者采用塑料管或陶土管。

（5）高浓度工艺废水　高浓度工艺废水一般来自溶液贮槽的正常排污、清洗及排放变质溶液。这类废水的特点是水量少，浓度高，而且多数属于集中排放。首先应从工艺设计方面进行努力，尽量做到不排或少排这类废水。如果要进行物化或生化处理，则在处理前特别要注意水质的匀和，以防止对处理系统形成冲击负荷。本系统的管道材质，在无腐蚀性时可采用铸铁管和混凝土管，在有腐蚀性时采用陶土管和塑料管。

第二节　给　水　设　计

一、给水设计的内容和设计阶段

由于化纤厂用水量大，水的种类多，给水设计一般为单项工程设计。设计的内容可分为生产车间给水系统设计和循环冷却水站、软水站、脱盐水站等设计。在工厂规模较大时，往往还需要自己建造从取水直至水处理的整套给水处理工程。给水设计一般分为初步设计和施工图设计两个阶段。

二、初步设计的工作内容

（1）确定工艺专业提出的给排水设计资料　工艺专业提供的资料应包括各用水部位的水质（包括水温）水量、水压以及是否间断使用、循环使用或重复使用的情况。此外还应提供车间各生产班的定员和工艺对消防的要求。

（2）编制用水量表　表 17-2 所示为将工艺提供的各种系统用水量资料编成的用水量表，该表是各种给水系统设计的主要依据。表内生产用水按水质（包括水温）和水压要求分成不同系统。每个系统列出详细的用水部位、平均小时用水量和量大小时用水量，并列入该系统的汇总水量。

（3）确定消防原则和标准　根据工艺对消防的要求及现行的有关防火规定，确定消防的原则和标准。消防用水量如果通过停止供应部分生产机组用水及生活用水即能满足时，可不列入表 17-2，但需专项说明。如不能用以上方法满足，则必须将消防水量列入表内。

表 17-2　全厂生产、生活用水量

序号	用水种类（水温、水压）	用水部门（用水部位）	用水量				备注
			单耗/(m³/t 产品)	最大/(m³/h)	平均/(m³/h)	全天/(m³/d)	

（4）车间内外的管道交接　应根据各类给水系统在车间外部的走向和工艺专业提供的用水部位位置、初步确定各系统的进水位置及循环冷却水的回水位置。确定各系统的管道材质。一般常将出车间 1m 处作为车时内部和外部供水管道的交接点。各系统计量仪表的安装

位置应根据全厂生产体制确定。

（5）确定布管道的原则　布管可采取在地下直埋、在地沟内或架空敷设等方式。在初步设计时，应将各类管道的布管道原则确定下来。为了使管道的检修不致影响生产，车间内的管道应尽量架空敷设。只有在不影响交通的情况下才允许小段支管直埋。

（6）编制初步设计说明书　初步设计说和明书中的文字内容主要包括以上5个部分的说明。对较复杂的系统应附有系统示意图。如系统中包括需要订货的设备（水泵及计量仪表等），要求附有设备一览表。

（7）向有关专业提供资料　在设计中如有用电、用气及使用控制仪表的地方，应将用电量、用气量及仪表的使用部位提供给有关专业。

三、施工图设计的工作内容

施工图设计是在初步设计的基础上，与各专业充分沟通最终确定施工方案。施工图设计的工作内容主要包括以下方面。

（1）索取各专业与给排水相关的资料　主要包括主车间及辅房的平面布置图和立面图、各专业用水的具体位置及各用水点的水量等。

（2）向各专业提供与给排水相关的资料　其内容包括穿墙、穿楼板管道的留洞，吊挂管道的预埋点和沟道宽度、深度及位置等。在设计中如有用电、用汽的地方，则应提供详细位置和用量。

（3）各专业管道交叉　在设计中，难免会发生给排水管道与蒸汽、压缩空气、物料输送等管道交叉。在出现管道交叉时，各有关专业首先应相互协商，大致划定各类管道在车间内的分布标高及走向，此后还应多次相互核对，以免因碰撞而造成设计返工。

（4）绘制施工图　根据初步设计所决定的原则和上述确定的方案，绘制施工图，绘制的方法参见管道设计的有关章节。

四、主要水质指标

各类用生活用水的水质应符合现行的《生活饮用水卫生标准》。各类生产用水的水质标准应由工艺专业在初步设计时提供。各类用水的主要水质指标列于表17-3以供设计时参考。

表17-3　各类用水的主要水质指标

水　质　指　标	普通生产用水	循环冷却水	软　　水	脱　盐　水
pH	6.5～8	6.5～8	6.5～8	7～8
浊度/度	＜3	＜10	≤2	＜1
全铁/(mg/L)	＜0.3	≤50	＜0.2	＜0.1
污垢系数/(m^2·h·℃/kcal)		≤0.0005		
全硬度(CaCO$_3$计)/(mg/L)	＜200		≤35	＜1
Cl$^-$/(mg/L)	≤100	≤100	≤35	＜10
SiO$_2$/(mg/L)				≤0.3
电导率/(μS/cm)				≤10
总含盐/(mg/L)		≤1000		

注：1kcal=4186.8kJ。

第三节　化纤厂污水处理概述

化纤厂由于生产的纤维品种的区别，排出的废水的有害程度也不同，主要的废水产生于湿法纺丝中，例如腈纶、黏胶纤维、维纶生产过程。在熔融纺丝过程主要是对油剂的处理。

防止污染保护环境是非常重要的任务，必须认真对待。防止污染可以从两个方面着手：一方面改革工艺，加强回收，开展综合利用；另一方面对已污染的水进行处理，废水回用或达到国家排放标准后排出。化纤厂废水中的污染物质主要有锌离子、二硫化碳、硫化物、甲醛、丙烯腈和油剂等。此外，某些工厂的污水还有 pH 偏低的问题。

一、主要污染物质的性质

表 17-4 列出了主要污染物质的性质。

表 17-4　主要污染物质的性质

产品名称	污染物质	危　　　害
黏胶纤维	锌	10mg/L 时可使水浑浊，5mg/L 时可使水有金属涩味，并能明显抑制地面水中有机污染物的生物氧化分解过程，危及鱼苗的生长。工厂排出口锌的最高允许浓度为 5mg/L
	二硫化碳	极易挥发，容易着火和爆炸的化学物质。70mg/L 时对水的自净作用有明显影响。地面水中的最高允许浓度定为 2.0mg/L
	硫化物 H_5S、HS	硫化物的氧化速度快，短时间内即可消耗大量溶解氧。现行的工业"三废"排放标准规定其在工厂排出口的最高允许浓度为 1mg/L
维纶	甲醛	甲醛，浓度为 20mg/L 可使水有异味。浓度达 20mg/L 时，可明显抑制地面水对有机污染物的自净过程。地面水中的最高允许浓度定为 0.5mg/L
腈纶	丙烯腈	丙烯腈的经口致死量为 1300mg/L（相当于 65mg/kg）。按毒理作用将其在地面水中的最高允许浓度定为 2.0mg/L
涤纶	油剂	油剂是一些阴离子、非离子和阳离子表面活性剂。阻碍水体自净并可能影响鱼类呼吸及生存。美国要求将排至天然水体的油剂浓度限制在 10～30mg/L

二、污水处理

由于化纤厂污水量较大，一般要由专业人员设计。主要内容是设计污水处理场（或分厂），其设计分初步设计和施工图设计两个阶段。初步设计阶段确定处理程度和工艺流程，定出各主要构筑物的工艺参数和其体尺寸，选定主要设备。施工图设计阶段根据初步设计确定的流程和参数作出施工图。

① 核对化纤工艺专业提供的水质、水量资料，并检查排水系统划分及清浊分流的情况。

② 了解设计现场的气象、地质、自然环境及排放条件，并根据现行的有关国家排放标准及当地环保部门的要求，确定污水处理程度。

③ 根据已建成的同类型化纤厂的污水处理和本厂化纤生产工艺、现场特点以及要求的处理程度，确定污水处理流程及相应的设计参数。

④ 由确认的设计水量和设计参数，算出主要构筑物的尺寸并选定主要设备。然后做出平面布置图及本流程的初步经济估算。一般可做出几种方案，最后通过技术经济比较，选择合理的处理流程。

⑤ 当采用新流程或对传统处理流程中某些原有的主要参数做出改动时，必须通过试验。

⑥ 最终形成初步设计文件。初步设计文件除文字叙述部分外，还应包括工艺流程图、平面布置图、主要设备清单和设计概算。

⑦ 在设计过程中应与有关专业密切配合，专业设计所必须的资料。及时提供水、电、汽、土建及自控等。

⑧ 在设计中应尽量考虑节省能源和处理后水的回用。

第四节　化纤厂污水处理的主要流程及设计参数

一、黏胶纤维厂污水处理

1. 黏胶纤维厂的污水量

黏胶纤维厂的污水量及污水主要污染成分见表17-5～表17-7。

表17-5　黏胶纤维厂的污水量

污水 生产品种	酸性污水/(m³/t 产品)	碱性污水/(m³/t 产品)	混合污水/(m³/t 产品)
黏胶短纤维	180	120	300
黏胶长丝	700	500	1200

表17-6　黏胶纤维厂的污水的主要污染成分

污水 生产品种	酸性污水 H_2SO_4 含量 /(g/L)	碱性污水 NaOH 含量 /(g/L)	混合污水 锌/(mg/L)	混合污水 COD/(mg/L)
黏胶短纤维	1	0.3	50～100	150～200
黏胶长丝	1	0.3	10～30	50～100

表17-7　黏胶纤维污水中 CS_2 含量

污水	水量	CS_2 含量/(mg/L)
塑化浴回收二硫化碳的凝结水	2～3m³/t 黏胶纤维	600～700
二硫化碳生产中水封水、压送水		100～200
二硫化碳生产中直接喷淋冷却水	20～50m³/t 二硫化碳	1000～1500

2. 黏胶纤维厂污水处理流程

黏胶纤维厂污水处理流程示意见图17-1。

图17-1　黏胶纤维厂污水处理流程示意框图

二、维纶厂污水处理

1. 维纶厂酸性污水的水质及水量

维纶厂酸性污水的水质及水量见表17-8。

表17-8　维纶厂酸性污水的水质及水量

水量/(m³/t 产品)	甲醛含量/(mg/L)	硫酸含量/(mg/L)
60～80	400～500	3000～4000

2. 维纶厂的污水处理流程

维纶厂的污水处理流程如图17-2所示。

图17-2　维纶厂的污水处理流程示意框图

三、腈纶厂污水处理

1.腈纶厂污水的水质及水量

腈纶厂污水主要来自腈纶车间的脱泡水及硫氰酸钠二效蒸发冷凝水,其主要成分是丙烯腈、异丙醇和硫氰酸钠(表17-9)。

表 17-9　腈纶厂污水的水质及水量水

项　目	脱泡水	硫氰酸钠二效	混合污水	项　目	脱泡水	硫氰酸钠二效	混合污水
水量/(m³/t产品)	40～55	10～15	50～70	硫氰酸钠/(mg/L)		200	40
丙烯腈/(mg/L)	170	370	200	COD/(mg/L)			600～700
异丙醇/(mg/L)	25	160	40～50	BOD/(mg/L)			400

注:表中水量系按50000t/年规模的生产厂统计。

2.腈纶厂的污水处理流程

腈纶厂的污水处理流程如图17-3所示。

污水 → 调节池 → 泵 → 塔式滤池 → 初沉淀池 → 接触氧化池 → 二次沉淀池 → 可排水

图 17-3　腈纶厂的污水处理示意流程框图

四、涤纶厂污水处理

1.涤纶生产的污水水质及水量

涤纶短纤维生产的污水水质及水量见表17-10。

表 17-10　涤纶短纤维生产的污水水质及水量

水质及水量 ＼ 产品形式	紧　张　型	普　通　型
油剂浓度/(mg/L)	1000～1500	2000～2500
COD	2000～3000	4000～5000
BOD	900～1400	1500～2200
污水量/(m³/t纤维)	2.2～2.5	1.1～1.3

2.用超滤膜工艺回收短纤维油剂污水

用超滤膜工艺回收短纤维油剂污水流程如图17-4所示。

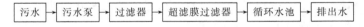

污水 → 污水泵 → 过滤器 → 超滤膜过滤器 → 循环水池 → 排出水

图 17-4　用超滤膜工艺回收短纤维油剂污水框图

3.混凝浮选法处理油剂污水

混凝浮选法处理油剂污水流程如图17-5所示。

污水 → 调节池 → 泵 → 石灰反应池 → 凝聚池 →

成长池 → 浮选池 → 溶气罐 → 排水

图 17-5　混凝浮选法处理油剂污水框图

习题

1.化纤厂用水可以分成哪些种类?用于哪些部门?

2.初步设计阶段给排水设计有哪些工作内容?

3.污水处理设计要求有哪些基础资料?

第四篇　塑料制品厂设计

众所周知，高分子材料在我国现代化建设中起着重要的作用。尤其是塑料工业，已经成为国民经济的重要组成部分。塑料具有优良的综合性能，同时容易加工成型，节省能源。目前，世界范围内各种塑料建材和包装材料正在兴起。在我国，无论树脂的生产和塑料制品加工都处在蓬勃发展时期，塑料的应用正在日益深入到各个领域。它对于提高人民生活水平，满足工农业生产和国防需要以及发展文化和科学技术都起着重要作用。

塑料工业的建设和发展，首先涉及规划和设计问题。因此，做好塑料制品厂设计工作，对于塑料工业的发展具有重要影响。塑料制品厂设计除应遵循一般工厂设计的原则外，还必须结合塑料制品生产的特点，周密考虑，符合生产实际，改进和提高生产技术。

塑料制品生产具有如下特点：原材料品种多，形状杂，具有粉状、粒状和流体等不同形状，贮运条件必须适合各种原材料的特点；塑料制品的工艺过程繁多，单机作业多；塑料制品的品种规格多，在工厂投产后往往需要变换规格或发展新品种；塑料制品厂的单机台较多，而且有不少是非标准设备，并有各种辅机、机头和模具。因此设备的检修、辅机的更换、机头和模具的更换以及零部件的备量要大；塑料制品厂的生产过程，大多数都有原材料成型前的准备和成型后的后处理，因而在车间设计方面要留有充分余地。

由于塑料制品具有这些特点，为了保证工厂的安全和正常生产，在设计时必须考虑这些特殊条件，以保证原材料的质量，减少损耗，防止污染和提高机械化作业水平，减少搬运工人，减轻劳动强度；合理选择生产方法和生产流程，组织联动作业线，提高机械化、自动化水平和劳动生产率，保证产品质量，并减轻劳动强度和改善生产条件；适当考虑工厂生产的灵活性，使之有可能调整。考虑各种设备与辅机的机修的规模，具备自制部分零部件和修理大型部件的能力。例如注射模具制品，离不开各式各样的模具，靠委托外厂加工比较困难。因此在机修车间的设计中必须考虑到能够制造模具和修理改造模具的能力，以适应生产的需要。

塑料制品厂设计包括工艺流程设计、原材料质量监控与管理、设备选型与计算、物料衡算与能量衡算、车间布置设计与分析检验部门设计等。

第十八章　工艺设计概论

工艺设计是塑料工厂设计的主体。根据工厂设计的客观规律，在设计工作方法和阶段划分与化纤厂设计基本相同，这里就不再累述了。本章主要叙述有关塑料厂的设计物。

第一节　生产方法和工艺流程的选择

生产方法的多样性，技术路线的多样化是塑料制品生产的典型特点之一。随着机械行业和电子行业的飞速发展，塑料制品生产技术的不断改进与提高，可供选择的技术路线和工艺流程越来越多。生产同一塑料制品可采用不同的原料，经过不同的生产方法。即使采用同一原料也可采用不同的生产方法，如塑料薄膜，可以采用压延法生产；也可以采用挤出法通过

T形机头来生产；还可以采用吹塑模塑生产。又如在塑料制品的生产中，有直接采用粉料加工的流程，也有采用造粒流程；在造粒的方法，又有开炼、拉片造粒工艺，也有挤出造粒工艺，生产流程是多样化的。近年来，由于开炼、拉片造粒工艺存在劳动强度大，生产污染环境等不足，而使这种工艺几乎被淘汰，取而代之是双螺杆挤出机的高效造粒工艺。在选择技术路线和工艺流程选择的原则，技术路线和工艺流程确定的步骤方面与化纤厂设计相同。

生产技术路线的确定，仅仅为流程设计制定了大概的轮廓，流程连续化，物料输送方式以及依靠重力下料流程等一些具体问题需要在流程设计中进一步考虑。工艺流程设计重点考虑几个具体问题。

1. 连续化流程

在塑料制品生产中，某些工序存在着间歇式生产和连续化生产两种工艺。如造粒工序中，挤出造粒为连续化生产，而开炼、拉片造粒为间歇式生产。又如，挤出成型的产品为连续化生产，而注射模塑为间歇式生产。

一般来说，连续化生产能缩短工艺流程，相应减少设备和场地，具有投资少，原材料及能源消耗低，劳动生产率高，生产成本低等优点。因此连续式工艺经济效益高，是发展方向。但连续化工艺也存在某些不足，如要求有较高的操作和管理，才能达到生产稳定；而间歇法生产，质量比较高。

因此，在保证质量的前提下，尽量选取连续化工艺流程。

2. 物料输送方式

在塑料制品生产中，原材料及半成品皆为粉状和颗粒装的固体物料。其输送方式直接影响工艺流程，并对整个车间的设计、布置、厂房建筑形式有直接影响。因此，物料输送方式是流程设计具体化时必须考虑的因素之一。在塑料制品生产中，固体物料的输送大致有人工上料和自动上料两种方式。

（1）人工上料

① 小型槽车输送：一般用于同一层高的各工段或车间之间的运输。如造粒工段时生产的颗粒料，用小车推到成型工段。这种运输方式能较好地保持物体外形，使用灵活方便，但占用大量车辆和劳动力。

② 升降机运输：一般用于垂直输送，人工控制将小批量物料用升降机提升到配料的高楼层工段。例如，PVC的配料工段，对小批量的稳定剂、润滑剂等助剂，可以采用升降机作垂直输送。

（2）自动上料

① 正压上料：如风送，物料在密闭管道内依靠风力输送物料的方式。此种方式灵活性较大，可水平及垂直输送，也可以由一处同时送到几处。设备也较简单，节省人力。缺点是对物料有一定磨损，对输送的距离及高度有一定要求，动力消耗也较大，并且在受料处需要气-固分离装置。目前，该方法常用于粉料及颗粒料的输送。如PVC的配料工段中，大量树脂的输送，以及造粒工段、生产的颗粒料等都可以采用风送至成型工段。

② 负压上料：借助于密闭管道中真空度，抽吸物料，其特点与风送相同，只是动力为真空，对送料系统的密封度要求很高，比较适合用量不是很大的物料输送，但在受料处不需要气-固分离装置，对环境污染小。

③ 弹簧上料：适用于单机上料，挤出机和注射机的上料装置常采用弹簧上料，靠着弹簧的旋转带着物料上升，属于正压上料方式。

④ 传送带输送：这种方式可以在同一平面或不同平面上的输送，例如，密炼机和开炼机之间物料的输送。存在缺点时占地面积较大，物料损失量较大，且机械传动非常复杂。

3. 重力流程原则

重力流程是指借助于两个相邻设备的高低位差，使物料依靠自身重力或稍加外力，自流而下的流程。这种流程可减少输送设备及运行、维修费用。如 PVC 配料工段的流程，一般就可以考虑重力流程。由于采用重力流程，造成高层厂房形式出现，使基建费用增加。因此，在实际流程设计中，应权衡利弊，全面考虑，合理采用。

这些具体问题在流程设计中既互有联系又互相制约。这就要求设计人员能够把握住事物的两面性，努力发扬长处，设法克服其不利因素。即首先考虑主要矛盾，又不忽视其他次要的方面。只有全面平衡得失，才能选择确定比较完满的流程。

第二节　初步设计中的工艺流程设计

塑料厂初步设计阶段的工艺流程设计，是对工艺技术路线的高度概括和具体反映。它将塑料生产过程的主要步骤及其采用的设备图示的形式来表现出来。它的作用是供设计审批之用，也是施工图设计的基础。

塑料初步设计中的工艺流程设计，其最终成果是初步设计阶段的工艺流程图。塑料制品厂工艺流程图由生产流程示意图、图例、设备表三个部分组成。

1. 挤出成型聚氯乙烯塑料管材

塑料管材是采用挤出成型方法生产的重要产品之一，它的主要生产设备是挤出机。常用的塑料原料有硬质聚氯乙烯、软质聚氯乙烯、聚乙烯、聚丙烯等。

随着塑料挤出加工技术和设备的不断发展，硬聚氯乙烯管材的生产方法现有两种：一种是传统的单螺杆挤出机挤出管材（先经过造粒之后再挤出），另一种是双螺杆挤出机挤出管材。后一种生产的方法中为了有效地排除粉料中夹带的空气，需要用真空加料装置或使用排气式的挤出机，而这些设备都是非常复杂的。现以粉料经过造粒，再挤出成型的加工工艺为例作说明。

（1）造粒流程　造粒的方法有挤出造粒和开炼法造粒两种，管材的造粒通常采用的是挤出造粒，如图 18-1 所示。将粉料经过挤出机塑化之后，再由切粒机切成粒状，粒料再经风送、称量装包、缝包制得粒状的管材半成品。不同的造粒方法有不同的颗粒形状，不管什么形状的颗粒，要求大小要一致，这对于均匀加料是很重要的。颗粒的大小，通常各向长度以3mm 左右为合适。挤出造粒通常有两种方法：热切粒法和冷切粒法。

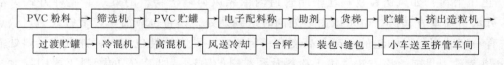

图 18-1　挤出造粒流程示意图

① 热切粒法采用特殊形状的旋转刀，切断由多孔板挤出的塑料条，随着刀具转速的不同，可以得到筒形、透镜形、球形等形状的粒子。同时加工的时候，物料温度较高，没有较大的阻力，故这种切粒法所需的功率小，切刀磨损少，机器结构紧凑，所占的位置也很小，其缺点是工艺条件不适当，粒子易产生黏结。

② 冷切粒法是将挤出机的机头设计成多孔板状，挤出物成圆条，经过冷却后得到圆柱

形的粒子。另外，挤出造粒时要求出料均匀，切下的粒子长短一致，粒子的外观要求光洁，无杂质和黑点等，粒子落到盛器内不黏结成团。如果发现粒子有焦烧或变色，则需要将机身温度降低，严重时要更换滤网。如果粒子的外表毛糙，则表示温度太低，塑化不够，应提高加工温度。切粒刀架应紧贴模板，如果粒子根部拖尾巴或不平滑，即是切刀放得不紧或过钝。从机头切下的粒子温度过高，需要冷却，例如风送冷却，风送兼有冷却作用。

（2）挤出管材流程　挤出机的挤出过程可以分为两个阶段：第一阶段是使固态塑料塑化并在加压的情况下使其通过特殊形状的口模而成为截面与口模形状相仿的连续体。第二阶段是用适当的处理方法使挤出的连续体失去塑性状态而变成固体，即得到所需的制品。挤出管材的生产线由主机和辅机两部分组成，主机是挤出机，辅机包括机头、定型设备、冷却装置、牵引设备和切断设备等。挤出管材生产线及实际生产流程见图18-2。

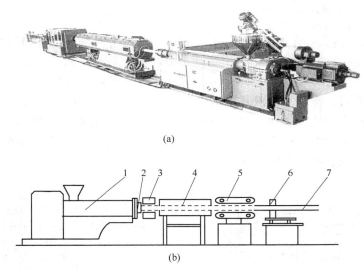

图 18-2　挤出管材生产线（a）及实际生产流程示意（b）
1—挤出机；2—机头；3—定径套；4—冷却水槽；
5—牵引装置；6—切割装置；7—塑料管

① 主机（挤出机）　生产管材的挤出机可以采用单螺杆挤出机，也可采用锥形双螺杆挤出机。一般情况下，挤出生产圆柱形聚乙烯管材时，口模通道的截面积应不超过挤出机料筒截面积的40%；挤出其他塑料时，则应采用比此更小的值。挤出机的作用是将固体物料熔融塑化，并定温、定压、定量地输送给机头。

② 辅机　挤出机的辅助设备大致分以下三类：挤出前处理物料的设备（如干燥、预热），一般要用于吸湿性塑料，进行干燥的设备可以是烘箱或沸腾干燥器，也可以用真空加料斗；处理挤出物的设备，如冷却、牵引、卷取、切割和检验等设备；控制生产条件的设备，也就是各种控制仪表（如电动机启动装置、电流表等）。

a. 机头　它是管材制品获得形状和尺寸的部件。熔融塑料进入机头，即芯棒和口模外套所构成的环隙通道，流出后即成为管状物。芯棒和口模外套的尺寸与管材的尺寸大小相对应。管材的壁厚可通过调节螺栓在一定范围内作径向移动得以调整，并配合适当的牵引速度。挤管机头类型有两种：直通式机头和角式机头。由于直通式机头结构简单、制造容易，是常用的机头类型，但熔料通过该类型机头的分流锥支架会产生的熔接痕。适当提高熔料温

195

度、加长口模平直部分长度等措施可以相应地减少熔接痕的影响（见图18-3）。

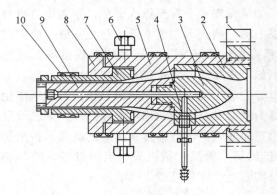

图 18-3　直通式机头结构

1—机头法兰；2—机头连接圈；3—分流器及其支架；
4—压缩空气管；5—模体；6—调节螺栓；7—口模；
8—口模压圈；9—芯模；10—电热圈

b. 定型装置　由于从机头挤出的管材温度较高，为了获得尺寸精确、几何形状准确并具有一定光洁度的管材，必须对管材进行冷却定型。冷却定型方法可分为外径定型和内径定型，我国目前生产的管材以外径定型为主。外径定型的装置主要有内压充气和抽真空两种，见图18-4和图18-5。一般说，内压充气法比较适用于口径较大的管材，而抽真空法则比较适于中小型管材，因为这种定径方法很难保证大口径管的圆度。

c. 冷却装置　能起到将管材完全冷却到热变形温度以下的作用。常用的有水槽冷却和喷淋冷却。管材外径是 160mm 以下的常采用浸泡式水槽冷却，冷却槽分 2～4 段，以调节冷却强度。值得注意的是：冷却水一般从最后一段通入水槽，即水流方向与管材挤出的方向相反，这样能使管材冷却比较缓和，内应力小。200mm 以上的管材在冷却水槽中浮力较大，易发生弯曲变形，采用喷淋水槽冷却比较合适，即沿管材圆周均匀布置喷水头，可以减少内应力，并获得圆度和直度更好的管材。

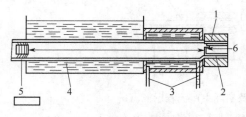

图 18-4　内压法外径定型装置

1—口模；2—芯模；3—冷却水；
4—水槽；5—气塞；6—压缩空气

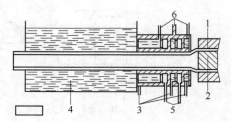

图 18-5　抽真空法外径定型装置

1—口模；2—芯模；3,6—冷却水；
4—水槽；5—抽真空

d. 牵引装置　牵引装置是连续稳定挤出不可缺少的辅机装置，牵引速度的快慢是决定管材截面尺寸的主要因素之一。在挤出速度一定的前提下，适当的牵引速度，不仅能调整管材的厚度尺寸，而且可使分子沿纵向取向，提高管材机械强度。牵引挤出管材的装置有滚轮式和履带式两种。滚轮式牵引机上下分设两排轧轮，轧轮表面附有一层橡胶，以增加牵引作用。两排轧轮之间的距离可以调节，以适应管径的变化。管材直径较小的管材（一般＜φ65mm），适于用滚轮式牵引机；履带式牵引机是牵引机壳内装有 2 组、3 组或 6 组不等的均匀分布的履带，履带上镶有橡胶块，用来接触和压紧管材。这种装置具有较大的牵引力，而且不易打滑，比较适于大型管材，特别是薄壁管材。

e. 切割装置　它是将连续挤出的管材，根据需要的长度进行切割的装置。切割时刀具应保持与管材挤出方向同步向前移动，即保持同步切割，这样，才能使管材的切割面是一平面。

2. 挤出成型硬质PVC异型材制品

异型材是指圆管、棒、片材以及板材以外的其他各种形状的实心或空心，封闭或敞开的挤出制品。异型材的种类很多，其中以空腔异型材用途最广。目前，它广泛用于建材、家具和车辆等。由于硬质 PVC 具有高强度、耐燃、耐腐蚀等特点，同时，它的熔体强度和黏性也较高，挤出形状保持性好，因此，它常被用作原料来成型尺寸和形状要求精确的型材制品。

PVC 异型材可以用单螺杆挤出机成型，也可以用双螺杆挤出机成型。单螺杆挤出机成型工艺适于小批量、小规格的异型材制品；而双螺杆挤出机成型工艺条件易于控制，加工费用较低，生产能力大，可以满足大批量大规格异型材的生产要求。

就整体而言，双螺杆挤出机生产异型材机组和生产管材机组类似，生产工艺流程与管材大体相同，均由主机和辅机两大部分组成。塑料异型材生产工艺流程如图 18-6 所示。

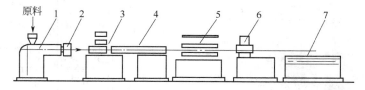

图 18-6　塑料异型材生产工艺流程图
1—挤出机；2—机头；3—冷却定型装置；4—风冷装置；
5—牵引装置；6—切割装置；7—堆放装置

（1）主机　挤出异型材的双螺杆挤出机，通常采用异向旋转锥形双螺杆类型，顾名思义，该种类型挤出机的"心脏"部分由两根轴线相交、旋转方向相反的螺杆组成。锥形双螺杆挤出机的作用主要是将聚合物（及各种添加剂）熔融、混合、塑化，定量、定压、定温地由口模挤出，进而通过辅机得到异型材制品。它由五大系统组成：传动部分（包括驱动电机、减速箱、扭矩分配器和轴承等）、挤压部分（主要由螺杆、机筒和排气装置组成）、加热冷却系统、定量加料系统和控制系统组成。

（2）辅机　挤出异型材的辅机组成包括机头、冷却定型装置、牵引装置和切割装置等。

① 机头　异型材的机头比较复杂，为了加工方便，机头一般为多层多部件组合式。由于 PVC 的热稳定性差，不允许机头模板前有积料，一般不能采用平板式口模。而应进行适当的结构改变。从整个机头的功能上可分为三个部分：入口段、压缩段、口模板。入口段的一端与机筒的口径和形状相同，用以和机筒连接，另一端的流道形状应取型材的外轮廓。两端流道的截面积可以不同。压缩段是机头的关键部位，物料通过这段时要处于连续被压缩状态。与压缩段出口流道平滑过渡的是口模板，它的流道大部分是平直的，用以消除部分取向内应力，并保证制品的几何形状。

② 冷却定型装置　干法真空定型是异型材冷却定型的主要方法，特别适用于中空异型材的定型。干法真空定型系统常由几个箱式真空定型套组成，箱体内是外形与尺寸与型材很接近的定型模，定型模与箱体板之间有冷水通路构成的夹套和抽空管道系统。箱体的上盖与箱体侧壁用折页相连，并可用胶条密封上盖板与箱体的空隙，以保证定型箱内的真空度。每个定型箱的长度为 40～50cm，不可过长，以便开车时型材进入和穿过定型模。箱体可对型材的 2～4 个表面进行冷却和定型。异型材的冷却多以水为冷却介质，因为水的热容量较大，导热性较好，冷却效率高。然而，由于水的冷却速度较快，对于形状复杂的外形不对称的异型材可能导致较大的内应力。为了减少内应力，可采取水冷定型，再于 55～60℃ 温度下"回火"处理。

③ 牵引装置　生产 0.4kg/m 以上异型材时，其牵引装置为履带式牵引机。牵引速度为 0.2～3m/min。

④ 切割装置　多用电动式。

3. 其他工艺流程

挤出吹塑薄膜工艺流程、挤出塑料板材制品工艺流程、注射成型制品工艺流程以及挤出造粒工段的工艺流程设计图和挤出管材工艺流程设计图见图 18-7～图 18-11。

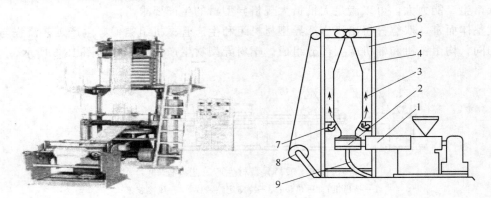

图 18-7　挤出吹塑薄膜流程示意图

1—挤出机；2—机头；3—膜管；4—人字板；5—牵引架；
6—牵引辊；7—风环；8—卷取辊；9—进气管

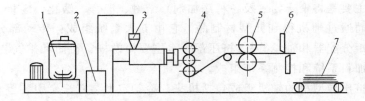

图 18-8　塑料板材工艺流程图

1—高速混合机；2—贮料槽；3—挤出机；4—三辊压光机；5—牵引辊；6—切割装置；7—板材

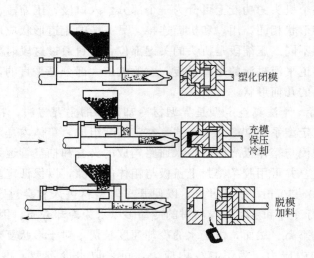

图 18-9　注射成型工艺过程示意图

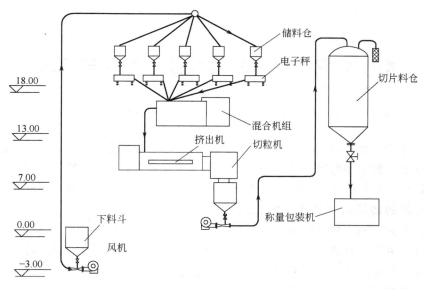

图 18-10　挤出造粒工段的工艺流程设计图

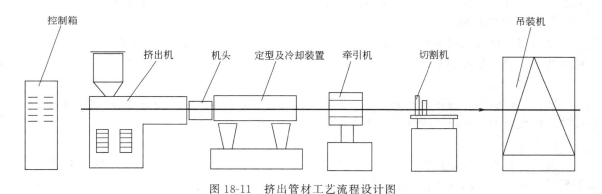

图 18-11　挤出管材工艺流程设计图

第三节　施工图阶段工艺流程设计

施工图阶段工艺流程设计是在已批准的初步设计阶段工艺流程的基础上进行的。主要是将所选用的设备、阀门、仪表等在工艺流程图中做进一步说明。此种流程图是设备布置和管道设计的主要依据，并在施工和安装中起指导作用。因此，对施工图阶段工艺流程设计的要求是全面、详细、准确。设计的步骤与方法同化纤厂设计。

习题

1. 选择塑料制品原料输送有哪些方法，应用中有哪些限制？
2. 写出挤出成型塑料的工艺流程。

第十九章　原材料的质量、贮存与运输

第一节　原材料质量及规格

为获得良好的工程状况，进而得到质量优良的产品，除工艺流程及设备起决定作用外，原材料的质量也是影响塑料制品质量的重要因素。因此，控制好原材料的质量，确保其稳定性，尽可能做到原材料的质量指标的标准化，是保证产品质量有效措施。

一、原材料的质量对产品质量的影响

由于原材料的不同，加工出的产品在性能上会出现不同，树脂的生产、分子量大小、分子量分布宽窄，以及含有杂质、水分、对产品存在直接影响。因而在设计工作中，要求原材料要有个选择。但对质量要求不要过高，过高又会造成不必要的浪费和产品成本增高。在设计中选择原材料的质量指标应以满足工艺要求为前提，考虑实际生产的可能性，提出适当的质量指标，并在设计文件中设专节阐述，成为初步设计文件中的一个组成部分。

二、原材料规格

把选用原材料规格一一列在设计文件中。由于在配方中，占着主要成分的为树脂，现将树脂的主要规格分述如下。

1. 平均分子量

在合成树脂中，各种分子量大小不等的分子组成多分散体系。因为它对加工性质和产品性能有极大影响，所以平均分子量大小是选择树脂的重要指标。

2. 晶点

晶点（鱼眼）就是在加工过程中尚未塑化的树脂颗粒。由于聚合物分子量的多分散性，即使平均分子量相同的两种树脂，它们的分子量分布状态也可能不同，因而加工行为也有明显的区别。在分子量分布宽广状态大的树脂中，存在着分子量极低和极高的聚合物，在加工过程中将会出现假塑化现象，即当低分子量的聚合物已经塑化时，高分子量聚合物尚未塑化。未经塑化的树脂颗粒掺杂在已经塑化的树脂中，使制品表面形成了"鱼眼"，制品在应力作用下，将首先在这个部位破裂，晶点颗粒部分也未由于稳定剂吸收的不足，比周围的树脂易于分解变色，也将影响制品的物理机械性能。

3. 粒径（筛析）

捏合和其他加工性能以及容积计量取决于粒径大小和粒径分布，较为理想的是具有均匀而适当粒径的树脂。细粒树脂易造成粉尘飞扬和溶剂计量困难，也会产生捏合过程中树脂吸收增塑剂的不平衡性。粒径过粗，会造成树脂包装，贮存困难，也使加工设备的生产效率降低。

粒径的测量是采用过筛分析方法。以一定规格筛孔过筛，用树脂中粒径大小所占的比例来表示树脂的粒径分布。

4. 表观密度

单位容积树脂的重量标为表观密度。表观密度大的树脂可以减少粒子间的无效空间，因此可以提高捏合设备和其他加工过程的效率。

5. 吸油性

即树脂吸收增塑剂的能力。它与树脂颗粒的表面积和表面吸收性有关，吸油性高的树脂可以减少啮合时间。

测定吸油性一般是常温下在树脂中加入增塑剂邻苯二甲酸二辛酯，观察树脂颗粒变化情况，结果以每 100g 树脂所需的增塑剂克数来表示。

6. 干流动性

干流动性是测定一定体积的粒状树脂通过标准漏斗时所需的时间。主要用于表示粒状树脂输送计量的性能。均匀的大颗粒树脂通常具有良好的干流动性，也即树脂可以自由的输送到料斗，螺杆给料器等。树脂湿度较高时会妨碍流动性，湿度较低时会引起静电。

7. 挥发物含量（加热损耗）

树脂中挥发物通常是水和残余的单体，还有少量链转移剂、溶剂等。高挥发物含量过多会使制品中产生气泡和缺陷。测量方法如 PVC 树脂，在 80℃加热 2h 测量其重量损失。

8. 导电度

将树脂水液煮沸一定时间后，测定所产生溶液的导电度。树脂导电度取决于树脂中抽出物的含量和种类。

第二节　贮藏与运输

塑料制品生产过程中，有相当数量的原料、半成品和全部产品是固体状的。塑料制品厂车间内部运输是个不容忽视的问题。合理地组织流水作业线，应用机械化作业代替人工搬运，可以减轻劳动强度，提高生产率。因此工艺专业要协同机运专业做好厂内、车间内的运输设计。本节着重说明有关车间内部运输和仓贮方面，工艺专业应提出的条件和要求。

① 提供车间布置图，标示需机械运输的位置。

② 介绍需机械输送的原材料、中间产品及成品的大约数量、特性、包装形式、每包（件）重量和体积。

③ 拟采用的运输方式。包括铲车、电瓶车、气力输送、皮带输送等。要否垂直输送也应予以说明。

④ 贮存时间、贮存量及贮存方式等与机运专业有关的技术资料。

第三节　硬 PVC 管材制品的原材料质量及规格

一、PVC 树脂的选择

聚氯乙烯是一种高分子材料。从石油、煤、天然气中以及农副产品中提取原料，制得氯乙烯单体，然后聚合而成聚氯乙烯树脂，再在一定条件下，加入各种助剂和稳定剂，经过压制、挤压、注射等加工制成各种制品。

聚乙烯单体合成主要有乙炔和氯化氢加成法、二氯乙烷裂解法和乙烯、乙炔并用法三种。除此之外，还有采用氯化氢氧化回收法、氧氯化法、乙烯和氯直接反应法、乙烯直接氯化法、乙烷和氯直接反应法以及乙烷氧氯化法等制造氯乙烯单体。它具有重量轻、强度高、耐化学药品性好、加工容易、价格便宜等优点，因此广泛用于农业、化工、电子、建筑、机械、轻工等各部门。尤其是硬质聚氯乙烯制品具有硬度大、耐磨、耐老化性好、刚性和强度高、电绝缘性好、耐燃、抗腐蚀性好等优点。

聚氯乙烯树脂的基本聚合方法有四种：悬浮聚合、乳液聚合、本体聚合、溶液聚合。目前主要采用悬浮聚合方法生产聚氯乙烯树脂，利用这种方法生产的树脂占聚氯乙烯树脂总量的 80%～90%。与乳液聚合方法比较，悬浮聚合的优点有：①树脂中杂质含量为乳液聚合法所得树脂的 1/10 以下，热、光稳定性好；②作电线绝缘用时，电气绝缘性比乳液聚合树脂高 10～100 倍；③作硬质制品用，透明度好，耐水性好；④悬浮聚合树脂粒径为 30～150μm，乳液聚合树脂粒径为 0.2～2.0μm，因为悬浮聚合树脂粒径较粗，所以加工时粉尘飞扬少，也有利于粉料挤出和粉料注射成型等加工。此外，悬浮聚合的设备投资少，设备利用率高，聚合收率高，催化剂、分散剂等原料消耗少，产品成本低。

聚氯乙烯树脂的性能应能满足各种加工成型工艺和最终制品性能的要求。目前硬质聚氯乙烯制品主要是采用悬浮聚合的树脂，即一定粒径的粉状树脂经挤压压延、压制及注射等工艺加工成制品。一般用于硬质聚氯乙烯树脂的规格要求如下。

1. 平均分子量（聚合度）

聚氯乙烯树脂是分子量大小不等的聚氯乙烯分子的多分散体系。它对加工性质和产品性质有极大影响，所以平均分子量大小是选择树脂时的重要性能。平均分子量的表示方法很多，各种方法都是以测定聚氯乙烯在溶剂中组成稀溶液的黏度作为基础的，常用绝对黏度、相对黏度、特性黏度和 K 值等来表示，它们之间存在一定的关系，见表 19-1。

表 19-1　我国 PVC 树脂的绝对黏度和 K 值查对参考表

型　　号	绝 对 黏 度	平均聚合度	K 值
XJ XS-1	2.1 以上	＞1388	＞74.2
XJ XS-2	1.9～2.1	1108～1388	70.3～74.2
XJ XS-3	1.8～1.9	980～1108	68～70.3
XJ XS-4	1.7～1.8	845～980	65.2～68
XJ-5 XS-5	1.6～1.7	720～845	62.2～65.2
XJ-6 XS-6	1.5～1.6	590～720	58.5～62.2

2. 粒径（筛析）

树脂的粒径大小和粒径分布将决定今后捏合和其他加工性能，以及容积计算。因此理想的是具有均匀而适当粒径的树脂。细粒树脂易造成加工中粉尘飞扬和容积计算困难，也会产生捏和过程中树脂吸收增塑剂的不均衡性。同时，在加料过程中还会引起粒径不易进入挤出机。粒径过粗，则造成树脂包装、贮存困难，也使加工的生产效率降低。

粒径的测定采用过筛分析（筛析）方法，以一定规格筛孔过筛，用树脂中粒径大小所占的比例来表示树脂的粒径分布。大多数悬浮聚合的聚氯乙烯树脂的粒径为 30～150μm。

在聚合过程中采用不同的悬浮分散剂，可制得结构和性能不同的树脂，即疏松型树脂 XS 及紧密型树脂 XJ，二者的粒径不同，性能也不同。实践表明，不规则形状的质地疏松的疏松型树脂，在加工过程中能表现出很多优越的性能，例如吸油性大、易于塑化、干流动性好、便于计量、加工操作控制方便、制品性能优异等。适用于粉料直接挤出或注射成型。疏松型树脂和紧密型树脂的特点和外形区别，见表 19-2 所示。

表 19-2　疏松型树脂和紧密型树脂比较

项　目	疏松型树脂 XS	紧密型树脂 XJ	项　目	疏松型树脂 XS	紧密型树脂 XJ
粒子直径	50～150μm	5～100μm	吸收增塑剂	快	慢
颗粒外径	不规则，表面毛糙	球状，表面光滑	塑化性能	塑化速度快	塑化速度慢
断面结构	疏松，多孔呈网状	无孔实心结构			

3. 表观密度

单位容积树脂的重量称为表观密度（g/ml）。表观密度大的树脂可以减少粒子间的无效空间，因此可以提高捏合和其他加工的效率。XJ型树脂的表观密度大于XS型树脂。

4. 干流动性

干流动性是测定一定体积的粒状树脂通过标准漏斗时所需的时间。主要用于表示粒状树脂输送计量的性能。均匀的大颗粒树脂通常有良好的干流动性，树脂湿度较高时，会妨碍流动性，湿度较低时会引起静电。

除以上的几方面外，水分及挥发物含量和黑黄点总数也要达到规定的要求。

硬质PVC上水管是由卫生级聚氯乙烯树脂与稳定剂、润滑剂等助剂配合后经挤出成型制得的，具有以下特点：密度小、无毒、表面光滑、摩擦系数小、输水能力强、长期使用不结垢、耐腐蚀、安装方便、无需油漆、美观。

聚氯乙烯树脂中所含氯乙烯单体小于或等于 5×10^{-6}，才能符合输送食用液体要求。通常使用卫生级SG-5型（即XS-4）PVC，见表19-3所示。

表 19-3   PVC-SG5 的质量标准和用途

PVC-SG5	质 量 标 准	PVC-SG5	质 量 标 准
黏度/(ml/g)	107～117	100g 树脂中黑黄点/颗	30
表观密度/(g/ml)	0.45	100g 树脂中黑点/颗	10
100g 树脂增塑剂吸收量/g	19	白度/%	90
挥发物含量(包括水)/%	0.4	残留 VCM/(mg/kg)	10
过筛率(筛孔 0.25)/%	98	氯乙烯含量/(mg/kg)	≤1.0
过筛率(筛孔 0.063)/%	10	主要用途	硬管、硬片、单丝、型材、套管

二、助剂的选择

1. 稳定剂

PVC有许多宝贵的性能，但也存在热稳定性差的缺点。PVC是低结晶度高聚物，玻璃化温度在80～90℃，塑化温度为130～150℃。当其在160～200℃的温度下加工时，会因发生严重降解作用而使性能变坏。为防止这一现象的发生，需要在加工过程中加入稳定剂。PVC稳定剂的作用就是在加工过程以及使用过程中抑制制品变色、性能变差。

PVC在加工过程的降解分三个阶段：早期着色降解（90～130℃）、中期降解（140～150℃）、长期受热降解（160℃）。产品的颜色变化为黄色→棕色→黑褐色。稳定剂可以通过取代不稳定Cl原子、中和HCl、与不饱和部位发生反应等方式抑制PVC的降解。

"理想"的PVC稳定剂应是一种多功能的物质，或者是一些材料的混合物，它们能够实现以下功能。

① 置换活泼的、不稳定的取代基，如连接在叔碳原子上Cl原子或烯丙基氯，生成较稳定的结构。

② 吸收并中和PVC在加工过程中放出的HCl，消除HCl的催化降解作用。

③ 中和或钝化对降解起催化作用的金属离子及其他有害杂质。

④ 通过多种形式化学反应可阻断不饱和键的继续增长，抑制降解着色。

⑤ 对紫外线照射起到护置、屏蔽和减弱作用。

此外，"理想"稳定剂还应该具有人们希望的功能，诸如无色、相容而不迁移、价格较便宜、无毒、无臭、无味、不污染，还应该不严重影响聚合物的物理力学性能（如冲击强度）及加工特性。

通常稳定剂按化学组成分为四类：铅盐类、金属皂类、有机锡类和有机辅助稳定剂。

硬质 PVC 上水管应选用有机锡类稳定剂。有机锡类稳定剂有良好的耐热性和透明性，加工性质很好，对硬质品特别适用，虽然价格比较高，但用量很小，在 PVC 稳定剂中占有重要的地位。硫醇甲基锡和马来酸二正辛基锡为常用的有机锡稳定剂。

（1）硫醇甲基锡热稳定剂　硫醇甲基锡（SS-218B）含有两种有效成分：一种是二甲基锡二巯基乙酸异辛酯，简称二甲，相对分子质量 555.41；另一种是甲基锡三巯基乙酸异辛酯，简称一甲，相对分子质量 743.69。一甲和二甲互相起协同作用，一甲具有优异的初期热稳定性，二甲具有优良的长期热稳定性能。硫醇甲基锡的物理性能见表 19-4。

表 19-4　硫醇甲基锡的物理性能

SS-218B	主 要 参 数	SS-218B	主 要 参 数
外观	无色透明状液体	密度（20℃）/（g/ml）	1.140～1.180
色度（Pt-Co 值）	≤50 号	Sn/%	≥17.00

硫醇甲基锡的性能特点如下。

① 极佳的热稳定性　热稳定性方面目前还没有任何其他类型热稳定剂能够超过它。具有极好的高温色度稳定性和长期动态稳定性。

② 卓越的透明性　可得到结晶般的制品，不会出现白化现象。

③ 产品无毒　是无毒的绿色环保型热稳定剂，已被德国联邦卫生局（BGA）、美国食品和药物管理局（FDA）、英国的 BPF 和日本的 JHPA 认可。2000 年 12 月经国家全国食品卫生标准专业委员会第十五次会议审议，SS-218 硫醇甲基锡被列入 GB 9685—94《食品容器，包装材料助剂使用卫生标准》中。

④ 良好的相容型与 PVC 相容性好，不影响制品表面性能与电性能。

⑤ 比较好的流动性是硬质 PVC 混合物最好的稳定剂。

⑥ 耐结垢性强。

有机锡热稳定剂是目前发现的热稳定剂中最有效的一类，其中硫醇甲基锡热稳定性能最佳。虽然它的成本比较昂贵，但是用量比例少，在制品中所占成本比例和其他稳定剂相当，一般挤出硬管材用量 1.0～2.0 份。我国目前硫醇甲基锡年生产能力大约有 3000t 左右。

（2）马来酸二正辛基锡　这是一种白色粉末，熔点 87～105℃，无毒。它具有优异的长期耐热性。主要用作硫醇锡的副稳定剂。

2. 润滑剂

为了避免硬 PVC 物料塑化后黏附金属，降低加工设备的载荷；改善熔体的流动性、避免剪切过热 PVC 的分解；获得高的制品产量又不形成熔体的缺陷和熔体破裂，润滑剂的使用是必不可少的。润滑剂的种类和用量常是配方设计的关键所在。

润滑剂按功能进行分类，有内润滑剂、外润滑剂，以及兼具内、外润滑功能的内、外润滑剂。内润滑剂和外润滑剂作用不同。加入适当的润滑剂，可以提高产品质量和设备的加工效率。外润滑剂与内润滑剂的作用见表 19-5。

（1）硬脂酸钙　它由硬脂酸钠与氯化钙进行复分解反应而得，为白色粉末，熔点 150～155℃，密度 1.08g/cm³，不溶于水，冷的乙醇和乙醚，热的苯、甲苯和松节油，微溶于热的乙醇和乙醚。具有优良的润滑性，价格低廉，无毒性，加工性好，且无硫污性，是一种热稳定剂，但热稳定性一般。缺点是有初期着色性，在100℃以上加热时间较长会使白色PVC塑料变成微红色。硬脂酸钙的性能指标见表19-6。

表 19-5　外润滑剂与内润滑剂的作用

项　目	外润滑剂	内润滑剂	项　目	外润滑剂	内润滑剂
作用	塑料表面	塑料内部	润滑剂用量	0.2％～0.5％	0.5％～1.5％
脱模性	好	轻微	印刷性	差	好
相容性	有限	好	透明性	减小	好
析出现象	严重	只在过量时发生			

表 19-6　硬脂酸钙性能指标

硬脂酸钙	性能指标	硬脂酸钙	性能指标
外观	白色粉末	细度	99％以上通过200目
熔点	≥130℃	酸值	≤1.0％
钙含量	6.8％±0.5％	水分	≤3.0％

（2）石蜡　石蜡是直链烷烃的混合物，含有少量直链烷烃，不含极性基团。石蜡是一种白色固体，相对密度为0.9，熔点50～70℃不等，无毒，属典型的外润滑剂。由于石蜡的熔点低、熔体黏度小、易挥发，只能较窄的温度范围起润滑作用，与氧化聚乙烯蜡、脂肪酸皂类并用，有益于加强润滑效果，降低挥发性。

单纯增加石蜡或硬脂酸钙的用量，均会使塑化温度提高或塑化转矩降低。二者并用后，外润滑效果更显著。两种润滑剂并用，还可明显改善挤出管材的外观。

3. 填充剂

在聚氯乙烯塑料中添加填充剂的目的是：降低产品成本；降低树脂的单耗；改进产品性能。聚合物填充改性后会有下述效果：①提高制品的硬度与耐磨性；②提高制品的热变形温度；③提高物料的热稳定性和耐候性；④降低制品的成型收缩率和挤出胀大效应；⑤降低制品的成本。选择适当的填料和填充量还可能获得较高的抗冲击性或较高的断裂强度。但是填料的使用会降低物料的流动性，提高物料的熔体黏度，增加物料对设备的磨损。对硬PVC来说，填料还会影响物料的塑化速度和塑化程度。

填充剂的基本要求：

① 适当的细度，能均匀地分散于聚氯乙烯塑料中；

② 与聚氯乙烯塑料配方中各种配合的助剂，不会发生化学变化；

③ 不能含有会促进聚氯乙烯树脂加速分解的杂质，如铁、铜、锌等金属化合物；

④ 制品中加入大量填充剂后不致影响硬质聚氯乙烯塑料的外观质量，更不允许产生龟裂现象；

⑤ 能耐热，在聚氯乙烯加工温度下不致分解，不变色，并很少影响制品的物理机械性能；

⑥ 具有一定的化学稳定性；

⑦ 不含结晶水，不溶于水、植物油及一切溶剂中。

最常用的填充剂为$CaCO_3$，其来源丰富、硬度不高、色泽较浅、对PVC有辅助稳定作用、对人体无害，是应用最广的填料品种。

为了提高PVC塑料性能，还可以加入改性剂、增塑剂、着色剂等助剂，以使其性能更加适应加工和使用条件。

三、配方的确定

配方的好坏不仅对质量有很大影响，而且对产量及劳动生产率都有重要关系。配方设计包括稳定剂系统的确定，润滑剂配合的设计和加工改性剂的选用三个方面。配方中各组分的配合，对塑料制品的性能有很大影响，特别是聚氯乙烯塑料，可以通过各种助剂及改性剂的不同配方来制造各种耐冲击、耐腐蚀、耐热、耐压的硬质聚氯乙烯管道、管件，以及各种异型材料，以适应各种场合、各种不同的使用要求。表 19-7 是硬质聚氯乙烯上水管的配方。在配方中，各组分的作用都是相互有关系的，不能孤立地选配。在选择各组分时，应全面的考虑各方面因素，如物理性能、流动性能、成型性能、化学性能等。

表 19-7　硬质聚氯乙烯上水管的配方

配　方	份　数	配　方	份　数
PVC-SG5（卫生级）	100	CaSt	3
硫醇甲基锡	2	$CaCO_3$	8
马来酸二正辛基锡	1	石蜡	1

习题

1. 说明原料的主要规格指标。
2. 塑料管材配方确定要考虑哪些因素？

第二十章　设备选型及计算

工艺流程设计是塑料制品厂设计的核心，而设备选型及计算则是工艺流程设计的主体。因为工艺流程的先进与否，往往取决于所用设备是否先进。设备直接影响生产能力、产品质量、原料及公用工程的单耗等。在建设投资及生产成本中，设备费用占有相当比重。设备选型和配合计算，一般与选择生产方法、确定工艺流程同时进行。在工艺设计中对有关设备，特别是主机设备必须逐一落实。设备选型的原则同化纤厂设计相同。

第一节　设备的分类和选型

根据设备在生产过程中的作用和供应渠道，塑料制品厂生产设备大致可分如下几大类。

一、专用设备的选择

塑料制品生产的专用设备，一般是指物料直接经过的，并有一定生产技术参数要求的设备。如压机、注射机、挤出机等，这些设备因直接与物料接触，大部分为连续运转工作，对机械性能及材质的要求较高，加工技术性强。因此，一般都由专业厂家生产。

专用设备一般分为主机和辅机。直接成型的机械为主机，其余的为辅机。如在生产管材的车间中，挤出机为主机，其余的机头、定径套、冷却水箱、牵引机、切割机等皆为辅机。

二、通用设备的选择

通用设备一般是指由机械工业部系统主管及生产的泵、风机等设备。选择时要根据工厂中所需要的技术参数，如流量、温度、压力等，并充分考虑生产过程中可能发生的情况，合理选择设备。

三、非标准设备的选择与设计

非标准设备一般是指规格和材质都不定型的辅助设备。这类辅助设备加工精度要求不太高，供货渠道也不固定，多属于贮槽容器。

四、车间内部　运输车辆

塑料制品厂生产过程中，原材料及半成品、成品大多数为固体状。因而在车间内部运输固体物料常采用气流输送、皮带输送和车辆输送三种方式。车间内部的运输车辆也是非标准设备。

总之，选用设备要详尽了解其主要规格与性能。因为设备的技术规格是车间布置设计及建筑、结构、电气等专业开展工作时，必不可少的条件。

第二节　设　备　计　算

设备计算是在塑料制品厂设计中不可缺少的工作。主要是根据选型设备生产能力计算所需设备的台数以及非定型设备的计算。塑料制品厂生产用的主机均属系列定型设备，在设计工作中无需逐台设备进行单机进算，只要根据总的生产任务和设备单机生产能力，计算总的台数即可。但在配备台数时，必须考虑实际开工天数及生产效率，从长远发展规划着眼，要留有余地。对于非定型设备一般计算出容积、生产能力、台数等。

下面结合生产 2000t/年硬质聚氯乙烯（PVC）管材车间设计，进行设备选型与计算。

一、定型设备的选择与计算

1. 挤出机及辅机的确定与计算

由于工艺和经济上的原因，每种规格的挤出成型机生产的管材尺寸有一定范围。挤出成型机规格与所生产的管材尺寸关系见表 20-1。

表 20-1　挤出成型机规格与所生产管材的尺寸关系

挤出机螺杆直径/mm	挤出管材外径范围/mm	挤出机螺杆直径/mm	挤出管材外径范围/mm
45	20	120	90～160
60	20～50	150	160～250
90	40～75		

根据此表，选用 ϕ90 型管材挤出机。

设计选用 SJ-90-A 型塑料挤出机，其主要技术参数见表 20-2。

表 20-2　SJ-90-A 型塑料挤出机

技 术 参 数	SJ-90-A 型	技 术 参 数	SJ-90-A 型
螺杆直径	90mm	电动机功率	22/7.3kW
螺杆长径比	20：1	机器中心高	1000mm
螺杆转速	12～72r/min	机器外形尺寸(长×宽×高)	3015mm×1737mm×2486mm
生产能力	20～60kg/h	参考价格	8 万元

成型机台数的计算：根据制品形状、冷却定型的难易程度，选择牵引速度为 1.2m/min（一般在 0.2～2m/min 范围），ϕ50 硬 PVC 管材的线重为 770g/m，因而成型挤出机每小时的生产能力为：

$$生产能力＝线重×牵引速度$$
$$＝770×1.2×60＝55.44kg/h$$

则需要挤出成型机台数为 (2127.66×1000)/(55.44×8000)＝4.79（台）

所以选用 6 台 SJ-90-A 型挤出机。

挤出辅机包括冷却装置、牵引装置、切割装置、支架等几部分。SJ-GE90B 型辅机可与 SJ-90-A 型塑料挤出机配套使用，连续生产一定规格的硬聚氯乙烯管材。挤出辅机型号及参数见表 20-3。

表 20-3　SJ-GE90B 型辅机主要参数

辅机装置	外形尺寸/mm	重量/kg	辅机装置	外形尺寸/mm	重量/kg
冷却装置	3000×720×1150	200	切割装置	1950×1075×1210	390
牵引装置	1435×819×1360	800	支架	3000×400×1042	100

2. 挤出造粒机的选取与计算

造粒工段物料平衡图如下：

2049.84t/年（筛选风送 ↓0.5%）→2039.59t/年（高混 ↓0.1%）→2037.55t/年（冷混 ↓0.1%）→2035.51t/年（挤出造粒 ↓0.5%）→2025.33t/年（风送 ↓0.2%）→2021.28t/年

进入挤出造粒工段的物料量：2035.51t/年÷8000h＝254.4kg/h

为了提高生产能力，提高粒料的质量，选择 SJ-200-A 型挤出造粒机，其主要技术参数见表 20-4。

表 20-4　SJ-200-A 型挤出造粒机主要技术参数

主要技术参数	SJ-200-A 型	主要技术参数	SJ-200-A 型
螺杆直径	200mm	转速	1050/350r/min
螺杆长径比	20∶1	电压	380V
螺杆转速	5～15r/min	机器中心高	1100m
生产能力	200～400kg/h	外形尺寸(长×宽×高)	5880mm×2670mm×2975mm
电动机型号	JZS-101	参考价格	10 万元
功率	100/33.3kW		

根据 SJ-200-A 型造粒机的生产能力 200～400kg/h，选取 300kg/h，则需要造粒机台数 (2035.51×1000)/(300×8000)＝0.85（台）

所以选用 1 台 SJ-200-A 型挤出造粒机。

3. 高速混合机的选取与计算

选用 SHR-200×475×950（GHR-200-Q）型高速混合机，其技术参数见表 20-5。

表 20-5　SHR-200×475×950 型高混机技术参数

技 术 参 数	SHR-200×475×950 型	技 术 参 数	SHR-200×475×950 型
总容积	200L	排料方式	气动
有效容积	120～140L	电动机功率	30/42kW
产量	≥325kg/h	外形尺寸(长×宽×高)	1750mm×1100mm×1450mm
加热形式	汽	参考价格	6.2 万元

高混机的有效容积取 140L，PVC 粉料的表观密度为 0.45kg/L，

每锅可装粉料量 0.45×140＝63kg，每小时热混 6 锅料，

则每小时混料量 63×6＝378kg/h，需要高混机（2039.59×1000)/(378×8000)＝0.67（台）

所以选用 1 台 SHR-200×475×950 型高混机。

4. 冷混机的选取与计算

与 SHR-200×475×950 型高混机配套的冷混机可以选用 SHL-350×130 型塑料冷却混合机。SHL-350×130 型冷混机技术参数见表 20-6。

表 20-6　SHL-350×130 型冷混机技术参数

技 术 参 数	SHL-350×130 型	技 术 参 数	SHL-350×130 型
总容积	350L	机器质量	1800kg
有效容积	210～250L	冷却形式	水、汽
电动机功率	7.5kW	卸料方式	手动或气动
主轴转速	130r/min	参考价格	4.5 万元
机器尺寸	1800mm×1380mm×1550mm		

需要冷混机（2037.55×1000)/(378×2×8000)＝0.34（台）

所以选用 SHL-350×130 型冷却混合机一台。

5. 破碎机的选取与计算

为了回收 PVC 的下脚料和废、次品管材，使之经过破碎制成颗粒进行再次使用，选用 SWP-100 型塑料破碎机。本机适用于高、低压聚氯乙烯等塑料的废品、次品，边角料和注射浇口等废旧塑料的回收破碎造粒。

本机采用转刀刃切线新型结构，具有结构紧凑、生产效率高、破碎均匀、性能稳定可靠、噪声低、使用和维护方便等特点。SWP-100 型破碎机主要参数见表 20-7。

表 20-7　SWP-100 型破碎机主要参数

技 术 参 数	SWP-100 型	技 术 参 数	SWP-100 型
旋转刀回转直径	100mm	整机重量	120kg
筛孔直径	6mm	外形尺寸	560mm×370mm×925mm
固定刀片数	2 把	参考价格	0.34 万元
旋转刀片数	2 把	生产厂	青岛胶州金星橡塑机厂
破碎量	40kg/h		

每小时回收破碎量为 $(106.38×1000)/8000＝13.3kg/h$

所以需要 1 台 SWP-100 型破碎机。

6. 自动配料秤和流量计的选取与计算

（1）自动配料秤的选取　在硬 PVC 的加工中，由于需要加入多种助剂，为了生产的方便和提高生产效率，一般选用多品种配料秤进行配料工段的称量。

高混机每锅装料量为 63kg，所以每锅中各种组分质量如下：

PVC $63×87\%＝54.81kg$；

CaSt $63×2.6\%＝1.638kg$；

硫醇甲基锡 $63×1.7\%＝1.071kg$；

马来酸二正辛基锡 $63×0.87\%＝0.5481kg$；

$CaCO_3$ $63×6.96\%＝4.3848kg$；

石蜡 $63×0.87\%＝0.5481kg$。

为了按照配方所给的份数严格地进行称量，本设计所选择的称量相对偏差应在 1% 以下。

称量 PVC 粉料选用 XSP-0060 型电子配料秤；称量助剂（硫醇甲基锡和石蜡除外）选用 XSP-0010 型电子配料秤；由于石蜡固体块较大，需要削成屑，而石蜡屑颗粒较大，用大秤称量会影响精度，为了放慢称量速度、提高称量精度，所以选用 XSP-0006 型电子配料秤。

XSP 型电子配料秤能够准确称量每一时每一刻的用料，使各组分时时刻刻按比例称量混合，准确度较高，称量过程中有电子计算机精确控制，自动化程度高，尤其适用于多组分配料使用。现在已被各生产厂家所广泛使用。其规格见表 20-8。

表 20-8　XPS 型电子配料秤规格

规　格	XSP-0060 型	XSP-0010 型	XSP-0006 型
最大称量	60kg	10kg	6kg
最小分度值	0.05	0.01	0.005
精度	1/400	1/400	1/400
显示形式	数字显示	数字显示	数字显示
外形尺寸	3080mm×1100mm×1900mm	2746mm×740mm×1580mm	2746mm×740mm×1580mm
价格	14260 元	14260 元	14260 元

（2）流量计的选取　硫醇甲基锡是液体，所以只能使用流量计。

高混每锅中硫醇甲基锡为 $63×1.7\%＝1.071kg$；

硫醇甲基锡密度为 1.140～1.180g/ml；

每次进入高混机的流量为 1.071÷1.140 ＝ 0.94L。

所以选用 LL-15 型腰轮流量计，其技术参数见表 20-9。

表 20-9　LL-15 型腰轮流量计技术参数

技 术 参 数	LL-15 型	技 术 参 数	LL-15 型
公称通径	15mm	工作压力	25.64kgf/cm²
流量范围	0.25～2.5m²/h	参考价格	900 元
测量介质温度	0～120℃		

注：1kgf＝98.0665Pa。

二、气力输送计算及选取

气力输送是目前广泛使用的一种输送方式，分压送式和吸收式两种形式。如 PVC 粉料从一楼到四楼采用的是压送式气力输送。

1. 输送粉料鼓风机的计算与选取

（1）计算生产率

$$G_S = G_d K_1 K_2 / T = (6 \times 1.15 \times 1.2)/2 = 4.14 \text{（t/h）}$$

式中　T——装置一昼夜工作时数，平均每天上料 8 次，一次 15min，则 $T = 8 \times 0.25 = 2h$；

　　　K_1——物料发送不均匀系数，与工艺过程特点、物料发送机械形式有关，$K_1 = 1.15$；

　　　K_2——考虑远景发展的系数，一般不大于 1.25，K_2 取 1.2；

　　　G_d——平均昼夜输送量。

混合比 m 是指单位时间内输送物料重量与输送所需空气重量之比。m 在 1～10 之间，取 $m = 8$。20℃时，$\gamma = 1.164 \text{kgf/m}^3$，则输送量 $Q_{计} = G_S/(m\gamma) = 4.14 \times 1000/(8 \times 1.164) = 444.59 \text{（m}^3/\text{h）}$，

α 在 10～16 之间，取 $\alpha = 14$，输送气体速度 $u = \alpha\gamma^{1/2} = 14 \times (1.4)^{1/2} = 16.565 \text{（m/s）}$。

（2）管径

$$d = \sqrt{\frac{4Q_{计}}{\pi u}} = [(4 \times 444.59)/(3600\pi \times 16.565)]^{1/2} = 97.5 \text{mm}$$

选用外径 108mm，壁厚为 5mm 的标准热轧无缝钢管，管的内径 $d = 108 - 5 \times 2 = 98$mm，则实际风速 $u_实 = \frac{4Q_{计}}{\pi d^2} = (4 \times 444.59)/(3600\pi \times 0.098^2) = 16.38 \text{m/s}$。

（3）气力输送的压力降

① 从风机到加料器的压力损失 ΔP_1　规定从风机到加料器的距离 L_0 为 2m，空气黏度 $\mu = 0.0178$，20℃空气密度 $\rho = 1.205 \text{g/cm}^3$，取无缝钢管的绝对粗糙度 $e = 0.2$mm。

$$Re = du_实\rho/\mu = 98 \times 16.38 \times 1.205/0.0178 = 1.09 \times 10^5$$

$e/d = 0.2/98 = 0.002$，查表得出 $\lambda = 0.025$，

$$\begin{aligned}\Delta P_1 &= \lambda L_0/d r u_实^2/(2g) \\ &= 0.025 \times 2/0.098 \times 1.164 \times 16.38^2/(2 \times 9.8) \\ &= 8.12 \text{kgf/m}^2\end{aligned}$$

② 从加料器到输送管道加速损失 ΔP_2

根据经验公式：$\Delta P_2 = (c + m)ru_实^2/(2g)$

式中，c 根据加料方式取值，采用连续供料时，c 取小值；若采用不连续供料时，c 取大值。本设计取 $c=8$。

$$\Delta P_2 = (8+8) \times 1.164 \times 16.38^2 / (2 \times 9.8)$$
$$= 254.94 \text{kgf/m}^2$$

③ 稳定输送

规定 $\alpha_{水平} = (30/u_{实})^{1/2} + 0.2m$
$$= (30/16.38)^{1/2} + 0.2 \times 8$$
$$= 2.95$$

$\alpha_{垂直} = 250/u_{实}^{1.3} + 0.15m$
$$= 250/(16.38)^{1.3} + 0.15 \times 8$$
$$= 7.8$$

$L_{水平} = 10\text{m}, L_{垂直} = 24\text{m}$

水平部分：

$$\Delta P_{水平} = \lambda L_{水平} / dr u_{实}^2 / (2g)$$
$$= 0.025 \times 10 / 0.098 \times 1.164 \times 16.38^2 / (2 \times 9.8)$$
$$= 40.56 \text{kgf/m}^2$$

$$\Delta P_{3水平} = \alpha_{水平} \Delta P_{水平}$$
$$= 2.95 \times 40.56$$
$$= 119.65 \text{kgf/m}^2$$

垂直部分：

$$r_{垂直} = r[P_0 - (\Delta P_{3水平} + \Delta P_2)] / P_0$$
$$= 1.164 \times [101300/9.8 - (119.65 + 254.94)] / 101300/9.8$$
$$= 1.12 \text{kgf/m}^3$$

$$\Delta P_{垂直} = \lambda L_{垂直} / dr_{垂直} u_{实}^2 / (2g)$$
$$= 0.025 \times 24 / 0.098 \times 1.12 \times 16.38^2 / (2 \times 9.8)$$
$$= 93.87 \text{kgf/m}^2$$

$$\Delta P_{3垂直} = \alpha_{垂直} \Delta P_{垂直}$$
$$= 7.8 \times 93.87$$
$$= 732.19 \text{kgf/m}^2$$

弯管部分（其中包括 2 个弯头）：

90°弯头，$n=2$，阻力系数 $\zeta_3 = 0.75$

$$\Delta P_{3弯} = n\zeta_3 mr u_{实}^2 / (2g)$$
$$= 2 \times 0.75 \times 8 \times 1.164 \times 16.38^2 / (2 \times 9.8)$$
$$= 191.21 \text{kgf/m}^2$$

$$\Delta P_3 = \Delta P_{3水平} + \Delta P_{3垂直} + \Delta P_{3弯}$$
$$= 119.65 + 732.19 + 191.21$$
$$= 1043.05 \text{kgf/m}^2$$

④ 旋风分离器的压力损失 ΔP_4

规定其局部阻力系数 $\zeta_4 = 16AB/D_1$，式中，$A = D/2$，$B = D/4$，$D_1 = D/2$，$\zeta_4 = 8$

$$\Delta P_4 = \zeta_4 r_{垂直} u_{实}^2 / (2g)$$
$$= 8 \times 1.12 \times 16.38^2 / (2 \times 9.8)$$
$$= 122.65 \text{kgf/m}^2$$

$$\Delta P_{总} = \Delta P_1 + \Delta P_2 + \Delta P_3 + \Delta P_4$$
$$= 8.12 + 254.94 + 1043.05 + 122.65$$
$$= 1428.76 \text{kgf/m}^2$$

（4）鼓风机的选取　考虑到设计误差和输送条件改变时的安全性，则：

$$P_{鼓} = (1 + 7\%) \Delta P_{总} = 1.07 \times 1428.76$$
$$= 1528.77 \text{kgf/m}^2$$
$$= 1498.19 \text{Pa}$$

则供料点处：

$$P_{始} = P_0 + \Delta P_3 + \Delta P_4$$
$$= 101300/9.8 + 1043.05 + 122.65$$
$$= 11502.43 \text{kgf/m}^2$$

$$r_{始} = rP_{始} / P_0$$
$$= 1.164 \times 11502.43 / (101300/9.8)$$
$$= 1.295 \text{kgf/m}^2$$

考虑管系及供料器漏气的系数 $C = 1.13$，

$$Q_{风} = CrQ_{计} / r_{始}$$
$$= 1.13 \times 1.164 \times 444.59 / 1.295$$
$$= 451.77 \text{m}^3 / \text{h}$$

鼓风机所需风量：

$$Q_{鼓} = r_{始} Q_{风} / r$$
$$= 1.295 \times 451.22 / 1.164$$
$$= 502.0 \text{m}^3 / \text{h} = 8.37 \text{m}^3 / \text{min}$$

根据 $P_{鼓}$、$Q_{鼓}$，选择 L51LD 型罗茨鼓风机，其技术参数见表 20-10。

表 20-10　L51LD 型罗茨鼓风机技术参数

技 术 参 数	L51LD 型	技 术 参 数	L51LD 型
转速	730r/min	配套电动机型号	Y160M2-8
升压	19614Pa	功率	5.5kW
进口流量	9.44m³/min	电压	380V

2. 旋风分离器的计算与选取

$$Q_a = 60 A u_{进}$$

式中　Q_a——处理的空气量；

　　　$u_{进}$——进口流速。

$$A = Q_a / 60 u_{进} = 444.59 / 60 \times 16.38 = 0.0075 \text{m}^2$$
$$A = Bh = 0.66D \times 0.26D = 0.0075 \text{m}^2$$

求得：$D = 0.21 \text{m} = 210 \text{mm}$

选择 CLT/A-2.5 型旋风分离器，其技术参数见表 20-11。

表 20-11　CLT/A-2.5 型旋风分离器技术参数

技 术 参 数	CLT/A-2.5 型	技 术 参 数	CLT/A-2.5 型
圆筒直径	250mm	压强降	174mmH₂O
进口气速	18m/s	生产能力	690m³/h

三、非定型设备的选择与计算

1. 贮罐的选取

PVC 每天上料量为 6000kg，贮罐装料系数为 0.8，每天分 8 次上料，

则最大上料量 6000/0.8＝7500kg/天

PVC 表观密度 $\rho=0.45g/cm^3=450kg/m^3$

每次上料体积＝7500kg÷(450×8)kg/m³＝2.08m³

选择 PVC 贮罐 $D_g=1200mm$。椭圆封头和 60°锥形封头贮罐尺寸分别见表 20-12 和表 20-13。

表 20-12　椭圆封头贮罐尺寸

D_g	曲面高度	直边高度	容　积	内表面积
1200mm	300mm	25mm	0.255m³	1.65m²

表 20-13　60°锥形封头贮罐尺寸

尺　　寸	$D_g=1200mm$	尺　　寸	$D_g=1200mm$
锥体高度	1087mm	内表面积	2.62m²
圆弧半径	180mm	容积	0.477m³
直边高度	25mm		

则贮罐使用容积＝上料容积－椭圆封头容积－锥形封头容积

＝2.08－0.255－0.477＝1.348m³

贮罐高度＝1.348/(0.6)²π＝1.19m

2. 货梯的选取

选择 H05-XPM 型，技术规格见表 20-14。

表 20-14　HT 型货梯技术规格

技 术 参 数	H05-XPM 型	技 术 参 数	H05-XPM 型
载重	500kg	机房 $B_2×B_2$	3000mm×3000mm
速度	0.5m/s	净门口 M	1100mm
轿厢 $B×L$	1500mm×1500mm	轿厢门	双折式
井道 $B_1×L_1$	2350mm×1860mm	厅门	双折式

3. 除尘器的选取

由于前面所选风机型号较小，输送物料量较小，经分离器排放到空气中的粉尘量不是太大，故选用小型除尘设备，选择 DMC-36 型电控脉冲袋式除尘器（表 20-15），带有 36 条滤袋。特点是周期性地向滤袋内喷吹压缩空气，以清除滤袋积灰，使滤袋效率保持恒定，这种清灰方式的清灰效果好，而且不损伤滤袋。

4. 旋转加料器

旋转加料器中带有叶片的转子在机壳内旋转，使物料从上部料斗落到叶片之间，然后随叶片旋转至下端，将物料排出进行供料，其特点就是结构简单，运转、维修方便，尺寸小，在狭窄处或低矮处也可以安装，能满足定量供料的要求，具有一定的气密性。对高温粉料、粒料也能使用。

表 20-15　DMC-36 型脉冲袋式除尘器参数

技 术 参 数	DMC-36 型	技 术 参 数	DMC-36 型
过滤面积	$27m^2$	脉冲阀数量	6 个
滤袋条数	36 条	脉冲宽度	0.1
滤袋直径×长度	$120mm×2000mm$	脉冲周期	$30\sim60$
设备阻力	$100\sim120mmH_2O$	喷吹压力	$6\sim7kgf/cm^2$
除尘效率	99%	喷吹空气量	$0.108m^3/min$
含尘浓度	$3\sim5g/m^3$	外形尺寸	$1400mm×1400mm×3609mm$
过滤风速	$3\sim4m/min$	重量	850kg
气体处理量	$4950\sim6480m^3/h$		

注：$1mmH_2O=9.80665Pa$，$1kgf/cm^2=98.0665Pa$。

如运送 PVC 粉料的供料器生产能力为 $9.2m^3/h$，所以选取 $\phi200mm×300mm$ 规格的刚性叶轮旋转加料器，其技术参数见表 20-16。

表 20-16　旋转加料器技术参数

技 术 参 数	$\phi200mm×300mm$ 规格	技 术 参 数	$\phi200mm×300mm$ 规格
生产能力	$10m^3/h$	外形尺寸	$660mm×300mm×300mm$
叶轮转速	$31r/min$	重量	765g
进出料口尺寸	$200mm×300mm$	参考价格	1500 元
传动方式	直接		

5. 仓壁振动器

贮罐必须配有相应的仓壁振动器，其规格的选取依据贮罐的壁厚 $D_g=1200mm$ 的贮罐壁厚为 5mm，选用 LZF-5 型仓壁振动器；$D_g=700mm$ 的贮罐壁厚为 4mm，选用 LZF-4 型仓壁振动器。CF 型仓壁振动器技术参数见表 20-17。

表 20-17　CF 型仓壁振动器技术参数

技 术 参 数	LZF-4 型	LZF-5 型
适用仓壁壁厚	$3.2\sim4.5mm$	$4.5\sim6mm$
锥部仓容	1.0t	3t
配用振动电机	JZO-1.5-2	JZO-2.5
激振力	150kgf	250kgf
功率	0.15kW	0.25kW
重量	25kg	35kg
外形尺寸	$270mm×330mm×280mm$	$280mm×330mm×280mm$
价格	294 元	321 元

注：$1kgf=9.80665N$。

6. 振动筛的选择

树脂筛选的目的主要是筛出混在树脂内的机械杂质，常见的筛选设备有圆筒筛、振动筛和平动筛。

影响筛选效率的主要因素有：

① 物料粒度与筛孔尺寸；

② 物料在筛面上移动速度（一般取 0.1m/s 左右，移动速度慢，筛选效率高）；

③ 筛面倾斜度和有效面积（前者小、后者大时可提高筛选效率）。

选用 SV 系列三维振动筛，本系列机在塑胶行业中主用于筛选 PVC 粉、纤维、色母造粒、塑胶混合等，同时可用于其他的行业。本系列无机械传动，无需保养、维修，无噪声、粉尘，封闭性能好；网目永不堵塞，筛网利用率高；占地空间少，移动灵活方便；筛选自动排料，便于连续的生产作业；省电、省工、省力，降低生产成本。用户可以根据不同的需要选择各种不同的原料流动方向以满足各种工艺要求。

7. 台秤

造粒流程中还需选用一台装袋秤，本次设计选用 TGT 型台秤，外形尺寸为 655mm×720mm×755mm。

8. 缝包机

选用 DGK26-1A 型手提封口机，其技术参数见表 20-18。

表 20-18　DGK26-1A 型手提封口机

技 术 参 数	DGK26-1A 型	技 术 参 数	DGK26-1A 型
功率	90W	外形尺寸	360mm×260mm×380mm
重量	6.00/8.5kg		

9. 运输车的选取

还应选用轻型平板手推车，本车适用于运送件装或袋装货物，载重 200kg，车轮为实心的橡胶轮。

习题

生产管材车间需要哪些设备，怎么样选择设备的型号？

第二十一章 物料衡算与能量衡算

物料衡算对于控制生产过程有着重要指导意义，在实际生产过程中，物料衡算可以揭示物料的浪费和生产过程的反常现象，从而帮助找到改进措施，提高成品率，减少副产品、杂质和三废排放量。

第一节 物料衡算方法及步骤

一、物料衡算方法

物料衡算由引入某一设备以进行操作的物料量必须等于操作后所得产物的重量加上物料损失。则可得到如下关系式：

$$\sum F = \sum D + W \tag{21-1}$$

式中　F——进料量；

　　　D——出料量与损耗量；

　　　W——积累量。

对于稳态连续过程，进料量总和等于出料量总和，即 W 为零。此时，可变成：

$$\sum F = \sum D \tag{21-2}$$

以上两式适用于总物料计算，没有化学反应时也可用于一组分级算。

二、物料衡算步骤

物料衡算是工艺设计中最早开始的一项计算工作，当方案设计阶段确定了工艺路线，画出流程示意草图后即可进行。

由于工艺流程是多种多样的，物料衡算的具体内容和计算方法也有多种形式。有的计算过程十分简单，有的又十分复杂，为了有层次地、循序渐进地解决问题，且能避免差误，拟定下述计算步骤。

1. 画出流程示意图

画图是为了物料衡算时分析问题便于展开计算，因此对设备外形、尺寸比例等都不严格要求，对那些物料在其中既没有化学变化（或相变化），也没有损耗的过程，不需要计算，所以允许省略不画，但是与物料衡算有关内容必须无一遗漏。所有物料管线不论主辅均需画出。图面表达的中心内容是物料的流动及变化情况，所以物料的名称、数量、组成及流向，以及与计算有关的工艺条件（温度、压力、流量、配比等）都要体现在图上，不但所有已知数据要标明在图上，那些待求的未知数据也应当以恰当的符号表示，一并标在图上，以便分析。

2. 写出主、副化学反应式

这是为了便于分析反应过程特点，为计算做好准备，在塑料制品的生产过程中绝大多数都是物理过程，只有热固性塑料的成型以及发泡制品的成型，才伴随着化学反应。没有化学反应者可以从简。

3. 确定计算任务

对照示意图和反应方程式，分析每一步骤，每一设备中物料发生的化学反应和物料变化，对物料的数量、组成及物料走向产生的影响。针对过程特点，选定适用的公式，同时分析数据资料，明确已知的、未知的以及待求的。对于未知数据则判别可以查到的和要通过计算求出的，从而弄清计算任务，为收集数据资料和建立计算程序做好准备。

4. 收集数据资料

计算任务明确之后，收集什么数据和资料也就明确了，一般包括如下几方面。

（1）设计任务数据

① 生产规模　当设计任务有直接规定时即按规定数字计算。如果是中间车间，应根据消耗定额来确定生产规模，同时要考虑物料在车间的回流情况，否则计算出来的设备能力就不能平衡了。

② 生产时间　即年工作时数。应根据全厂检修、车间检修、生产过程和设备特征来考虑每年有效的工作时数，这样才能确定出物料衡算的时间基准，算出每小时的生产任务，进而在以后的计算中定出设备大小。

生产过程中无特殊现象（如易堵、易波动），设备能正常运转或者已设有必要的备品。且全厂公用系统又能保障供应者，年工作时数可采用 8000～8400h。

全车间停车检修时间较多的生产，年工作时数可采用 8000h。

生产难以控制、易出不合格产品，经常停车更换过滤网等，一般采用年工作时数为7200h，即一年按 300 天计算。

（2）原料、助剂、中间产物和产品的规格。

（3）有关的物理化学常数　计算中用到很多的物理化学常数，如密度、相平衡常数等，范围很广，散见在各种资料上，除了一般常见的手册和数据汇编外，有些品种往往还需查阅专门书刊。在查找数据时应注意如下几点。

① 资料的可靠性：特别注意各种材料在辗转刊载中容易发生错误，应尽可能找原始资料。

② 准确性：应注意对不同数据的准确性要求。

③ 数据的适用范围：许多常数往往只适用于一定范围，即它是在一定条件下测出来，那么超出了这个范围就不好用了，应予以注意。

5. 选定计算基准

选定计算基准是计算的出发点，通常可以从年产量出发，由此算出原料年需要量和中间产品以及三废年生成量。如果中间步骤很多，就很难一下算出原料量，这时可以从后往前反算。倘若年产量在数值上太大，则计算起来很不方便。在设备及步骤较多的物料衡算中，从前往后算比较简单，不过这样做往往与产品的生产量不一致。针对上述情况，为了使计算简便，可以先按 100kg 出发进行计算。算出产品量后，和实际产量进行比较，求出相差的倍数，以此倍数作为系数分别乘以原假设量即可得实际需要原料量、中间产物和三废生成量。

通过分析可以知道，在确定年产量或每小时的产量时，通常都以小时作为时间的基准，当取 100kg 时，时间因素可以暂时不出现，等到计算出的产品量与每小时的产品量作比较时，再引入每小时作为基准。

经验证明，选用恰当的基准可使计算过程简化。如连续操作过程可以采用公斤/时，而间歇操作则应以公斤/批为基准。还应指明必须把各个量的单位要统一为同一单位制，并且在计算过程中保持前后一致，以避免差错。

6. 展开计算

在前面工作的基础上，针对物料流量的变化情况，分析各个数量之间的关系，列出数学关联式，关联式的数目应等于未知的数目，当条件不足而导致关联式数目不足时，常采用试差法求解。编制合理的计算程序，寻找简洁的计算方法也是必要的。已知原料量，欲求可得产品数量时，则顺流程从前往后算。反之，已知生产任务（年产量或每小时的产量）之后，欲求所需原料量，则逆流程由后向前推算。

7. 校核与整理计算结果

在计算过程中，每算一步都要对计算结果进行认真校核，看物料是否平衡，数据有无差误，以免错误延续下去造成大量返工，浪费时间。每进行到一个阶段就要把计算过程及结果整理出来，如果不把计算过程整理出来，当校阅者需要弄清楚某个数字来源时，就需要重复进行整个计算，这显然是不符合设计工作要求的。

整理好计算结果填入物料表内。最后根据物料计算的结果，经过各种系数的转换和计算工作，得出原料消耗综合表和排出物综合表，详见表 21-1 和表 21-2。

表 21-1　原料消耗综合表

序号	名称	规格	单位	每吨产品消耗定额	消　耗　量			备注
					每时	每天	每年	

表 21-2　排出物综合表

序号	名称	规格	单位	每吨产品消耗定额	排　出　量			备注
					每时	每天	每年	

8. 绘制物料流程图

物料流程图是表示物料衡算结果的一种简单清楚的表示方法，它最大的优点是查阅方便，并能表示出各物料在流程中的位置和相互关系。因此，除了在极简单的情况下用表格形式说明外，大都采用物料平衡图来表示。此图作为设计成果编入设计文件。

在计算工作完毕之后，应当充分运用计算结果对全流程和其中的每一生产步骤以致每个设备，从技术经济的角度进行分析评价，看它的生产能力、效率是否符合预期的要求，物料损耗是否合理以及分析工艺条件确定得是否合适等。借助物料衡算成果，使我们可以发现流程设计中存在的问题，从而使工艺流程设计的更趋完善。事实上，为了获得最佳流程设计方案，物料衡算工作往往要进行多次。

第二节　物料衡算的具体过程

以 2000t/年硬聚氯乙烯管材车间设计为例，进行物料衡算。

1. 计算基准的选取

年工作日的选取（年工作小时）

（1）年工作时间　365－10(法定节假日)＝355 天＝8520h

（2）设备大修　25 天/年＝600h/年

（3）特殊情况停车　15 天/年＝360h/年

（4）机头清理　换过滤网　1次/6天　8h/次

$$[355 \text{天} - (25 \text{天} + 15 \text{天})] \times 1/6 \text{次}/\text{天} \times 8h/\text{次} = 420h$$

（5）实际开车时间

$$365 \text{天} - 10 \text{天} - 25 \text{天} - 15 \text{天} - 17.5 \text{天} = 297.5 \text{天}$$

$$8520h - 600h - 360h - 420h = 7140h$$

（6）设备利用系数

$$k = \text{实际开车时间}/\text{年工作时间} = 7140/8520 = 0.84$$

2. 物料衡算

（1）挤出成型工段

① 挤出成型工段物料损耗率见表21-3。

表21-3　挤出成型工段物料损耗率

工　序	自然损耗	扫　地	下　脚　料	一次成品
百分率/%	0.1	0.4	5.5	94

② 物料衡算

输出物料量：$2000/0.94 = 2127.66t$

自然损耗量：$2127.66 \times 0.1\% = 2.13t$

扫地料：$2127.66 \times 0.4\% = 8.51t$

下脚料：$2127.66 \times 5.5\% = 117.02t$

下脚料回收破碎量：$117.02 \times (1-5\%) = 111.17t$

颗粒料中需加回收料量（总量的5%）：$2127.66 \times 50/1000 = 106.38t$

回收率：$106.38/117.02 \times 100\% = 90.9\%$

③ 挤出成型工段物料平衡表见表21-4。

表21-4　挤出成型工段物料平衡表

工　序	物料量/t	工　序	物料量/t
输出物料量	2127.66	下脚料	117.02
自然损耗量	2.13	成品	2000
扫地料	8.51		

（2）造粒工段

① 确定各岗位物料损失率　塑化造粒工段物料损耗系数见表21-5。

表21-5　塑化造粒工段物料损耗系数一览

工　序	筛选输送	高速混合	冷却混合	挤出造粒	粒料风送
损耗率/%	0.5	0.1	0.1	0.5	0.2
总损失%			1.4		

② 物料平衡计算

进入本工序的物料量＝出料量/（1-本工序的损失率）

进入风送物料量：

$$2127.66 - 106.38/(1-0.2\%) = 2025.33t$$

进入挤出造粒的物料量：

$$2025.33/(1-0.5\%) = 2035.51t$$

进入冷混机的物料量：
$$2035.51/(1-0.1\%)=2037.55t$$
进入高混机的物料量：
$$2037.55/(1-0.1\%)=2039.59t$$
进入筛选输送物料量：
$$2039.59/(1-0.5\%)=2049.84t$$
③ 塑化造粒工段物料平衡表见表 21-6。

表 21-6　塑化造粒工段物料平衡表

工 序	物料/t	输入回收/t	小计/t	物料/t	输入损失/t	小计/t
筛选输送	2049.84		2049.84	2039.59	10.25	2049.84
高混	2039.59		2039.59	2037.55	2.04	2039.59
冷混	2037.55		2037.55	2035.51	2.04	2037.55
挤出造粒	2035.51		2035.51	2025.33	10.18	2035.51
风送	2025.33		2025.33	2021.28	4.05	2025.33
半成品	2021.28	106.38	2127.66	2127.66		2127.66
合计		2156.22			2127.66	

（3）粉料中各组分需要量

粉料中各组分需要量计算方法如下：

① 求出每吨产品消耗量（kg）
$$1000 \times 组分占整个粉料量的百分率(\%) = 每吨产品消耗量$$
$$组分占整个粉料量的百分率 = 组分占份数/各组分份数总和 \times 100\%$$

② 年组分需要量（t）
$$粉料年需要量 \times 组分占整个粉料量的百分率 = 组分年需要量$$

③ 日组分需要量（t）
$$年组分需要量 \div 实际开车天数(297.5) = 日组分需要量$$

④ 每小时组分需要量（kg）
$$年组分需要量 \div 实际开车时(7140) = 每小时组分需要量$$

根据衡算，计算出实际每年需要量及日需要量和每小时需要量，见表 21-7。

表 21-7　每年需要量及日需要量和每小时需要量

原料名称	配方中份数	百分率/%	每吨产品消耗量/kg	每年需要量/t	每天需要量/t	每小时需要量/kg
PVC	100	87	870	1783.4	6.0	250.0
CaSt	3	2.6	26	53.3	0.18	7.46
硫醇甲基烯	2	1.7	17	34.8	0.117	4.87
马来酸二正辛基锡	1	0.87	8.7	17.83	0.06	2.5
CaCO₃	8	6.96	69.6	142.7	0.48	20.0
石蜡	1	0.87	8.7	17.83	0.06	2.5

根据计算结果画出物料衡算流程图：

```
2049.87t/年 ──▶ 造粒工段 ──▶ 2021.28t/年 ──▶ 挤出成型工段 ──▶ 2000t/年制品
                   │                  ▲                  │
                   ▼                  │                  ▼
              77.79t/年          106.38t/年         127.66t/年
              （总损失）         （加回收料）      （损失＋下脚料）
```

第三节 能 量 衡 算

当物料衡算、生产工艺流程确定之后，就可以开始进行能量衡算，而能量衡算中，热量衡算又占重要地位。能量衡算是根据能量守恒定律，利用能量传递和转化的规律通过平衡计算求得。将过程与设备得热量衡算，传入和传出的热量，加热剂、冷却剂以及其他能量的消耗量和能量消耗综合表等项目合并称为能量计算。

由于塑料制品的生产过程中，有时要用蒸汽加热，或用水冷却或压缩空气，抽真空等根据热量衡算由外部向设备内部提供热量或冷量，求得加热剂或冷却剂用量。

一、水蒸气的消耗量

1. 间接蒸汽加热时的蒸汽消耗量

$$D=\frac{Q_e}{I-Q} \tag{21-3}$$

式中　Q_e——向设备提供的热量（或设备所需要加热的热量），kcal（1kcal＝4.1868kJ）;

　　　D——蒸汽消耗量，kg;

　　　I——蒸汽的热含量，kcal/kg;

　　　Q——冷凝水的温度，℃。

2. 直接蒸汽加热时的蒸汽消耗量

$$D=\frac{Q_e}{I-t_r} \tag{21-4}$$

式中　t_r——被加热液体的最终温度，℃。

二、电能的消耗量

一般设备上都带有电动机额定功率，也有加热装置的加热功率，在没有这些数据情况可以采用下式计算：

$$E=\frac{Q_e}{860\eta} \tag{21-5}$$

式中　η——电热装置的电工效率，一般取 0.85～0.95。

各工厂都有自己的指标，大连某工厂的实际数据是最大耗电量为 900 度/t（管材生产）。

三、冷却剂的消耗量

常用的冷却剂为水、空气，冷却剂的消耗可按下式计算：

$$W=\frac{Q_e}{C_o(t_r-t_1)} \tag{21-6}$$

式中　C_o——冷却剂的比热容，kcal/(kg·℃);

　　　t_1——冷却剂最初温度，℃;

　　　t_r——放出冷却剂的平均温度，℃;

　　　Q_e——需要交换的热量，kcal;

　　　W——冷却剂的用量。

这样通过热量计算，算得加热剂、冷却剂、年消耗量及每吨产品的动力消耗定额。

在汇总每个设备的动力消耗量得出车间总消耗量时，需考虑一定的损耗，建议采用下列系数：

蒸汽　1.25　水　1.20　压缩空气　1.30

真空　1.30　冷冻　1.20

最后可汇总成能量消耗综合表，见表 21-8。

222

表 21-8　能量消耗综合表

序号	名称	规格	单位	每吨产品消耗定额	消耗量			备　注
					每时	每天	每年	
1	2	3	4	5	6	7	8	9

四、硬 PVC 管材车间能量衡算

1. 电能消耗

高混机、冷混机、挤出造粒机和挤出机等这些定型设备是主要的电能消耗体，还有其他的辅助设备，如鼓风机、破碎机、货梯、照明等也要消耗电能，为了计算方便，在这些定型设备消耗的电能上乘以一个余数 1.1。计算如下：

高混机的利用率为 0.85，功率为 42kW；

冷混机的利用率为 0.85，功率为 7.5kW；

挤出造粒机利用率为 0.85，功率为 100kW；

挤出机及辅机利用率为 0.95，功率为 22kW。

则定型设备耗电约为：

$(42 \times 0.85 + 7.5 \times 0.85 + 100 \times 0.85 + 0.95 \times 22 \times 6) \times 297.5 \times 24 \times 1.1 = 1982938.65$ kW·h

非常用设备用电量估计为 40000kW·h，则总耗电量为：

$1982938.65 + 40000 = 2022938.65$ kW·h

本设计年产量为 2000t，则每吨管材平均耗电量为：

$2022938.65 \div 2000 = 1011.5$ kW·h

2. 水量消耗

水被作为冷却剂使用，根据公式（21-6）进行计算。

挤出冷却剂用量：

PVC 比热容为 0.44kcal/(kg·℃)；

水比热容为 1kcal/(kg·℃)；

管材出口模温度 180℃，冷却到 40℃；

冷却水入口温度 20℃，出口温度 40℃；

则 $W = 0.44 \times 2000 \times (180-40)/1 \times (40-20) = 6160$t。

冷混机冷却剂用量：

设冷混机　进料温度 110℃，出料温度 40℃；

　　　　　进水温度 20℃，出水温度 40℃；

则 $W = 0.44 \times 2037.55 \times (110-40)/1 \times (40-20) = 3137.83$t。

考虑到其中的损耗量，设用量系数为 1.2，则冷却需要水量为：

$$(6160 + 3137.83) \times 1.2 = 11157.4\text{t}$$

则管材每吨耗水量为：

$$11157.4/2000 = 5.58\text{t}$$

为了节约用水，水可以根据具体情况进行循环使用。

3. 煤的消耗

冬季车间供暖时间为 4 个月，设每天用煤量为 2.5t，则车间每年用煤量为：

$$4 \times 30 \times 2.5 \times 1.1 = 330t$$

根据以上计算，列出下列能量消耗一览表（表 21-9）。

表 21-9　能量消耗

项目	每吨消耗定额	消耗量		
		年消耗量	天消耗量	时消耗量
电	1011.5kW·h	202.3 万度	6800kW·h	283.3kW·h
水	5.58t	11157.4t	37.5t	1.6t
煤	—	330t	2.75t	0.115t

习题

1. 从物料损耗参数中，讨论提高工厂生产效率的方法。

2. 能量衡算包括哪些内容？

第二十二章 车间布置设计

第一节 概 述

塑料厂的车间布置包括车间各工段、各设施在车间场地范围内的平面布置和设备在车间中的布置两部分。车间布置设计的目的是对厂房的配置和设备的排列作出合理的安排。车间布置设计对今后生产的进行影响极大，对拟建项目的经济效益特别是占地面积和基建费用，有着重要的意义。车间布置设计的好坏，关系着整个工厂的生产状况。不合适的布置会给整个生产管理造成困难和混乱。诸如，给设备的管理和检修带来困难；造成人流、货流的紊乱；增加输送物料所用能量的消耗；使车间动力介质造成不正当的损失；容易发生事故，增加建筑和安装费用等。

车间布置设计不只是工艺专业的任务，布置设计过程中几乎涉及每个专业，是工厂设计中各专业互相联系、互相制约最明显的阶段，是以工艺为主体兼顾其他各专业，综合权衡，有机配合的设计环节。因此，工艺设计人员在此阶段除集中主要精力考虑工艺设计本身的问题外，还需要了解与考虑其他各专业的要求。只有工艺与非工艺设计人员的大力协作，共同努力，才能做好此项设计工作。

车间布置设计阶段的工作成品是车间布置图。它以图纸的形式表现车间内部设备的排列、生产厂房、生产附房及生活附房的布局。

车间设计的原则与其他工厂的设计原则相似，设计的具体情况根据塑料的产品进行。

一、厂房（车间）的整体布置

塑料制品生产厂房的整体布置基本上可以归纳为综合性集中厂房和按车间（工段）划分的分散厂房两种形式。此外还应考虑单层或多层厂房以及室外场地的利用等问题。

1. 综合性集中厂房

这里所说的综合性集中厂房是指把一种塑料产品的整个生产过程的几个车间（或工段），甚至把几种塑料制品的几个生产车间（或工段）及辅助房间按照生产工艺流程的合理性，集中合并布置在一个大厂房内。这种形式的优点是：生产车间（或工段）集中、厂区布置紧凑、节省占地面积；各生产车间（或工段）连在一起便于组织连续生产流水线；半成品可避免露天搬运，运输线路也近；还可保障半成品在贮运过程中不变形；并易于采取措施，不受温、湿度变化的影响，得以严格控制产品质量；某些设备尚可就近公用或互为备用。另外，工艺动力介质管路也相应缩短，减少了能量损失。

从我国目前的技术装备水平和生产管理水平来看，集中厂房反映出来的主要问题是：有些车间或工段（如聚氯乙烯的原料配置）处理的物料粉尘、气味，对整个厂房的生产环境有污染；嘈杂声音较大的生产工段（如造粒），对整个厂房有干扰；自然采光，自然通风条件不如分散厂房优越；对各生产车间的进一步扩建，不如分散厂房灵活。

2. 按车间（或工段）划分的分散厂房

是指把几个主要生产车间（或工段）按不同产品划分为生产车间（或工段）及辅助房间，按照生产工艺总的流向，分别布置在毗连的几个厂房内。其优点是：各生产车间相互干扰小；自然采光、自然通风条件好；需要除尘和冬季保温的车间，便于在较小范围内个别处理，比较容易解决，也可节省采暖通风设备和投资。各车间扩建的周围余地较大，比较灵活。但缺点是：生产厂房分散，占地较多；半成品搬运路线较远；某些设备难于共用；互动力管路加长，能量损失较大等。

在塑料厂的工艺设计中，究竟采用集中厂房的形式还是分散厂房的形式，主要依据生产特点，品种多少，生产规模和厂区特点来确定。一般说来，凡生产规模较大，车间各工段生产特点有显著差异（如防火等级不同，不利于生产管理和安全生产时），生产品种多，厂区面积较大，山区（地势不平坦）等情况下，可适当考虑分散式布置。相反，凡生产规模较小，地势平坦者，可适当采用集中式布置。若厂区地势平坦而开阔，则采用两种形式都有回旋余地。随着技术水平和管理水平的提高，对集中式布置存在的问题采取有力措施适当解决，在今后所建厂的设计中，采取集中厂房的形式比较有利。但在工艺布置时，必须结合长短发展规划，适当留出发展余地和扩建的条件。

3. 单层或多层厂房

一般情况下多层厂房占地省，但建价高，单层厂房占地多，但造价低。在设计时必须根据所采用的流程认真考虑。流程不同，设备不同，对厂房的具体要求也不同。聚氯乙烯的配料工段多考虑利用重力流程，利用多层厂房为宜。而塑料制品的成型和各加工设备一般都适合于在一层平面上安放，较多采用单层厂房。

4. 室外场地和设备露天置放

进行车间整体布置时还要考虑利用室外场地问题。因为室外布置在经济上有一定优点。将不怕风吹雨淋以及不因气候变化而受影响的物料或设备露天置放，可以节约大量的建筑面积和投资；可以减少施工量，加快基建进度；可以使改建和扩建的灵活性增大。在风沙小的地点，塑料厂常在室外设置带透顶的简易半露天设施，主要是临时存放塑料制品（中空体积大的）或原材料。这也属于室外布置。

总之，在进行车间的整体布置时，必须根据车间内外部条件，全盘考虑车间各厂房、露天场地、建筑物相对位置和布局来统筹安排厂房的整体布置。

二、厂房的平面轮廓设计及布置

塑料制品工厂厂房的平面布置是根据生产工艺条件（包括工艺流程、生产特点、生产规模等）以及建筑物本身的可能性与合理性（包括建筑形式、结构方案、施工条件和经济条件等）来考虑的。同时也要顾及非工艺生产、生产组织和行政福利设施等。

厂房平面设计，应力求简单。这对工艺本身来说，常常会使工艺设备的布置具有更多的可变性和灵活性。这对于发展迅速，变化很多的塑料工业来说，是必须考虑的。同时，也给建筑的定型化和施工的机械化创造更多的有利条件。

塑料制品厂厂房的轮廓在平面上有长方形、L形和T形数种。其中以长方形最常用。这是由于长方形厂房便于总平面图的布置，节约用地，便于设计管理，缩短管道安全，便于安排交通和出入口，有较多的可供自然采光和通风的墙面。厂房的形式都是在一定具体条件下产生的，因此不是一成不变的，这就要求工艺与建筑设计人员密切配合，全面考虑，通过进行多方案比较，才能得到最符合需要的平面形式。

1. 车间柱网的考虑

车间的平面设计与厂房采用的柱网关系密切。在设计时要认真选用合理的柱网。厂房的柱网对建厂时的基建投资和投产后日常运转及维修都有直接影响。一般而言，柱网大，同样面积内柱子会相应减少，这样做会使设备排列灵活性大，对操作检修均有利。但这样势必增加厂房造价，增加基建投资。通常在选择柱网时遵循下列原则。

① 首先要考虑满足设备的安装，运转和检修方便的需要。

② 在同一个厂房内，生产设备对柱网的要求不尽相同，若相差较小时应尽量统一柱网。这是因为采用统一柱网可简化设计工作。若对柱网要求相差过大，也不必强求统一柱网，以免反而造成经济性差。

③ 厂房的柱网在满足生产和检修的前提下，应优先选用符合建筑模数的柱网。我国统一规定，厂房建筑的跨度以 3m 的倍数为优先选用对象。如 3m、6m、9m、12m、15m、18m 等。一般多层厂房采用 6m×6m 的柱网。如果柱网跨度因生产及设备要求必须加大时，一般应不超过 12m。多层厂房的总宽度，由于受到自然采光和通风的限制，一般不应超过 24m。单层厂房的总宽度不应超过 30m。实行模数制度可使设计标准化，构件定型化和施工机械化。应该指出，模数化制度的采用对每个塑料制品厂的建筑来说应该是辨正的。即在保证工艺生产的正常进行下，必须最大限度的考虑到建筑模数化的应用。

2. 车间内组成和组成部分位置的考虑

塑料制品厂生产车间是有生产部门、辅助生产部门和行政福利部门组成的。在进行厂房平面布置时，合理地确定各部门的位置非常重要。

（1）工艺生产部门　主要是指原料配制、挤出、注射、压延、吹塑、发泡等成型及后加工工艺生产部门。这是塑料制品生产车间的核心部分。其他各部门都是根据工艺生产的需要而设置的。在布置设计时，工艺专业要以工艺流程为依据，绘制工艺设备排列草图，提出生产各工艺要求的面积、位置、朝向以及对其他专业的要求。例如，在塑料制品加工过程中，挤出（或注射）成型时核心工序而机头和模具的贮存室就应设置在该工段的附近，使其靠近服务对象。

（2）工艺生产检验部门　指车间内的化验室、检验室。其任务是对部分原材料、中间产品及成品进行物检和化检。其位置要靠近各取样点。

（3）机修室　其任务是车间内设备的日常维护保养，因此，位置应以接近检修工作量最大的工序为佳，并要求有方便的通道。一般要沿车间外墙布置。

（4）仪表控制室　这是工艺生产的集中控制部门。生产规模大，自动化程度高，生产中有防爆、防毒要求时宜采取集中布置。控制室布置在车间内外均可。对一般塑料厂来说，常布置在设备或生产线附近。

（5）中间缓冲贮存部门　主要指原材料、半成品、成品中间库。这种部门的位置应靠近服务对象，而且要便于物品运输。塑料制品生产过程中的半成品及成品一般具有质量轻体积大的特性，因此，应根据设计日产量，半成品日用量，设备开动班次和工艺加工对半成品停放时间的要求，确定各种半成品、成品的存放时间，并计算其存放量，堆放方法和高度，单位面积存放量。然后计算需要的存放面积，以便在平面布置时考虑。

（6）水、电、汽公用工程位置的考虑

① 水泵房：在具体布置时要考虑接近车间用水负荷中心和厂区进水管方位，尽量使管线缩短。

② 变电、配电室：布置时要考虑车间内用电负荷中心，又要考虑电源进线（如电厂、厂内高压线）方位。变电所必须沿车间外墙布置，以利于利用室外空间。

③ 通风、供气（蒸汽、压缩空气等）也要考虑需要量和服务对象来布置。

（7）行政福利设施　车间内的行政福利设施包括各车间的行政办公室、休息室、更衣室、浴室、医务室及厕所等，由于这些厂房的功能与生产厂房不同，可根据车间大小、定员多少、生产特点及厂区总体布置情况考虑配置。可以单独建造也可与生产车间毗连而建，以毗连式为多。

三、房的立面轮廓设计及布置

厂房立面要同平面一样，应力求简单，要充分利用建筑物的空间，遵循经济合理及便于施工的原则。

厂房的每层高度主要取决于设备本身占据的高度；设备安装、起吊、检修及拆卸时所需高度；操作台高度及操作设备时所需高度；设备顶部空间或厂房空间各专业管道所占据的高度。另外，也要满足建筑上采光、通风等各方面的要求。

在同一厂房内，各个工序要求的高度并不一致，但不能机械地把同一厂房的高度建的参差不齐，一般要一种层高或两种层高。

根据建筑模数制的要求，一般层高采用 4～6m，最低层高不低于 3.2m，由地面到棚顶凸出构件底面的高度（净空高度），不得低于 2.6m。

四、设备的布置和排列

当厂房的整体布置和轮廓设计告一段落后，即可进行设备的排列和布置。设备的排列和布置是根据所选的工艺流程，在给定的区域范围内，对工艺设备作出合理的排列，即确定整个工艺流程中的全部设备在平面上和空间中的具体位置。进行设备布置时需要考虑下列技术问题。

1. 生产工艺要求

① 在布置设备时，必须以保证工艺流程的通顺为原则，做到上下纵横相呼应。也就是保证工艺流程在水平方向和垂直方向的连续性。

一般说来，凡计量设备在高层，主要设备布置在中层，而出料端的贮槽及重型设备布置在底层。

② 对于塑料制品的加工设备来说，多数为单机（组）操作。每一台设备都要考虑一定地位，包括设备本身所占地位，附属装置所占地位，操作地位，设备检修拆卸地位，设备与设备、设备与建筑物的安全距离等。

③ 凡属几套相同的设备或同类型的设备，应尽可能地布置在一起。这样，可以集中管理，统一操作，节约劳动力。

2. 设备安装、检修、建筑及其他

① 设备的安装、检修和拆卸是塑料厂经常涉及的问题，这是由于此类工厂品种更新快，运动机械多，需要经常进行维护检修甚至更换设备、机头和模具。因此，在进行车间布置时，必须考虑到设备安装、检修和拆卸的方式方法。

② 必须考虑设备如何运入或搬出车间。设备运入或搬出次数较多时，宜设大门。一般厂房大门宽度要比通过的设备宽度大 0.2m 左右，但是，当设备运入厂房后，很少需整体搬出时，则可设置安装洞，即在外墙预留洞口，待设备运入后，再行砌封。

③ 在厂房中应有一定的面积和空间供设备检修和拆卸用。设备的起吊运输高度应大于运输线路上最高设备的高度。

④ 必须考虑设备的检修、拆卸和运送物料的起重装置。起重设备的形式可根据使用要求来决定。如果不设永久性起重运输设备时，也应考虑临时起重装置的场所。另外，当厂房

内没有起重运动设备时，要考虑物料的起吊和起重运输设备本身的高度。

3. 安全技术的考虑

① 要创造良好的采光条件，除建筑设计人员考虑外，工艺人员在设备布置时也必须考虑。在布置设备时尽可能做到工人背光操作。另外，属高大的设备尽量避免靠窗布置，以免影响采光。为了解决采光和通风问题，设计有不同的建筑形式，特别是不同的屋顶结构。

② 通风是塑料厂的重要课题，是文明生产的标志之一。通风的目的有排毒、排粉尘、排热量等，直接关系劳动者的安危。首先考虑如何最有效地加强自然对流通风，然后再考虑机械送风和排风。厂房每小时通风次数的多少和通风口的位置均与设备布置有关。从安全考虑，对生产过程中有毒害的物质和易燃易爆气体的工段或设备的布置要尽量减少死角，靠近通风口或窗户，以防止爆炸性粉尘、气体的积累。产生大量热量的设备亦应如此处理。

③ 采取必要措施防止静电放电现象以及着火的可能性。

④ 对于防火防爆要求的设备，因为要符合防火防爆规定，更要考虑集中布置。最好布置于单层厂房内。如果防爆厂房和其他厂房连接时，必须用防爆墙（防火墙）隔开。

第二节　车间布置设计

初步设计阶段设备布置的成品是车间设备平面、剖面布置图。这种布置图实际上是所选定的工艺流程和设备计算的结果再平面和剖面上的反映，如图 22-1 所示。

这类布置图由车间设备排列图和设备表组成。

习题

车间布置设计中，设备排列需要考虑哪些技术问题？

第二十三章　分析检验部门设计

塑料制品工厂的工程设计除了工艺设计项目外，还需要其他非工艺项目相配合，方可构成整个设计工作。

非工艺设计项目一般包括下列各项：

① 建筑设计（一般建筑工程、特殊构筑物）；

② 卫生工程设计（上下水、采暖、通风、排风、空气调节工程）；

③ 电气设计（电动、照明、避雷、弱电）；

④ 自动控制设计；

⑤ 设备的机械设计；

⑥ 技术经济设计。

全厂性的设计还应包括总图运输设计。

一个完整的工厂是由各个车间组成的，车间设计又是一个多种专业构成的复合体。也就是说，每个塑料车间除了工艺设备及工艺管道外，还应有房屋、设备基础、上下水道、暖气、通风、排风设备、电动机、灯光照明、电话和仪表等。就其工艺设备来说，还有它的工艺设计与机械设计之分。

由于塑料专业的工艺设计人员不可能承担起组成车间项目的所有设计工作，必须依靠其他专业设计人员进行非工艺设计。因此，在车间设计过程中，塑料工艺设计人员应起主导作用。在事前向其他专业设计人员交代任务，提供设计条件，事后进行汇总，并进行汇签工作。各有关专业根据工艺专业所提供的各种条件和要求考虑并完成本专业的设计工作。关于这方面的内容有关章节虽有叙述，但较分散，为强调工艺与非工艺专业密切配合的重要性，专设一章，集中叙述工程设计中工艺专业向各有关专业应提供的条件与要求的内容。

第一节　建　筑　条　件

设计过程中，工艺与建筑专业间互相提供的条件，内容与深度，根据设计阶段亦有所不同。同一阶段中，设计条件有一次二次之分，由浅及深，由主要而次要，由轮廓而具体。一般来说，工艺设计人员在进行车间布置时，需向建筑设计人员介绍生产流程，提供有关生产情况和生产中的特殊要求并征求建筑设计人员的意见，绘出车间布置图，提供建筑条件。

一、一次条件

首先必须向土建介绍：工艺生产过程；物料特性，物料运入、输出和管道关系情况；防火、防爆、防腐、防毒等要求；设备布置布局；厂房与工艺关系和要求。

具体书面条件包括以下几方面。

（1）设备布置平、剖面图，并在图中加入对土建有要求的各项说明及附图。

① 车间或工段的区域化分：如生产间、生活间、辅助间和其他专业要求的房间（通风机室、配电室、控制室、维修间等）。

② 画出门和楼梯的位置，并根据室内安装的设备大小提出安装门的大小（宽和高），以及需要在设计安装后再砌补的墙上安装预留孔的位置和说明。

③ 安装孔、防爆孔的位置、尺寸及其孔边栏杆或盖板等要求。

④ 吊装梁、吊车梁、吊钩的位置，梁底柱高及其中能力。

⑤ 各层楼板上各个区域的安装荷重、堆料位置及荷重、主要设备的安装及检修方法和安装路线（楼板安装荷重：一般生活室为 250kgf/cm²，生产厂房为 400kgf/cm²、600kgf/cm²、800kgf/cm²、1000kgf/cm²，1kgf/cm² = 98.0665kPa）。

⑥ 设备位号、位置、与其他建筑物的关系尺寸，支承方式及生产特性。

⑦ 楼板上所有设备基础的位置、尺寸和支撑点。

⑧ 操作台的位置、尺寸及其上面的设备位号、位置，并提出安装荷载和安装孔尺寸，以及对操作台材料和栏杆、扶梯等要求。

⑨ 楼板上的移动荷重，如小车、铁轨等（重量超过 1t 者），以及移动设备停放的位置和移动路线等。

⑩ 地坑的位置、大小、标高、爬梯的位置和对盖板杆的要求。

（2）车间人员表　应包括：车间各类人员的设计定员、各班人数、最大班人数、男女人员比例工作特点、生活福利要求、淋浴人数，以利建筑专业考虑车间生活、行政、安全及卫生设施的配置。

（3）设备重量表　列出设备位号、名称、数量、外形尺寸、总和和分项重量（自重、物料重、保温层重、充水重）。

（4）车间各工段防火、防爆、防腐蚀、卫生等级和要求，在图中说明和标注。

二、二次条件

包括预堆件、开孔条件、设备基础、递交螺栓条件图、全部管架基础和管沟等。

① 提出所有设备（包括室外设备）的基础位置、尺寸、基础螺栓孔位置和大小、预留螺栓和预埋钢板等的规格、位置及露出地面长度等要求。

② 在梁、柱和墙上的管架支撑方式、荷重及所有预埋件的规格和位置。

③ 所有的管沟位置、尺寸、深度、坡度、预埋支架及对沟盖材料、下水箅子等要求。

④ 其他要求土建解决的问题。

设计条件不仅向对方提出了自己的要求，同时也必须是为对方提供了开展工作的可能。条件应具有一定的约束力，不这样就不能使工作有步骤的进行。但仅依靠条件，亦不能使设计达到有机的结合。因此，条件必须建立在相互间充分协作和工作上深入了解的基础上，以实事求是的精神；发扬留困难送方便的风格，才能把提供条件的工作做好。建筑条件是这样，其他项目的条件提供也同样要遵循这一原则。

第二节　卫　生　条　件

卫生工程包括：供水、排水、采暖、通风和空调等项目。这些项目虽然没有建筑工程那样与每个车间有密切关系，但有的塑料制品车间几乎包括所有项目。当然，如在不采暖地区，就不含采暖这一项。如果塑料制品车间没有产生污染介质或有害气体，那么就不一定非要有通风、排风设施。而在有些塑料制品的生产过程（如抽丝车间）要求室内有一定的温度和湿度，就属于空气调节工程的项目。兹将有关设计条件分述于此。

一、供水条件

（1）生产用水　①工艺设备布置图，标明用水设备名称；②最大和平均用水量；③需要水温；④水质；⑤水压；⑥用水情况（连续或间断）；⑦进口标高及位置（标示在车间布置图上）。

（2）生活消防用水　①车间布置图，标明厕所、淋浴室、洗涤间位置；②工作室温；③总人数和最大班人数；④生产特性；⑤根据生产特性提出消防用水的水压、水量要求。

（3）化验用水　一部分为工艺用水，水质有特殊要求，一部分为一般生活用水，要注明位置和用量。

二、排水条件

（1）生产下水　①工艺设备布置图，标明排水设备名称；②水量（或水管直径）；③水温、成分；④余压；⑤排水情况；⑥出口标高及位置（标在布置图上）；

（2）生活粪便下水　①车间布置图，标明厕所、淋浴室、洗涤间位置；②总人数、最大班人数、使用淋浴总人数、最大班使用淋浴人数；③排水情况。

三、采暖条件

① 车间布置图，标明采暖区域；

② 采暖区域的面积和体积；

③ 全面采暖或局部采暖；

④ 要求采暖温度、环境温度，可能采用的载热体及其参数；

⑤ 生产特性。

四、通风、排风和空调条件

1. 一般操作环境要求

① 车间各工段劳动定员及总定员。

② 工艺设备在生产运转中的散热量。

③ 全面抑局部送、排风要求及送风位置。

2. 安全卫生要求

① 介绍车间散发有害气体或粉尘的情况及特性，提供散发量及地点。

② 在有害气体或粉尘集中散发的岗位，提出设置局部送风、排风及送、排风口位置。

3. 工艺生产对空调的特殊要求

① 工艺设备布置图，标明使用空调的设备位置、车间面积和体积。

② 车间或工艺要求的空气参数（温度、湿度）和洁净度。

五、PVC 管材车间卫生条件设计

卫生工程包括供水、排水、采暖、通风、排风和空调等项目。有些塑料制品车间几乎包括所有的项目，PVC 管材车间主要涉及采暖和通风两项。

1. 采暖

采暖目前主要是以锅炉方式提供热量，是在较低的环境温度下，仍能保持适宜的工作或生活条件的一种技术手段。它按设施的布置情况主要分集中采暖和局部采暖两大类。本设计采用局部采暖。

按我国规定，凡是平均温度≤5℃的天数平均每年在 90 天以上的地区应该采用集中采暖。通过采暖，室内温度应达到采暖标准。按《工业企业设计卫生标准》（TJ 36—99），冬季生产厂房工作地点的空气温度应符合表 23-1 的规定。

表 23-1　冬季生产厂房工作地点的空气温度

分类 每人占地面积	空 气 温 度		分类 每人占地面积	空 气 温 度	
	轻作业	中作业		轻作业	中作业
<50m²	≥15℃	≥12℃	>100m²	局部采暖	
50～100m²	≥10℃	≥7℃			

由于塑料管材挤出车间是轻作业车间，故温度≥15℃。

辅助建筑物，如厕所、浴室，分别为 14℃、35℃，办公室、休息室、更衣室为 18℃。

此外，在非工作时间内，如生产厂房的室温必须保持在 0℃以上时，一般按 5℃考虑值班采暖；当生产对室温有特殊要求时，应按生产要求而定。

2. 通风

通风的目的在于排除车间或房间内的余热、余温、有害气体、粉尘等，使车间内作业地带的空气保持适宜的温度、湿度和卫生要求，以保证工作人员正常的卫生条件。

通风按使用方法分为自然通风和机械通风两类；还可分为全面通风、局部通风和混合通风。

自然通风是一种既经济又有效的措施，它可分为无组织的和有组织的自然通风两种。无组织的通风对换气的作用不大，因其风量无法控制，气流混乱。因此在一般工业建筑中必须广泛利用有组织的通风来改善工作区的劳动条件。

① 决定厂房总图方位时，厂房纵轴应尽量布置成东西向。

② 热加工的厂房平面布置最好不采用"封闭的庭院"式建筑。

③ 放、散大量热和有害物质的生产过程，宜设在单层厂房内。本次设计中，造粒、挤管均设在第一层，应注意通风。

④ 厂房主要进风面一般应与夏季主导风向成 60°～90°，不宜小于 45°。

⑤ 充分发挥穿堂风的作用，侧窗进风的面积均应不小于厂房侧墙面积的 30%。自然通风进口的标高建议：夏季进风口下缘距室内地坪不高于 1.2m，推荐采用 0.6～0.8m；冬季及过度季进风口下缘距室内地坪不低于 4m，如低于 4m 时，应采取措施，以防止冷风直接吹向工作地点。尽量采用穿堂风的自然通风方式。当自然通风不能满足车间的通风时，就要采用机械通风。本车间设计中，采用自然通风就能保证空气清洁的卫生条件。

第三节　电气条件

电气工程包括电动、照明、避雷、弱电、变电和配电。它与每个塑料制品车间都有密切关系。由于变电、配电纯属电器工程本身的业务范围这里不作介绍。

电气设计条件需按电动、照明（包括避雷）和弱电三大部分分别提出图纸及文字条件，有时亦可将电动与照明合并。

一、电动条件

① 设备布置图，注明电机位置及进线方向（用符号⊠←表示），就地安装的控制按钮位置（用符号□表示），并在条件图中附上图例，以供电气设计人员了解。

② 用电设备表（表 23-2）。

③ 电加热条件表，在有电加热要求时提出，主要列出加热温度、控制精度、热量及操作情况。

④ 环境特性表：主要列出环境的范围、特性（温度、相对湿度、介质）和防爆、防雷等级。

二、照明（包括避雷）条件

① 设备布置图、标示需要照明的位置，包括一般照明和特殊照明，如仪表观测点（·）、检修照明（△）、局部照明（×）、插座（）、照明要求等，并在条件图上附上图例。

② 注明各种放空管位置、高度（包括传出厂房墙外的），接地设备位置、名称和要求。

③ 环境特性表。

三、弱电条件

① 设备布置图：标示需要安装电讯设备的位置，注明电话性质如生产调度电话，直通电话，普通内线电话，外线电话，现场防爆电话等。

② 需要的生产联系信号（全厂性的、车间或厂房内的），如火警信号、警卫信号和应设置的扬声器、电铃等。

③ 其他方面需要的如电钟。

表 23-2　用电设备表

序号	流程位号	设备名称	介质名称	环境介质	负荷等级	数量		正反转要求	控制连续要求	防护要求	计算轴功率/kW
						常用	备用				

电动设备						操作情况		备注
型号	防爆标志	容量/kW	相数	电压/V	成套或单机供应	立式或卧式	年工作小时数	连续或间断	

四、PVC 管材车间的供电照明设计

电气照明是一门综合性的技术，它广泛应用于生产和生活的各个方面。对工厂来说，良好的和安全的照明对于工人的健康、安全生产、提高劳动生产率都具有重要的意义。厂房的照明必须满足生产和检验的需要。照明系列有一般照明、区域化照明、局部照明和特殊作业照明。PVC 管材车间的照明采用一般照明。

照度水平是工厂照明中的最基本要求。对部分工作场所的要求照度值在相关的国家标准中作了规定。表 23-3～表 23-6 是国家照明委员会（CEI）给出的推荐照明值。

表 23-3　生产场所工作面上的照度标准值

识别对象最小尺寸/lx	视觉工作分类分级	亮度对比	最低照度/lx	
			混合照明	一般照明
$d>5$	Ⅶ	—		20
$1<d\leqslant2$	Ⅴ	—	150	50
$2<d\leqslant5$	Ⅵ	—		30
一般观察生产过程	Ⅷ	—		10

表 23-4　CIE 对一部分工业场所的照度推荐值

场所	推荐照度/lx	场所	推荐照度/lx
一般的室内工作间	300	控制室	500
自动处理	150	检验室	750
挤管和造粒车间	500		

234

表 23-5　工业企业辅助建筑照度标准值

地　　点	规定照度的平面	一般照明/lx	地　　点	规定照度的平面	一般照明/lx
办公室、会议室	距地面 0.75m	75～100～150	楼梯、通道	地面	10～15～20
资料室	距地面 0.75m	75～100～150	更衣室、厕所	地面	10～15～20
休息室	距地面 0.75m	50～75～100			

表 23-6　一般生产车间和工作场所工作面上的照度标准值

车间和工作场所	视觉作业等级	一般照明/lx	车间和工作场所	视觉作业等级	一般照明/lx
机修室、工具室	Ⅵ	30～50～75	控制室	Ⅳ	75～100～150
配电室	Ⅶ	30～50～75			

在工厂的一般照明中，光源的选择应根据灯具的安装高度来确定。如设计厂房的高度为 6m，采用荧光灯具照明效果比较好，而且也比较经济。灯具安装在房顶结构的下边，采取悬吊灯具，使其离地面约 4m。

PVC 管材车间设计的供电系统电压为 380V/220V，三相四线制；动力电压为 380V，照明电压为 220V，局部电压为 36V。

第四节　自动控制条件

自动控制工程对于塑料制品生产车间的关系，正如感觉器官对于人身一样重要。尤其对现代化的车间，关系更加密切。为使自控专业了解工艺设计的意图，以便开展工作，工艺专业要向自控专业不断提供条件和提出要求。

① 提出拟建项目的自控水平。

② 提供各工段或操作岗位的控制点及温度、压力、流量等控制指标，控制方式（就地或集中控制）以及自动调节系统的种类（指示、记录、遥控、调节、累计、报告），控制点数量与控制范围。作为自控专业选择仪表及确定控制室面积的依据。

③ 提供受控介质的名称、化学成分、有关物化特性及所采用的管材、管径等。

④ 提供工艺设备布置图及需自控仪表控制的具体位置和现场控制想设置的位置。

⑤ 提供施工阶段工艺流程图，并作必要解释和说明，最后由自控专业根据工艺要求补绘控制点，共同完成施工工艺流程图。

⑥ 提出开、停车时对自控的要求。

⑦ 提供调节阀表。

由于塑料制品的加工设备单机（组）操作较多，单机（组）已配备的自控装置，不需再提条件设计。

第五节　非定型设备的机械设计条件

塑料制品车间所使用的非定型设备主要有两种类型。一类为化工容积型非标准设备（主要用于某些制品生产中的配料和原料的中间贮存）。另一类为塑料制品成型所需要的模具。前者的机械设计一般由化工机械设计人员负责设计，而是由工艺设计人员提供设备设计条件和要求。关于塑料模具的设计，一般由工艺专业设计人员会同工模具专业设计人员承担。

一、非定型设备的机械设计条件

（1）设备名称、作用和使用场合。

（2）有关技术参数

① 工作介质特性　物性组成、黏度、密度等。

② 操作条件　温度、压力、流量等。

③ 容积　全容积、有效容积、传热面积等。

（3）对设备的结构要求

① 材质要求。

② 关键尺寸　外形尺寸、管口方位、管口规格、液面计、视镜、仪表测量孔。

③ 搅拌与夹套，搅拌转速和拖动方式。

④ 安装尺寸，设备基础或支架形式。

（4）其他特殊要求　如保温、保冷及其他。

上述工艺条件及要求，以表格形式提出，并附设备示意图。

二、塑料模具设计条件

塑料成型模具是塑料制品生产设备的重要组成部分。由于塑料产品的多样性，使得模具设计的特殊性问题更为突出。模具设计有时由工艺设计人员承担，有时则由机械人员或专门人员进行。当有定型模具时则不需重新设计。在塑料制品车间设计时，如需设计特定的模具，一般应提供模具设计条件。模具设计条件主要由三部分组成。

（1）拟制造产品的设计图纸。

（2）产品技术参数　内容一般如下：

① 制品名称；

② 材质（塑料品种）；

③ 密度；

④ 成型收缩率；

⑤ 透明性；

⑥ 单件重量（g）；

⑦ 投影面积（cm^2）；

⑧ 生产批量。

（3）工艺选定的成型机械特性

① 注塑机型号；

② 制造厂名；

③ 形式；

④ 螺杆直径（mm）；

⑤ 注射压力（kgf/cm^2）；

⑥ 每次注射量（cm^3）；

⑦ 锁模力（t）；

⑧ 动模板行程（mm）；

⑨ 允许模具厚度（mm）；

⑩ 模具定位孔直径（mm）；

⑪ 喷嘴球径（mm）；

236

⑫ 喷嘴孔径 （mm）；

⑬ 成型面积 （cm²）；

⑭ 模板尺寸 （mm）；

⑮ 塑化容量 （kg/h）。

习题

分析检验部门设计时要向哪些专业提供哪些条件？

附 6000t/y 高模量低收缩型涤纶工业用长丝车间设计（仅供参考）

近年来，合成工业丝的需要量迅速增加，特别是本项目设计的高强力低收缩涤纶工业丝是橡胶工业骨架材料第四代更新换代产品，具有优良的性能和广泛的用途，市场前景广阔。

随着我国国民经济的持续迅猛发展，产业用化纤用量将大大增加。汽车、建筑、水利、公路、铁路、隧道、桥梁、运输等各行各业产业用纺织品中化纤的消费需求将逐年攀升。我国汽车工业的发展十分迅速，特别是轿车工业的发展，HMLS型涤纶工业丝已成为我国轮胎增强材料的首选材料。除此之外，涤纶长丝在工业上被广泛应用，可作为轮胎帘子线、输送带、三角传送带等橡胶和塑料制品的骨架材料，以及制成绳索、安全带、涂层织物、过滤布等。因此，可以肯定处于产业用化纤主导地位的涤纶工业丝的需求量必将大幅度增长。

一、设计原则和设计依据

1. 产品规格

本设计生产能力为6000t/y，单丝纤度为6.39dtex的172f高模量低收缩型涤纶工业用长丝，设计基准取1100dtex/172f。产品规格可以根据市场需求作适当调整。

2. 生产能力

该项目设计依据确定，年生产能力为高强低缩涤纶工业长丝6000t。生产规格为1100dtex。

3. 生产制度

连续性生产，每天运行24h，每年工作8000h，年工作日按333天计。采用四班三运转工作制（见表1）。

表 1　车间定员安排

工 序	常日班		四班制		小计		最大班		合计
	男	女	男	女	男	女	男	女	
投料工	2				2		2		10
固相缩聚			8		8		2		
纺丝			12		12		3		12
牵伸卷绕			8	16	8	16	2	4	32
检验分级		2				2		2	
打包	3	3			3	3	3	3	
物检	1	2			1	2	1	2	
化验		2				2		2	5
组件清洗	3				3		3		
油剂调配		1				1		1	
空调室		2				2		1	8
空压站	2				2		2		
保全	4				4		4		4
中央控制				4		4		1	4
勤杂工		1				1		1	1

车间管理人员：车间主任　　1 名

　　　　　　　工艺工程师　　1 名

　　　　　　　工艺技术员　　2 名

统计：　　　　男工 43 人　　女工　33 人

　　　　　　　最大班人数　　43 人

　　　　　　　车间总人数　　80 人

　　　　　　　按出勤率 95%考虑，则需 84 人

4. 设计范围

涤纶工业丝生产车间设计包括切片的筛选、输送、固相缩聚、纺丝、拉伸及卷绕、成品包装在内的工艺流程和车间布置，公用工程的初步设计，对部分水、电、汽、土建等其他非工艺专业提出要求，对车间外的其他部分如水、电、汽、气的主要来源不包括在设计范围内。

二、生产方法和生产流程的选择及方案介绍和论证

1. 生产方法和生产流程的选择

本设计为年产 6000t 涤纶工业长丝生产线的设计，采用普通切片（$\eta = 0.65 \pm 0.01$）为原料，其切片经筛选、连续输送、固相缩聚、挤压纺丝、牵伸卷绕一步法工艺路线。此为国内外 20 世纪 90 年代的新技术。

涤纶工业丝的生产路线有两种：一是采用熔体增黏直接纺丝工艺路线；另一种是采用切片固相增黏间接纺丝工艺路线。

直接纺丝工艺路线是连续生产的工艺路线，从原料 TPA 开始，此用于大规模的生产。由于本设计的产量为 6000t，故我们只能采用第二种工艺路线，即切片固相增黏间接纺丝工艺。

该工艺是以切片为原料，经固相缩聚在熔融纺丝的工艺路线。适用于中小型的生产规模。生产比较灵活，如改变品种、规格时方便灵活但能耗较低高，但固相缩聚之后的料与料之间有差异，不可避免，只能尽量减小这种差异。

本设计为了提高丝的强度，在喷丝板下装有徐冷环，温度在 290℃ 左右，目的是改善初生纤维的可拉伸性能，提高强度和降低伸度。

纺牵工艺又分为一步法与二步法。一步法是纺丝-牵伸-卷绕在同一台纺牵联合机上完成。纺丝速度较高，一般为 3000～3600m/min，生产效率高，占地面积小，设备投资、维修、定员都较经济。国外有成熟的设备，如联邦德国巴马格公司、瑞士丽特公司均有成套设备供货。每纺位可生产二股或四股 1110dtex 锦纶、涤纶工业长丝。

（1）工艺流程　采用将普通黏度的切片（必须是经过 TPA 工艺路线得到的聚酯切片），经固相缩聚增黏、纺丝、牵伸、变形一步法生产工艺生产涤纶工业丝。

（2）主要生产设备　固相缩聚釜、纺丝机等主要设备均系引进的成套设备，螺杆挤压机选国产 HV416-90×24 型；牵伸卷绕机选用引进设备。

（3）车间组成　生产车间为一完整的生产体系，包括以下几方面。

① 切片输送：包括投料、筛选及脉冲输送系统。

② 固相缩聚：包括抽真空系统、缩聚系统及冷热油交换系统。

③ 纺丝：包括挤压、计量、纺丝成型系统。

④ 络筒：包括牵伸、变形、卷绕。

⑤ 包装：包括检验及成品包装。

⑥ 油剂：纺丝用油剂的调配。

⑦ 组件清洗：包括三氧化二铝沸腾床清洗、超声波清洗及计量泵的拆卸及组装。

⑧ 物检、化验：原料、半成品及成品的分析检验。

⑨ 辅助部分：包括电仪、保全等。

2. 方案介绍

（1）切片输送采用脉冲输送　脉冲输送采用的压缩空气密度大，使切片的悬浮速度小，气流输送速度降低。间歇脉冲式输送就像压缩空气推动汽缸活塞做功一样，充分利用了压缩空气的能量。

（2）固相缩聚的阐述　涤纶工业长丝是以高黏度、低羧基含量、不含或微含 TiO_2 聚酯为原料制得的。获得高黏度聚酯的途径主要有将聚酯切片经过固相聚合增黏制得，亦有将聚酯熔体直接增黏制得，但至今采用固相聚合增黏的占绝大多数，而采用聚酯熔体直接增黏的厂商为数极少。

① 对原料聚酯的要求

a. 分子量分布窄　要求聚酯切片的原始特性黏度均匀，其每批的波动范围小于 ± 0.01，分子量分布窄，过高和过低分子量的大分子含量应小于 5%。聚酯切片原料的特性黏度波动，对固相聚合切片的特性黏度影响很大。

b. 热稳定性好　末端羧基含量少，在制备工业用长丝时，由于聚酯的黏度高，流动性差，经受高温的处理时间长。因此，只有提高其耐热性，减少末端羧基含量才能减少热降解，提高熔体均匀性。另外，在使用过程中工业用长丝也易受热降解，因而要求工业用长丝大分子中的羧基含量愈低愈好。

c. 杂质、水分等含量低　在高温下，水分子易使聚酯大分子水解，端羧基含量增加，致使分子量降低，影响成品质量，因而聚酯切片经干燥后，进入固相聚合装置时的切片含水率愈低愈好，一般要求在 4‰ 以下。聚酯杂质的含量直接影响其可纺性，尤其是初生丝的拉伸性能。在工业用长丝的生产中，初生丝的拉伸倍数高于民用长丝，所以要求杂质（包括锌和锰等金属）的含量愈低愈好，以便制得均匀性、拉伸性、强度和韧性均好的成品丝。

d. TiO_2 含量　一般工业用长丝对纤维不需要消光，故无需在聚酯中加入 TiO_2 消光剂，这样对可纺性和拉伸性有利，但有时因原料来源的限制，也准许含 TiO_2 量在 0.1% 以下。

② 高黏度聚酯获得的途径　用常规的熔融聚合法直接制造高黏度聚酯（切片）时，由于聚合反应速度随聚合度的提高而降低，故需延长聚合时间，才能得到高黏度聚酯。但这时，由于黏度增高反应均匀度差，羧基含量增加。因此，目前常用将纺织级特性黏度的聚酯切片通过固相聚合增黏的办法来得到高黏度切片。也有在常规聚合后缩聚釜之后增设一台终端聚合釜，加入增黏剂将聚酯熔体的特性黏度提高到工业丝要求的范围内。

③ 固相聚合　固相聚合是制造高黏度、低羧基含量聚酯的重要方法之一。它是将特性黏数为 0.65 ± 0.01 的聚酯切片，在高真空或惰性气体保护下，加热到 $190 \sim 230℃$ 固相聚合，使切片的特性黏数提高到 $0.9 \sim 1.2$。

固相聚合原理如下。由于在聚合过程中加入的各种催化剂依旧滞留在聚酯中，聚酯的缩聚过程又是一个可逆平衡过程，因而，聚酯切片中的缩聚反应仅是暂时终止，只要在适当的反应条件下，例如达到缩聚反应温度和缩聚产物中的低分子浓度不断降低的情况下，聚酯的缩聚反应可继续向增加聚合度方向进行，直到在新的条件下达到又一缩聚平衡为止。在稍低于聚酯熔点温度及低分子物不断被排除时，聚酯的低分子端羟基和羧基被活化，使低分子链间逐步发生链增长反应。固相缩聚过程是一个放热反应，提高温度虽然能提高固相聚合反应速度，但却降低了固相聚合反应平衡常数，对达到平衡时聚合度的提高不利。同时，为使固相聚合反应开始，必须将聚酯切片温度提高到190℃以上，使聚酯切片的结晶增加，因而如何控制固相聚合各个阶段的温度是确保最终聚合度和抑制副反应产生的关键。此外，不断排除反应体系中产生的低分子物乙二醇、水等是确保缩聚反应向缩聚方向进行的重要条件（相当于熔体聚合时的高真空度）。

固相聚合尚有其他副反应存在，例如氧化裂解等。副反应不但降低了聚酯的聚合度，而且会增加产物的羧基含量，会增加发色基团使聚酯切片发黄，以及增加缩聚体系内的低分子物浓度，不利于固相聚合的进行，故要尽量地防止副反应的产生。

（3）设备

① 螺杆挤出机采用国产 HV416 系列螺杆，规格为 $\phi 90 \times 24$ 型。

② 牵伸卷绕机选用引进设备。其优点是卷装量大，效果好，可以实现无废丝卷绕，牵伸效果好，自动化控制程度较高。

③ 采用 YH 型真空清洗炉清洗组件，这种设备清洗效果好，全部清洗程序由微机控制，并有完整的报警系统。

④ 设计整体采用一步法的工艺路线。该法是在同一台机器上进行高速纺丝和高速牵伸卷绕，速度根据产品性能而定。该法生产效率高，产品质量好，成本低，占地面积小，已被越来越多的工厂采用。

3. 方案论证

采用该工艺路线得到的全拉伸涤纶工业长丝，其均匀性好，尤其是强度不匀率和伸长不匀率及 C/V 值均比两步法好，这是由于一步法避免了卷绕丝在存放过程中带来的不均，并且生产中又减少了一次卷绕和退绕过程，以及一般牵伸机钢领圈对丝条的损伤。此外，它还具有较低的收缩应力和较高的杨氏模量，这是丝条在热辊上进行低张力热拉伸定性的缘故。该工艺路线特点是设备适应性较强，除生产涤纶工业长丝外，还可生产锦纶工业丝和丙纶工业丝。

本设计采用间歇式固相缩聚。因为连续固相缩聚投资高，能耗大，适合大规模生产；间歇式固相缩聚设备简单，投资少，较灵活，适合中小型生产。

三、原料、成品技术指标

1. 主要原材料规格

（1）聚酯切片　指标见表 2。

表 2　聚酯切片指标

项　目	指　标	项　目	指　标
特性黏度/(dL/g)	0.65 ± 0.01	铁含量/(mg/kg)	≤4
熔点/℃	≥259	灰分含量/%	≤0.05
二甘醇含量/%	≤1.2	粉末和异状粒子含量/%	≤0.3
羧基含量/(mol/t)	≤27	色值/度	≤8
水分含量/%	≤0.3		

（2）油剂　本设计选用油剂类型为 LIMANOL-E15，其规格见表 3。

表 3　油剂规格

项　目	指　标	项　目	指　标
外观	清洁、黄色黏性油	黏度(20℃)	21～24
电离性	非离子型	可洗性	可被水洗去
pH 值	7.0±0.5		

2.物检及化验

(1)化验室

①原料切片质量指标见表 4。

表 4　原料切片质量指标

项　目	取样点	频率	检 测 仪 器
水分	切片库	1 次/批	压差水分测定仪
黏度	切片库	1 次/批	乌氏黏度计
灰分	切片库	1 次/批	电炉、茂福炉
TiO_2 含量	切片库	1 次/批	721 分光光度计
软化点	切片库	1 次/批	软化点测定仪
凝聚粒子	切片库	1 次/批	熔点仪、显微镜、微量天平
白度	切片库	1 次/批	色谱仪
羧基量	切片库	1 次/批	电位滴定仪
铁含量	切片库	1 次/批	比色仪

②原料油剂质量指标见表 5。

表 5　原料油剂质量指标

项　目	取样点	频率	检 测 仪
含水	油剂库	1 次/批	阿贝折光仪
黏度	油剂库	1 次/批	旋转黏度计
灰分	油剂库	1 次/批	砂浴电炉
pH 值	油剂库	1 次/批	pH 计
色相	油剂库	1 次/批	721 分光计

③成品检验见表 6。

表 6　成品检验指标

项　目	取样点	频率	检测仪器
油剂附着量	落丝筒子	1 次/班	萃取装置
沸水收缩率	落丝筒子	5%抽样	沸水收缩仪

(2)物检室

①中间控制室检验见表 7。

表 7　中间控制室检验指标

项　目	取样点	频率	检测仪器
原丝	喷丝板下	1 次/天	切片仪
断面	卷绕落筒	1 次/天	显微镜
双折射	卷绕落筒	1 次/天	偏振光显微镜

②成品检验见表 8。

表 8 成品检验指标

项 目	取样点	频 率	检 测 仪 器
纤度	成品车	5％成品筒子	卷框机、天平
强伸度	成品车	5％成品筒子	强力机
卷曲性	成品车	5％的成品筒子	卷框机、直尺
均匀度	复丝筒子	1 次/天	条干均匀度仪
疵点	成品筒子	5％的成品筒子	疵点仪
毛丝	成品筒子	5％的成品筒子	目测
色泽	成品车	10 筒/（台·3 天）	自动光谱测色仪
成品双折射	成品车	1 次/天	偏光显微镜

四、生产方法叙述

1. 生产流程

（1）切片筛选与输送 含水率为 0.3％的袋装切片用压缩空气吹扫气枪将料袋表面的灰尘吹扫干净后由电动葫芦送到投料斗上方，打开料袋下口，将切片徐徐放入投料斗中，然后打开投料斗下面的出料口，将湿切片直接落入振动筛中进行筛选，筛除大颗粒和粉末后，由振动筛进入金属分离器中，然后由脉冲输送器输送到湿切片料仓中。湿切片料仓的贮量不小于 10t，可以满足 36h 内的用量。湿切片料仓直接与固相缩聚釜依靠活结相接。向固相缩聚釜加料时，活结打开，切片靠重力作用落入固相缩聚釜中。

（2）固相缩聚 待一料仓的切片全部进入转鼓后，活结断开，转鼓开始旋转，同时进行加热和抽真空。抽真空系统主要由粉末分离器、小分子分离器和抽真空泵组成。固相缩聚釜中抽出来的是粉末、乙二醇和水分等，经粉末分离器分离出粉末后，到小分子分离器中，经喷淋，除去其中的乙二醇后，再到真空泵中，抽真空后，经油水分离器后排空。加热系统由油剂贮罐、加热器、冷却器和油泵组成。开始阶段油剂从贮罐中出来，由油泵输入到加热器中，开始升温，从加热器出来后到固相缩聚釜，同时进入釜的壳体和釜内的蛇管中，自固相缩聚釜出来后，进入上面的油泵，再循环使用。加热分为三个阶段，一是加热阶段，二是保温阶段，三是冷却阶段。待切片达到要求的黏度（＞0.90），冷却。冷却阶段导热油经油泵进入冷却器中，经冷却后两路进入固相缩聚釜后回到油剂贮罐，如此循环。冷却后的切片用氮气吹送到干切片料仓中，以供螺杆挤出机使用。

（3）纺丝与拉伸卷绕 经固相缩聚后的切片靠自重经纺前料斗落入螺杆挤出机中，经过夹套水冷却后。经 5 个加热区加热，再经熔融、压缩、计量、均化过程，由测量头监测熔体压力，并以恒定流量从机头熔体管道中排出，通过熔体管进入纺丝箱体。

熔体总管进入纺丝箱体后经分配管路及水冷冻阀进入计量泵中。装在箱体接头与计量泵之间的水冷冻阀的作用是当需要更换计量泵时通入冷却水冷却，使熔体凝结，起到截止作用，反之则停止通入冷却水，管道内的熔体被阀体传热熔化继续流通。每个纺丝位设一个计量泵座，装有一个双出口的计量泵，熔体经计量后进入纺丝组件，经组件过滤后自喷丝板喷出熔体细流，在缓冷装置及环吹风的冷却下形成丝束，自纺丝甬道进入拉伸卷绕机。

从甬道出来的丝束经油盘上油。上油后的丝束经导丝器到四对拉伸辊，GR2、GR3、GR4 设有温度监测装置和保温箱，四对牵伸辊线速度不一，使丝束在热状态下发生拉伸。经过拉伸的丝束经分丝器，进入网络喷嘴，对丝束进行网络处理，以增加丝束间的抱合力。自网络喷嘴出来的丝束经过拉杆导丝器，断丝监测器进入卷绕头，每个纺丝位对应一个卷绕头，当卷装直径达到设定值后，在计算机指令下，另一只筒管首先自动加速，然后进行自动换筒，整机由计算机控制。

（4）油剂调配　在油剂配制间将原油徐徐注入蒸馏水中，水、油要求在 20～30℃。开启搅拌电动机进行搅拌，油水均化后，打开油剂调配槽下面的阀门，通过油剂管道将油剂放进卷绕间的油剂箱内。上油装置本身设有油剂循环系统，油剂经过滤后，由磁力泵打入卷绕机上油装置内，供丝束上油用。

变换油剂品种时，需将整个管路及相关设备先用软水清洗，后再用脱盐水进行彻底清洗。

（5）组件清洗

① YH 型真空清洗炉清洗装置：清洗件包括组件壳体、导流板、承压板、紧固件、过滤器壳体等。

② 三甘醇清洗：三甘醇清洗件包括喷丝板、过滤器芯、计量泵等。其原理是用高温三甘醇溶液将黏附在被清洗件表面的高聚物醇解。

③ 碱洗：经三甘醇清洗的物件再放入 10% 碱液中清洗，以去除黏附在被清洗件表面的三甘醇及其醇解物。

④ 水洗：将碱洗后的物件放入水槽中水洗干净。

⑤ 超声波清洗：在超声波清洗槽中加入定量的蒸馏水，进行超声波清洗，以去除黏附在被清洗物表面上的微小杂质。

⑥ 压缩空气吹扫：将清洗好的物件用压缩空气吹扫，然后镜检包装备用。

（6）联苯循环系统的流程　联苯作为加热介质，由联苯贮罐经输送泵打入联苯炉中，联苯炉将液态联苯蒸发成联苯蒸气。联苯蒸气借压力进入纺丝箱体保温套和熔体管路、熔体过滤器的保温夹套及螺杆挤出机的机头保温夹套中。联苯蒸气循环系统分三部分：一部分是进气管路；第二部分是回气液管路，这一部分管路中由于有冷凝器液封管路，使气液分离，液态的联苯经回流管路回入联苯贮罐；第三部分是排气管路，管路中的联苯分解的气体及水蒸气等经排气管路排入联苯膨胀罐中，经分离，气体排空。

本工序的设备分配情况：一台螺杆挤压机带一个纺丝箱体，一个箱体有六个位，每个位有一个计量泵，每个计量泵带两块喷丝板，每个位两束丝四对牵伸热辊一个卷绕头。

（7）物检和化验　物检室及化验室负责原料、半成品及成品的分析检验工作，所用仪器见设备一览表。

① 化学实验项目

a. 切片的特性黏度的测定

b. 端羧基含量的测定

c. 熔点的测定

d. 灰分含量的测定

e. 二甘醇含量的测定

f. 含水量的测定

g. 含油量的测定

h. 纺丝油剂的测定

② 物理检验项目

a. 纤度不均匀率的测定

b. 断裂强度的测定

c. 断裂伸长的测定

d. 干热收缩率的测定

e. 初始模量的测定

2. 工艺参数的计算及选择

（1）工艺参数的计算

① 泵供量

产品规格：1100dtex；卷装速度：3200m/min

$$泵供量＝纤度×卷装速度×10^{-4}$$
$$＝1100×3200×10^{-4}$$
$$＝352g/min$$

② 计量泵转速

$$计量泵转速(r/min)＝\frac{泵供量（单出口流量）}{泵规格×熔体密度×容积效率}$$

泵供量 352g/min，泵规格 20ml/r，熔体密度 1.18g/cm³，容积效率 0.98。

$$计量泵转速＝\frac{352}{20×1.18×0.98}＝15.22r/min$$

③ 螺杆转速计算

螺杆转速 N'

$$N'＝[2Q'＋\pi Dh_3^3×\sin^2\phi×P/(6\mu L)]/(\pi^2 D^2 h_3 \sin\phi\cos\phi)$$

式中　Q'——螺杆挤出机挤出量 2667cm³/min；

　　　D——螺杆直径 90mm；

　　　h_3——螺杆计量段螺槽深度：$0.035D\sim0.065D＝0.55$cm；

　　　L——螺杆计量段长度，$6D\sim10D$，取 $9D＝9×9＝81$cm；

　　　P——螺杆机头压力 20MPa；

　　　ϕ——螺杆螺纹升角 17°40′；

　　　μ——熔体表观黏度 250Pa·s。

$$N'＝[2×2667＋3.14×9×0.55^3×\sin^2 17°40'×20×10^6/(6×250×81)]/(3.14^2×9^2×$$
$$0.55×\sin17°40'\cos 17°40')$$
$$＝42.7r/min$$

④ 喷丝头拉伸倍数的计算

熔体通过喷丝孔道内的速度 V_s（m/min）　$V_s＝\dfrac{Q}{\rho\dfrac{\pi}{4}d_0^2 N}$

拉伸比　　　　　　　　　　　　　　$D＝\dfrac{V_w}{V_s}$

式中　ρ——熔体密度，g/cm³；

　　　Q——泵供量，g/min；

　　　d_0——喷丝孔直径，mm；

　　　N——喷丝板孔数，个；

　　　V_w——卷绕速度，m/min。

$\rho＝1.18$g/cm³；$Q＝352$g/min；$d_0＝0.4$mm＝0.04cm；$N＝172$个；$V_w＝3200$m/min。

$$V_s = \frac{352}{1.18 \times \frac{3.14}{4} \times 0.04^2 \times 172} = 1380.83\text{cm/min} = 13.8083\text{m/min}$$

$$D = \frac{3200}{13.8083} = 231.7$$

⑤ 卷绕时间

t = 卷装密度 × $\pi/4$ × (卷装外径² − 纸管外径²) × 1.25×1000 ÷ 泵供量

$\quad = 0.88 \times \pi/4 \times (3.6^2 - 1.08^2) \times 1.25 \times 1000 \div 352$

$\quad = 30.4\text{min}$

⑥ 熔体管道压力计算

对于粗管道:

每台挤出机挤出量为228kg/h, 换算成体积流量

$$Q = \frac{Q_重}{\rho} = \frac{228 \times 1000}{1.18 \times 60 \times 60} = 52.78\text{cm}^3/\text{s} = 52.78 \times 10^{-6}\text{m}^3/\text{s}$$

剪切速率 $\gamma = 10 \sim 100\text{s}^{-1}$, 选择 50s^{-1}

$\gamma = \dfrac{4Q}{\pi R^3}$, 所以管道半径 $R = \sqrt[3]{\dfrac{4Q}{\pi\gamma}} = 0.04435\text{m}$

管道直径 $d = R \times 2 = 0.0887\text{m}$

粗管道压力降:

$$\Delta P = \frac{128Q\eta L}{\pi d^4} = \frac{128 \times 52.78 \times 228 \times 500}{3.14 \times 8.87^4} = 5.5\text{MPa}$$

对于细管道:

$$Q' = \frac{228/6 \times 1000}{1.18 \times 60 \times 60} = 8.8\text{cm}^3/\text{s} = 8.8 \times 10^{-6}\text{m}^3/\text{s}$$

$\gamma = 10 \sim 100\text{s}^{-1}$ 选择 50s^{-1}

$\gamma = \dfrac{4Q'}{\pi R'^3}$, 所以 $R' = \sqrt[3]{\dfrac{4Q'}{\pi\gamma}} = 0.0104\text{m}$

$d' = R' \times 2 = 0.0208\text{m}$

细管道压力降:

$$\Delta P' = \frac{128Q'\eta L}{\pi d'^4} = \frac{128 \times 8.8 \times 228 \times 250}{3.14 \times 2.08^4} = 2.7\text{MPa}$$

挤出机供给压力为 $5.5 + 2.7 = 8.2\text{MPa}$

⑦ 脉冲输送量的计算

$$G_计 = \frac{G_d K_1 K_2}{T}$$

式中　$\dfrac{G_d}{T}$——单位时间内物料输送量, 即白班 8 小时, $6043.2/(333 \times 8) = 2.27\text{t/h}$;

$\quad\quad K_1$——物料发散不均匀系数, 一般不大于 1.25, 在这里取 $K_2 = 1.15$。

$$G_计 = \frac{G_d K_1 K_2}{T} = 2.27 \times 1.15 \times 1.2$$

$$= 3.1326\text{t/h}$$

固气混合比为 $m=40$，

气体质量流量

$$Q_{计}=\frac{G_{计}}{m\rho_{气}}=\frac{3.1326\times1000}{40\times1.29}=60.71\text{m}^3/\text{h}$$

输送管线内径

$$D_{料}=\left(\frac{4Q_{计}}{3600\pi nV_a}\right)^{\frac{1}{2}}=\left(\frac{4\times60.71}{3600\times3.14\times1\times10}\right)^{\frac{1}{2}}=62\text{mm}$$

⑧ 氮气用量计算

料仓　每个料仓用氮气量为 $0.3\sim0.6$L/s；

　　　料仓用氮气总量为 $1.2\sim2.4$L/s；

　　　一天用量为 $0.1008\sim0.2016\text{m}^3$；

　　　一年用量为 $33.56\sim67.12\text{m}^3$；

转鼓反应器　充氮气为三天两鼓，

　　　大约每天 0.667 鼓氮气，即 $16\text{m}^3\times0.667=10.672\text{m}^3$；

　　　每年需用量为 $10.672\times333=3353.78\text{m}^3$；

氮气共用量为 $3387.34\sim3420.90\text{m}^3$/年。

⑨ 高位槽的计算

每天生产的工业丝为 18.15t，安排白班生产油剂，所以必须贮存两班半的油剂，含油率为 0.75%，需要油剂为 $18.15\times0.75\%\times2.5=0.3$t，大约需要高位槽贮存 0.3m^3 的油剂，每天工作 6h，需要每小时的贮油量 $\frac{0.3}{6}=0.05\text{m}^3/\text{h}$，安排泵的供给量 $0.05\text{m}^3/\text{h}$，选择的高位槽贮油量为 0.3m^3。

⑩ 喷丝速度

每小时挤出量用 228kg/h，换算成体积流量 Q

$$Q=\frac{228}{1.18}=190\times10^3\text{cm}^3/\text{h}$$

喷丝头个数 $A=12$，则每个头的流量 $q=\frac{Q}{A}=\frac{190\times10^3}{12}=15.83\times10\text{cm}^3/\text{h}$

喷丝板的孔数 $N=172$，则每个喷丝孔的流量 $=\frac{q}{N}=\frac{15.83\times10^3}{172}=0.092\times10^3\text{cm}^3/\text{h}=0.092\times10^{-3}\text{m}^3/\text{h}$

流体在喷丝孔中的流速 $v=\frac{Q}{\pi R^2}=\frac{0.092\times10^{-3}}{3.14\times(0.3\times10^{-3})^2}=12.2\text{m/min}$

⑪ 不锈钢网计算

每 15 天换一次网，选择 40 目、60 目，有三层网，

所用的网数 $=\frac{333}{15}\times3\times48=3200$ 个

⑫ 用海砂的计算

按 40 目的计算：

$$Q=\pi R^2h\times24\times\frac{333}{15}=3.14\times(0.3)^2\times0.01\times48\times\frac{333}{15}=1.656\text{m}^3$$

按 60 目的计算：

$$Q = \pi R^2 h \times 24 \times \frac{333}{15} = 3.14 \times (0.3)^2 \times 0.01 \times 48 \times \frac{333}{15} = 1.656 \text{m}^3$$

(2) 主要工艺参数的选择

① 固相缩聚参数见表9。

表9　固相缩聚工艺参数

项　目	工艺参数	项　目	工艺参数
每批投料量/t	8	升温加热阶段温度/℃	180～190
每批固相缩聚总时间/h	36	固相缩聚高温阶段温度/℃	190～230
升温加热阶段/h	7	冷却阶段温度/℃	130～140
干燥阶段/h	4	升温及缩聚阶段转速/(r/min)	3.00
二次升温/h	6	高温及冷却阶段转速/(r/min)	1.50
固相缩聚高温阶段/h	10	反应器内真空度/Pa	65～130
冷却阶段/h	5	反应器内充氮气量/(Nm³/h)	0.6
进出料/h	2	干切片含水量/%	＜0.4
导热油温度/℃	230～240,最高260	干切片的特性黏度/(dL/g)	0.95～1.05
初始加热阶段温度/℃	100	粉末分离器冲洗周期/d	10～20

② 纺丝参数见表10。

表10　纺丝工艺参数

项　目	工艺参数	项　目	工艺参数
螺杆直径/mm	φ90	计量泵进口	3
螺杆长径比(L/D)	24	计量泵出口	20～40
螺杆加热温度/℃		组件	40
一区	275～285	螺杆转速/(r/min)	42.7
二区	280～290	计量泵规格/(cm³/r)	2×20
三区	295～299	计量泵转速/(r/min)	15.22
四区	295～299	喷丝板直径/mm	200
五区	295～299	孔数/孔	172
纺丝位数及位距	6位,1000mm	孔径/mm	0.3
每个位头数/头	2	热切片贮罐氮气封流量/(Nm³/h)	0.3
纺丝箱及熔体总管联苯温度/℃	设计温度310	组件更换周期/天	15
纺丝箱及熔体总管联苯压力/MPa	设计压力0.196	组件预热温度/℃	310～330
箱体内及管道内压力/MPa	设计压力0.3	环吹风:风温/℃	20±1
后加热器温度/℃	300～310	风压/Pa	≥400
螺杆出口熔体温度/℃	288～295	湿度/%	55～65
熔体压力/MPa		每个部位风量/(Nm³/h)	427.29
螺杆出口	8	无油丝特性黏度/(dL/g)	0.87～0.92

③ 牵伸卷绕参数见表11。

表11　牵伸卷绕工艺参数

项　目	工艺参数	项　目	工艺参数
油剂　牌号	LIMANCL(兰州炼油厂)	第四对牵伸辊　转速/(m/min)	3200
浓度/%	25	温度/℃	197
上油轮规格/mm	100	摩擦辊速度/(m/min)	3200
上油轮转速/(r/min)	40	丝束在牵伸辊上缠绕圈数/圈	6～8
喂入辊转速(线速度)/(m/min)	800	一级牵伸倍数/倍	3.125
第一对牵伸辊　转速/(m/min)	800	二级牵伸倍数/倍	1.2
温度/℃	115	网络/(节/m)	40
第二对牵伸辊　转速/(m/min)	2500	卷绕速度/(m/min)	3200
温度/℃	150	往复速度/(m/min)	800
第三对牵伸辊　转速/(m/min)	3000	卷装重量/kg	10
温度/℃	220	上油率/%	0.75

3. 设计特点及存在问题

（1）设计特点

① 设备特点　主流程选用设备为国产设备与国外设备相结合，既实现设备部分国产化，为国家节约大量外汇，又降低了成本及运费，同时也保证了其先进性。本流程自动化程度高，生产连续性好，结构合理，占地面积小，产品质量好，同时操作，管理人员少，有利于提高生产率。

② 控制系统　采用仪表和微机控制系统，各工序都有仪表控制并与计算机联网，这样可以改善工人劳动强度，增加技术可靠性，使管理趋于高级化，合理化。

③ 工艺设计特点　本设计采用一步法。一步法是纺丝-牵伸-卷绕在同一台纺牵联合机上完成。纺丝速度较高，一般为 3000～3600m/min，生产效率高，占地面积小，设备投资、维修、定员都较经济。

④ 组件清洗　采用 YH 型真空清洗炉和超声波清洗，属国内同类产品领先水平，清洗效果好，并且由微机控制，操作安全可靠。过滤器清洗选用 YH 型真空炉和三甘醇清洗，超声波清洗等。全套设施具有清洗效果好，操作简单，环境污染小，无锈蚀现象等优点。

⑤ 车间布置特点　本设计的平面布置是经过具体计算确定所需占地面积而进行布置的，本着占地面积合理，人流和物流线不交叉的原则进行设计的。从而保证生产作业连续，短捷，方便，生产辅房尽量安置在西北面，生活辅房尽量安置在南面。

（2）存在的问题

① 由于设计者设计经验不足，所以在对工厂总体设计时难免存在一些细节问题，因此在施工时可以适当修改。

② 设计的过程中，由于资料有限，故有些设备只能提供名称及功能，不能给定厂家及型号，同时也影响到了最后的设备一览表的编制，在实际实施时应适量给予添加。

五、可持续发展及消防

1. 环境保护

（1）废水　根据废水的性质和成分以及要求处理的深度，通常分为一级、二级、三级处理。

① 一级处理：采用物理化学方法处理，将废水进行中和、澄清、过滤以除去悬浮物和沉淀物。

② 二级处理：用物理化学方法和生物化学方法处理。经二级处理后的废水通常达到工业废水排放标准。

③ 三级处理：将二级处理后的废水，再用离子交换、电渗析、反渗透、活性炭吸附等方法处理，进一步除去废水中的阴阳离子。成为可用于生产的清洁水。

对于一些净化用水可以直接排放到公共下水道系统。

（2）废气　本设计在生产过程中所产生的废气主要是联苯蒸气，这种有刺激性气味的气体对人的皮肤和支气管有害。为此，我们需要对纺丝箱进行很好的密封，并对箱体定期检查，同时还要定期维修联苯贮罐及其管道。

对于在生产过程中产生的其他废气可以用风管引至室外屋顶排放。

（3）废渣的处理　见表12。

表 12　废渣的产生及处理

产　出　物	产　出　部　位	处　理　方　法
废丝	纺丝、卷绕、包装	作为棉絮出售
聚酯粉末、聚合物	筛选、纺丝	做聚酯漆的原料，以废品出售

（4）噪声的产生及处理　处理方法见表 13。

表 13　噪声的产生及处理

产生部位	处　理　方　法
卷绕机	在机器上配有消音装置
吸枪	对员工培训，减少吸枪的使用次数

同时还可以考虑设置隔声休息室，以及为操作人员配备耳塞。

（5）绿化　厂区绿化一般包括对生产区、厂前区以及生产区与生活区之间隔离带的绿化。

厂区绿化不仅是环境保护的重要措施，对改善劳动条件，提高生产效率等也具有重要意义。工厂绿化后不但可以减弱生产中散发的有害气体和噪声对工人健康的影响，而且能净化空气，减少烟尘的飞扬，有助于改善厂区的小气候。

2. 消防、安全生产及工业卫生

（1）消防　化学纤维大都属于易燃，可燃性物质。在生产中原材料和中间产品也为易燃易爆物质。

涤纶工业长丝生产火灾危险性质属丙类，建筑物耐火为二级多层工业厂房。

每层楼都设有消防通道，便于发生火灾时疏散员工。

在生产车间及走廊内设有多个消火栓，可以在发生火灾时进行灭火。

（2）安全生产及工业卫生　对于因一般安全因素而设置的门和一般采光窗均由建筑专业按专业规定统一考虑。但在一楼卷绕车间，因对温湿度及空气清洁度要求较高，提出自动门的要求。

大多数危险事故都是由于个人粗心大意引起的，必须对职工及进入车间人员做好安全教育，使他们对此引起足够的重视。人的生命是最重要的，无论如何也要把安全放在第一位。

六、物料衡算

1. 设计基准及数据的确定

工艺系统物料损耗系数见表 14。

表 14　物料损耗系数

工序	筛选	缩聚	纺丝	牵伸	分级
损失	0.30%	0.30%	1.67%	6.10%	0.50%

2. 物料平衡计算

（1）物料衡算的作用　物料衡算示意图：

$$\sum W_1 \rightarrow 系统或设备 \rightarrow \sum W_2 + \sum W_3$$

物料衡算应用的基本公式如下：

$$\sum W_1 = \sum W_2 + \sum W_3$$

式中　$\sum W_1$——输入系统中各物料量的总和；

　　　$\sum W_2$——自系统中输出各物料的总和；

ΣW_3——系统中物料损失量的总和。

化纤生产需要多种原料，其中主要原料的消耗定额是影响产品成本的关键。在设计中，为了计算主要原料的单耗，通常把它们在各工序中的流动量绘成图表，即所谓的物料平衡表或物料平衡图，编入设计文件。

（2）各工序的损失量及主要的原料消耗定额

进入分级工序的物料量　　　　$1000.0+5.0=1005.0$ kg

进入牵伸卷绕工序的物料量　　$1005.0+3.0=1008.0$ kg

进入纺丝工序的物料量　　　　$1008.0+74.2-75=1007.2$ kg

进入固相缩聚的物料量　　　　$1007.2+9.8=1017$ kg

进入筛选工序的物料量　　　　$1017+3=1020$ kg

（3）物料收支平衡　　见表 15。

表 15　物料收支平衡

工　序	输入量/kg			输出量/kg		
	PET	油剂	合计	PET	损失量	合计
筛选	1020		1020	1017	3	1020
固相缩聚	1017		1017	1007.2	9.8	1017
纺丝	1007.2	75	1082.2	1008	74.2	1082.2
牵伸卷绕	1008		1008	1005	3	1008
分级	1005		1005	1000	5	1005
成品			1000			1000

（4）物料平衡图

切片	→	绝干切片	1016kg
		水分	4.0kg
		合计	1020kg

↓1020kg

筛选	→	粉末	2.0kg
		切片	1.0kg
		合计	3.0kg

↓1017kg

固相缩聚	→	水分	3.8kg
		粉末、胶块	6.0kg
		合计	9.8kg

↓1007.2kg

油剂 7.5kg →　纺丝　→

| | | 断头生头 | 7.0kg |

水分 67.5kg

合计 75kg

		油剂挥发	3.5kg
		水分挥发	63.7kg
		合计	74.2kg

↓1008kg

卷绕		筒角丝	1.0kg
		卷绕废丝	1.0kg
		牵伸废丝	1.0kg
		合计	3.0kg

↓1005kg

分级

↓1000kg

成品		绝干纤维	992.0kg
		油剂	4.0kg
		水分	4.0kg
		合计	1000.0kg

3. 主副材料的消耗

(1) 油剂消耗　每吨成品丝上油 7.5kg，有效成分 99%，上油浓度 10%，油水比为 1:9。

① 油剂耗量＝工序平衡产量×油率总量/有效成分

$$＝6000×1.0072×7.5×(1＋10\%)÷99\%$$

$$＝50360kg/y$$

$$＝50.36t/y$$

油剂单耗＝油剂耗量/吨成品量

$$＝50360÷(1.0072×6000)$$

$$＝8.3kg/t 成品$$

② 油水平衡图

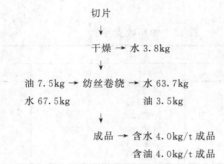

(2) 辅助材料的消耗

① 包装箱　　50mm×50mm×30mm　　满筒卷重 10kg±0.5kg

每箱放两卷，净重 20kg

每卷重系数取 0.8，则每年消耗包装箱量为

$$6000×1000/(20×0.8)$$

$$＝3.75×10^5 只/a$$

② 塑料包装布、聚乙烯包装袋

包装布 (3kg/t)

$$年需 3×6000＝18000kg/y＝18t/a$$

包装袋 (2kg/t)

$$年需 2×6000＝12000kg/y＝12t/a$$

钢带 (0.006kg/t)

$$年需 0.006×6000＝36kg/a$$

③ 其他辅助材料　不锈钢网见表 16。

表 16　不锈钢网数目

目数	每吨成品需用量	年耗量
40	0.3m²/t	1600m²/a
60	0.3m²/t	1600m²/a

联苯　每吨成品需 0.3kg/t，年耗量 0.3×6000＝1.8t/a

喷雾硅油　每块喷丝板需 4 听/a，总需用量 4×48＝192 听/a

过滤器全部更换周期 15 天

全年用量 $333 \times 50 \times 2/15 = 2220 dm/y$

筒管用量计算

$$N = 6000 \times 1000 \times 1.008/10 = 6.048 \times 10^5 \text{ 个/a}$$

所有筒管一次利用不回收。

辅助材料的消耗见表17。

表17　辅助材料的消耗

包装箱	包装布	包装袋	钢带	联苯
3.75×10^5 只/a	18t/a	12t/a	36kg/a	1.8t/a

不锈钢网(40目)	不锈钢网(60目)	喷雾硅油	筒管	
1600m²/a	1600m²/a	192听/a	6.048×10^5 个/a	

七、设备计算

1. 主体设备计算与配台

主要参数：纤度1100dtex

卷装速度3200m/min

机械效率0.90；成品率0.95

年开工时间333天（或8000h）

（1）固相缩聚反应器

容量　　　　　　　　16m³

装载率　　　　　　　0.7

切片的堆积密度　　　0.8t/m³

固相缩聚的反应时间　36h

则日产量 $16 \times 0.7 \times 0.8 \times 24/36 = 5.98 t/d$

本设计工艺需要量＝平衡单耗×年产量/天数＝$1.017 \times 6000/333 = 18.32 t/d$

$18.32 \div 5.98 = 3.1$，故选用反应器4台。

（2）螺杆挤出机

则泵供量

$$\text{纤度} \times \text{卷装速度} \times 10^{-4}$$
$$= 1100 \times 3200 \times 10^{-4}$$
$$= 352 g/min$$

日产量　　　　泵供量×系数×时间×泵数

$$= 352 \times 0.90 \times 60 \times 24 \times 48 \times 10^{-6}$$
$$= 21.9 t/d$$
$$= 912.38 kg/h$$

实际产量/螺杆产量＝$912.38 \div 250 = 3.65$ 台

故选用HV416－90×24型螺杆挤出机四台。其具体参数为：

螺杆直径　　　　90mm

长径比　　　　　24

转速范围　　　　20～80r/min

最大挤出量　　　250～300kg/h

253

$$
\begin{array}{ll}
加热功率 & 37.5kW \\
拖动功率 & 37kW \\
加热区数 & 5 个 \\
机头压力 & 15\sim25MPa \\
机器重量 & 2.5t
\end{array}
$$

（3）牵伸卷绕机　按工业原丝为终端产品，成品率取 0.95，机械运转效率为 0.95，设备利用率为 0.90，卷绕速度取 3200m/min。

卷绕日产量＝纤度×卷绕速度×头数×60×24×机械效率×成品效率×设备利用率×10^{-4}×10^{-6}

则日产量为：

$$1100\times3200\times48\times60\times24\times0.95\times0.95\times0.90\times10^{-4}\times10^{-6}$$
$$=19.76t/d$$

卷绕机年产量＝$19.76\times333=6580.08t/y$

故选用 6 位一组的牵伸卷绕机 4 台，能满足年产 6000t 涤纶工业丝的要求。

（4）纺丝机

已知：
$$
\begin{array}{ll}
纤度 & 1100dtex \\
卷绕速度 & 3200m/min \\
系数 & 0.82 \\
\end{array}
$$
纺丝箱每位 2 头

则每个纺丝位的年产量为：

w ＝纤度×卷绕速度×头数×系数×60×8000×10^{-4}×10^{-6}
$$=1100\times3200\times2\times0.82\times60\times8000\times10^{-4}\times10^{-6}$$
$$=277.09t/y$$

工艺年产量：$1.0072\times6000=6043.2t/y$

需要位数：$6043.2\div277.09=21.81$

故纺丝机选用 24 个位，每个纺丝机按 6 个位，则需 4 台纺丝机，与四个固相缩聚釜组成 4 条生产线，可以满足设计要求。

（5）计量泵

计算所需计量泵的流量为

$$纤度×卷绕速度\times10^{-4}=1100\times3200\times10^{-4}=352g/min$$

使用叠泵的流量为：$352\times2=704g/min$

故选用型号为 $2\times20ml/r$ 的计量泵（由 Feinprüf 公司生产）：

底座 80mm×122mm；

材料 F16；

重量 9kg；

计量泵台数为 24 台。

2. 辅助设备及通用设备的选型与配台

（1）YH 真空清洗设备及预热、检验装置

① YH 真空清洗炉

炉膛外形尺寸：1000mm×1100mm×1500mm

炉体有效容积：4300mm×400mm

加热功率：13kW

泵电机功率：3kW

电压：220V/380V

真空度：－0.09～－0.08MPa

水压：0.25MPa

控制精度：±0.2℃

煅烧时间：≤7.0h

选两台，其中一台备用或两台轮开。

② YH850-2A 三甘醇清洗炉

外形尺寸：1950mm×980mm×1500mm

内腔尺寸：4320mm×850mm

电压：380V/220V

功率：10kW×2

备注：2 个缸

选一套。

③ 选用超声波清洗炉一套，型号为 CSF-6 型。

④ 组件预热炉

形式：箱式，可移动

加热方式：电加热，集体控制

加热功率：12kW

加热温度：320℃

预热组件数：12

预热炉外形尺寸：1190mm×732mm×5909mm

保温层厚：150mm

选取泵检、镜检设备一套。

（2）车间运输车辆

计算所需车辆数：

$$N_g = QT/K \times 1000/(bn_g)$$

式中　Q——成品半成品产量，t/d；

　　　K——车辆周转备用系数，取 1.002；

　　　T——存放周期；

　　　b——每只筒子卷重；

　　　n_g——每车筒子数；

　　N_g——筒子车数量。

$$N_g = 6000 \times 1.002 \div 333 \times 1000 \div (10 \times 24) = 75.22 \text{ 辆}$$

维修系数 $K_1 = 1.1 \sim 1.4$，则实际使用车辆数 $N_s = N_g K_1 = 75.22 \times 1.2 = 90.264$ 辆

选 91 辆。

（3）通用设备选型　通用设备指机械工业部系统主管及生产的泵、风机等设备，其要求如下：

① 根据工艺参数合理选型，注意更新及型号变化；

② 注意设备的材质，保证生产和注意节约；

③ 尽量选择距建厂地区较近的设备制造厂。

设备选型见表18。

表18　通用设备选型

名称	型号	使用条件	材质	制造单位
离心泵	BA	≥80℃热水	碳钢	上海水泵厂
风机	SZ	热风	碳钢	鞍山鼓风机厂
热水泵	8GP-24	循环水、热水	铸铁	大连耐酸泵厂

3. 非标设备的选型及选台

（1）中间料仓的设计

$R=0.6m$，锥角为90°，圆柱高 $H_1=0.6m$，圆锥高 $H_2=0.6m$，总高度$=1.2m$。

$$V=\pi R^2 H_1+\pi R^2 H_2/3$$
$$=3.14\times0.6^2\times0.6+3.14\times0.6^2\times0.6/3$$
$$=0.9m^3$$

（2）投料仓设计

$R=0.8m$，锥角为90°，圆柱高 $H_1=0.6m$，圆锥高 $H_2=0.8m$，总高度$=1.4m$。

$$V=\pi R^2 H_1+\pi R^2 H_2/3$$
$$=3.14\times0.8^2\times0.6+3.14\times0.8^2\times0.8/3$$
$$=1.74m^3$$

每袋湿切片质量为1t。

（3）湿切片料仓及干切片料仓

拟选4个湿切片料仓和4个干切片料仓，使用同一种型号。料仓的容积按转鼓的容积计算，计算如下：

$$转鼓容积\times装填系数=16\times0.65=10.4m^3$$

$R=1.2m$，锥角为90°，圆柱高 $H_1=2m$，圆锥高 $H_2=1.2m$，总高度$=3.2m$。

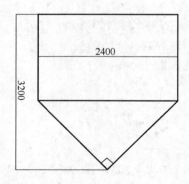

$$V=\pi R^2 H_1+\pi R^2 H_2/3$$
$$=3.14\times1.2^2\times2+3.14\times1.2^2\times1.2/3$$
$$=10.85m^3$$

（4）喷丝板

喷丝板直径为 200mm，孔数 N 为 172 孔

$$q=\frac{Q}{N\rho}=\frac{352}{172\times1.18\times60}=0.0288\,\text{cm}^3/\text{s}$$

$$\gamma=4q/\pi R^3,\quad R=\sqrt[3]{\frac{4q}{\pi\gamma}}$$

式中　q——单位时间内单孔流量，cm^3/min；

　　　R——微孔半径，cm；

　　　γ——切片速率，$10^3\sim10^4\,\text{s}^{-1}$，选取 $10\times10^3\,\text{s}^{-1}$。

$$R=\sqrt[3]{\frac{4\times0.0288}{3.14\times10\times1000}}=0.027\text{cm}=0.27\text{mm}。$$

所以选取喷丝板孔径为 0.3mm。

（5）喷丝板形状设计

长径比 2∶1

微孔孔径为 0.3mm

微孔长度为 0.4mm

板径为 200mm

孔间距为 9mm

最内圆直径为 120mm

最外圆直径为 160mm

最外圆为 53 孔

圆间距为 10mm

第二圈直径为 140mm　　为 46 孔

第三圈直径为 120mm　　为 40 孔

第四圈直径为 100mm　　为 35 孔

总孔数为 172 孔

孔排列为同心圆

导孔直径为 3～4mm

八、公用工程规格及计算

1. 公用工程的规格要求

（1）水　用量见表 19。

（2）蒸汽　$2.94\times10^5\,\text{Pa}$ 饱和蒸汽（出车间热力站表压力）。

（3）氮气　用量见表 20。

（4）压缩空气　用量见表 21。

2. 公用工程的用量

（1）概述　本项目给排水工程以最终生产规模年产 6000t 涤纶工业丝为基础进行设计。设计内容：主生产线工艺生产和相应公用工程的给排水设计。

（2）水源　本设计用水水源由自来水公司提供。生产厂房二层用水直接由室外管网引入，二层以上部分由泵加压到各处。

（3）给水

① 涤纶工业丝生产用水主要种类有过滤水、冷却水、脱盐水。为了保证供应合格的生

表 19　水的用量

项　　目	软水	循环冷却水	脱盐水	冷冻水	工业水
SiO_2/‰	<0.15	<0.15	0.0003		
pH(25℃)	7±0.5	7±0.5	7±0.5	7±0.5	7±0.5
总硬度/dH	≤2	<2	≤1	≤5	<2
电导率/(μS/cm)	≤5		<2		
氯含量/‰	<0.35	<0.35	<0.10	<0.35	<0.35
铁含量/‰	<0.02	<0.02	≤0.05	<0.02	<0.02
锰含量/‰	<0.03	<0.03		<0.03	<0.05
浊度/度	≤1	≤1			
温度(入)/℃	≤32	≤30	18~20	≤7	16~18
温度(出)/℃	≤32	≤30	18~20	12	16~18
压力/MPa	0.4~0.5			4	4

表 20　氮气用量

项目	压力	含 N_2	含 O_2	含 H_2O	含 H_2	其他
规格	0.25MPa	99.99%	≤0.0002%	≤0.0005%	≤0.0001%	≤0.0004%

表 21　压缩空气用量

项　　目	一般压缩空气	仪表用减湿压缩空气	干燥用减湿压缩空气
压力/MPa	0.6	0.6	0.6
压力差/MPa	±10	±10	±10
露点/℃	<4	−40	−65
温度/℃	30	30	30
纯度	无油尘	绝对无油无尘	无油尘无水

注：一般压缩空气冬季不发生结冰现象，进车间无游离水分子存在。

产用水，生产工艺提出具体要求。

　　a. 过滤水：对水质要求不高，本厂主要用于物检室和化检室、洗手间、厕所、消防用水。消防给水采用两股水柱，消火栓口径 D_g50，水枪口径 $\phi16$，水带长 25m，每股水量为 2.7L/s。此系统对水温不用控制，水压要求在进入车间处为 3.5kgf/cm^2（1kgf/cm^2 ＝ 98.0665kPa）。

　　b. 冷却水：冷却水是冷却用的水，主要用于固相缩聚反应釜加热油，冷却器中冷却用水及传动轴用水。为避免因运转过程中水温升高而造成结堵致使管道堵塞而影响传热效果，需要采用硬度较低的软化水。本设计的冷却水采用内部循环使用，冷却水贮罐，水泵放置在二层楼板上，冷却水的热交换气放在五楼层顶，这样即满足了生产工艺要求，又能节约冷却水的消耗。冷却水进口温度为35℃，出口温度25℃，水温要求≥10℃。

　　c. 脱盐水：这种水的水质好，处理成本比较高，主要用于油剂调配、物检、化验，此系统使用的管材为不锈钢管。

　　② 全厂用水量、水质、水压要求。

　　a. 全厂用水量见表22。

　　b. 循环冷却水见表23。

　　c. 各种用水水质要求见表24。

表 22　全厂用水

序号	用水种类	用水部门	用水量/m³			备注
			平均时	最大时	全天	
1	工业用水	组件间	0.2	0.8	4.8	间歇
		物化室	2	3	48	间歇
		油剂间	0.2	0.8	4.8	间歇
		保全	2.7	5.4	64.8	
		空调室补充	1.5	1.5	36	
		冷冻站补充	3.5	3.5	84	
		冷却水补充	4.17	4.88	101.5	
		小计	14.27	19.88	343.9	
2	软化水	油剂槽清洗	1.5	3	36	
		组件清洗	0.3	1.5	7.2	
		其他	0.3	1.5	7.2	
		小计	2.1	6	50.4	
3	生活用水		3	6	72	
4	消防用水	室内消防	45.0			
		室外消防	150.0			

表 23　循环冷却水

序号	用水部门	循环水量/m³			备注
		平均时	最大时	全天	
1	缩聚釜主轴	3	3	72	
2	真空泵装置	0.78	2.1	18.72	
3	冷热油交换器	4.66	42	111.84	最大时每天运行 2h
4	螺杆挤压机	0.63	0.63	15.12	
5	纺丝间空调机	42	42	1008	
6	卷绕间空调机	84.84	84.84	2000	
7	电机冷却空调机	28.14	28.14	675.3	
8	物检室空调机	6.72	6.72	161.3	
9	泵检室空调机	7.14	7.14	171.4	
10	变频	21	21	504	
11	空压站	21	21	504	
12	总计	219.91	258.67	5241.68	

表 24　各种用水水质要求

项　目	工业用水	软化水	循环冷却水	生活用水	消防用水
pH 值	7～9	7±0.5	7～9	符合饮用水标准	7～9
非碳酸盐硬度/度	≤70		≤70		≤70
碳酸盐硬度/度	2～6	<2	2～6		2～6
$KMnO_4$ 耗量/(mg/L)			≤50		
悬浮物/(mg/L)			≤5		
游离 CO_2/(mg/L)			≤3		
总含盐量/(mg/L)			≤3000		
硫酸根/(mg/L)			≤250		
氯根/(mg/L)	<100	≤100	<100		<100
铁锰总含量/(mg/L)	≤1	≤0.5	≤1		≤1
铜离子/(mg/L)			≤0.2		
硅酸根			≤200		
压力/kPa	30±10%	30±10%	≤40		30±10%
温度/℃	常温	常温	进水≤32		常温

全厂每天需水源供给工业用水、软化水 393.3t，供生活用水 72t。总计最大日供水量为 465.3t。

由于源水水质能满足各种用水要求，因此本项目不设给水处理装置。

③ 给水系统　根据各用水部门对水质、水压的要求和本地供水条件，本设计给水设三个系统，即循环冷却给水系统；工业给水系统；生活、消防给水系统。

a. 循环冷却给水系统：由于该设计冷却水量较大，为节约水资源，采用循环冷却给水系统。在生产厂房底层冷冻间内设冷却水回水池，由泵加压送到各需要冷却的设备冷却水进口。温度升高的冷却水出水靠余压进入设在六楼屋顶的机械通风冷却水塔内进行冷却，冷却后的出水靠重力流至冷却水回水池，然后进行下一个循环。在冷却水回水池内设自动补给水管以保持冷却水池内一定液位。

冷却循环量每昼夜 5241.68t。

冷冻机用冷却水，由于是季节性运转设独立冷却系统。但两个系统的冷却塔在配管上考虑互为备用。

b. 工业给水系统：底层用水点由室外给水管网直接引用，二层以上由设在层顶水箱单独供给，呈枝状管网配至各用水点。

c. 生活、消防给水系统：由机械部门设计。

（4）排水

① 排水量见表 25。

表 25　全厂排水量表

序号	排水类别	排水部门	排水量			备　注
			L/s	t/h	t/d	
1	生产污水	物化室			8	间歇排放
		油剂间			3	间歇排放
		组件清洗间			3	间歇排放
		小计			14	
2	清洗废水	冷却回水池	1.2	4.4	106.3	
		冷冻站排水	1.7	6.1	147	
		空调室	0.59	2.1	50.4	
		其他	1.5	5.5	132.3	
		小计	4.99	18.1	436	
3	生活污水	各生活间	0.882	3.15	75.6	
4	总计		5.872	21.25	511.6	

② 排水系统：室内排水根据生产工艺特点，按清浊分流的原则分为三个排水系统。

a. 清浊废水排水系统：包括循环冷却水池溢流排水、空调机组、冷冻机组定期排水等。该系统排水除水温稍高外无污染，可以直接排放。

b. 生产污水排水系统：包括油剂槽清洗水，组件清洗排水以及化验排水等，该系统污水排至室外污水池中经处理后排放。

c. 生活污水系统：包括各生活间排水，该污水经化粪池消化处理后排放。

③ 管材：各系统排水管均采用排水铸铁管，水泥打口。

九、自动控制设计

为保证生产设备正常运转，降低成本和原料消耗，提高产品质量，同时为生产管理提供数据，本设计对生产线上的主机、辅机及公用工程系统，再生产过程中的温度、压力、转速、湿度、流量等工艺参数，进行自动检测和自动控制。同时对固相缩聚过程进行顺序控制。对每条生产线设计有信号连锁控制。

生产线上的电机调速，顺序控制，连锁信号及电加热等，均与微机自控系统密不可分，因此本生产线的自控系统与电气控制实质上是一体化的。

自控装置采用 DCS 系统进行控制，电机调速采用交流变频调速，关键部件均采用国外著名公司的产品，自控系统完成后其控制水平可达到国内较高水平。

本设计包括：固相缩聚、挤压纺丝、牵伸卷绕和组件清洗、泵板清洗、联苯加热等，为了达到自动控制的可靠性、先进性和安全性，本设计分别对固相缩聚、挤压纺丝、牵伸卷绕工序进行集中控制，建立各工序段的控制室。采用目前国内外先进的控制系统。可以根据生产现场的各种情况，随时进行调整，以实现最佳控制。同时备有声、光报警和事故的检索系统。各工序都各有手操作系统，保证了控制系统可靠的、安全的进行。

本设计从经济合理、安全可靠出发，将各工序段控制室选在变电所和工序之间，并且同一工序的自控设备用的变压器、变换器和开关柜集中在一起，避免导线的往复敷衍，减少了过长线路上可能引入的各种干扰。

固相缩聚控制屏设在该主机的同一层楼上，以便进行控制操作。挤压剂的所有控制屏均设在二楼楼面的中央控制室内，牵伸卷绕所有的控制屏设在一楼楼面的控制室内，根据自控设备的要求，控制室与工艺主机用电设备最原点距离不得超过 30m。

固相缩、挤压纺丝和牵伸卷绕全部采用集中控制和现场控制相结合。

1. 自控内容及设计分工

按生产的生产流程，自控设计内容可分为三大部分。

① 生产线前部主机设备的自控系统，包括切片筛分输送、固相缩聚、螺杆传动、熔融纺丝的全部工艺过程，这是保证生产装置安全，平稳、高质量运行的核心部分，其自控设计内容有：切片筛分输送的金属拣除与输送、料位控制；固相缩聚加热、挤压机加热、联苯炉加热，后加热器加热等温度调节系统；螺杆挤压机出口压力，转速与电流的三环串级调节系统；计量泵的变频调速系统；以及固相缩聚的顺序控制与连锁控制系统等。

② 生产线后部主机设备，为引进的一套牵伸卷绕机，6 个位其电气控制系统的装置，均随主机成套引进。

③ 辅机及公用工程系统的自控设计，包括组件清洗、空调系统、空压站、冷冻站、冷却水循环系统等，其自控装置及仪表部件为国内配套。

2. 自控系统的设备与仪表选型

① 生产线前部主要设备的控制装置，按提供的仪器表购买，工艺控制点参数按要求设定。

② 计算机系统采用西门子公司 TELEPERM。M 集散系统的 AS215 子系统，对生产线的工艺参数进行自动控制（指示、调节、信号、连锁、顺序）和数据采集，并通过人机接口（监视器、打印机等）对各个设备的运行状态进行监视、记录、报表等综合管理。

③ 前部主机中的电动机速度控制，采用西门子公司的 SIMOREG. K 和 SIMOVERT. P进行速度控制，并且通过 CP530 通讯处理机与 AS215 系统进行通讯，可在 AS215 系统的人机接口上监视。

④ 温度测试元件。选用国产 Pt100DIN43760 标准的双支铂电阻，电加热调功器选用英国欧陆公司的 EUROTHRM-461。

⑤ 压力检测。采用美国 DYNISCO 压力传感器或上海自动化仪表厂与上海三纺织机械

厂仿制的产品。

⑥ 各种液位开关、流量开关、温度开关、调节阀、切断阀等，均采用国内的中外合资厂的产品。

⑦ 生产线后部引进的牵伸卷绕机，配套的电气自控仪表盘、变频柜及其仪表器件，其规格、型号按与国外所签合同执行。

⑧ 辅机及公用工程系统的自控仪表选型，根据工艺生产过程对辅机及公用工程的要求，参照国产仪表生产厂家配套情况，按照"先进、可靠、适用"的原则，予以选用。

温度仪表：在现场显示的采用双金属温度计，远传温度检测元件，凡在500℃以下的，采用铂热电阻，温度连续调节仪表选用Ⅲ型电动单元组合仪表。

压力仪表：现场显示，视介质情况，选用弹簧管压力表或微差压压力计，或YTP隔膜式压力表。

流量仪表：凡要求经济核算、集中显示的场合，采用标准节流装置，并设有显示，累计等二次仪表，凡要求现场显示的，采用可读式转子流量计。

温湿度仪表：湿度检测控制采用氯化锂电阻式湿度计与Ⅲ型电动单元组合仪表配套。

3. 主要控制系统

① 生产前部分的切片输送、固相缩聚、螺杆挤压及纺丝机的主要控制系统包括以下几个。

a. 切片筛分金属拣出，料位与输送连锁控制系统。

b. 固相缩聚热油温度调节系统。

c. 固相缩聚顺序控制及连锁。固相缩聚具有温度、压力控制调节和温度、压力报警装置，可以保证切片的增黏（$[\eta]=0.9\sim1.0$）和含水率（$\leqslant40‰$）的质量。

d. 螺杆挤压各个区温度调节系统。

挤压纺丝：由螺杆挤压机、纺丝箱、计量泵及热媒系统组成，采用纵向控制，螺杆挤压机套筒加热分为五区加热，各加热区按工艺设定的温度进行调节，同时还设有熔体温度、控制仪、这样可以保证熔体温度的稳定，确保工艺所规定的要求。

e. 挤出机出口压力，转速及主电机电流的三环串级控制系统。

螺杆挤压机的压力控制系统是以熔体进计量泵的压力为主要参数的压力、转速、电流三闭环串级调节反馈控制系统，所以控制稳定、精度高，压力的恢复时间仅为1~5s。该压力控制系统是由压力控制和直流电机转速控制板两部分构成的，可以根据工艺需要按设定值进行调节，并设有压力显示和通道压力纪录仪直接绘出压力曲线和具有电气联馈的低高压报警装置，保证了可靠连接，正常的生产。

压力负反馈环作为螺杆挤压机压力控制系统的最外环，相当于给定，另外两环即速度负反馈和直流负反馈环分别作为其内环，它们的控制电路作为一块直流电机转速控制板安装在挤压机直流电机控制柜内，当负荷发生变化或变化电流电压发生变化时，将使压力发生变化。由于速度负反馈和电流负反馈的作用，使电机转速相应的增加或减少，最终使压力稳定在给定值上。因此，压力、转速、电流三闭环控制系统很好地起到了稳定熔体压力的作用。

f. 后加热器的温度控制。

g. 联苯炉的出口温度控制。

h. 纺丝计量泵的变频调速控制。

i. 工艺用风的露点控制。

以上各主要控制系统的设计，采用 DOS 系统进行控制，通过现场检测系统，计算机的软件，硬件及接口装置，在计算机的统一指挥协调下，各自独立稳定可靠的工作，并随时向计算机反馈各种信息。通过计算机控制，能满足：温度 $\pm 0.5\,^\circ\mathrm{C}$；压力 $\pm 0.98\mathrm{MPa}$；转速 $\pm 0.001\mathrm{r/min}$ 的工艺指标。

② 牵伸卷绕机为引进设备，自控系统随主机一并引进，电气自控为国际先进水平，在设备运转过程中，可以自动完成：无废丝恒速卷绕；牵伸罗拉自动调温；卷绕计长设定，满卷自动换筒等。

牵伸卷绕工序段采用的亦为纵向控制，每个位牵伸辊和摩擦辊卷绕头及恒动装置的电机分别由不同规格型号的变频器带动和进行控制。这些变频器都安装在或分别安装在（宽×深×高）800mm×620mm×2000mm 的六台控制柜内。控制柜均安装在一楼楼面的控制室内。

每个位牵伸辊的加热功率分别为 $3\mathrm{kW}\times 12 = 36\mathrm{kW}$ 和 $5.5\mathrm{kW}\times 24 = 132\mathrm{kW}$。其温控系统采用可控硅无触点控制器，温度检测采用温度频率转换器，它将温度的变化变为对应的频率变化，通过控制元件进行温度控制和显示，该控制温度系统的优点是测温精度高，隔离性能好，抗干扰性强非常适合于旋转体的温度测量。6 个位共 48 块数字显示仪表，分别安装在 3 台 800mm×620mm×2000mm 的控制柜中，控制柜安装在一楼楼面控制室内。

③ 公用工程控制系统

a. 空调系统　根据生产工艺的需要，全厂共设计七套有自控装置的空调系统，即纺丝机环吹风空调机，纺丝车间送风空调机，卷绕间送风空调机，卷绕机电机冷却送风空调机，物检室空调机，泵检室与电控中心室空调机，其中环吹风空调机组为专门设计，按定露点法设计自控系统，其他空调机均选用定型的空调机。为节省能源，空调系统采用回风方案。

b. 空压站　两台空压机一用一备，如一台不够，也可两台一齐开。贮气缸设有安全阀，空压机进口前后装有就地指示的弹簧压力表，压缩空气从贮气缸出来后，设一定值器，接出一支管，经干燥处理，供油雾站及气动仪表气源适用。电控盘就地安装，就近操作。

c. 冷冻站　两台活塞式冷水机组一用一备，运行方式为全自动，达到连续供冷，电控设备及就地安装的测量仪表，均随设备配套。

4. 仪表盘及控制室

自控仪表盘采用单面柜式结构，微机盘采用台式结构，为了方便管理，保证自控装置正常工作，在主车间内设计中，设置集中控制的电控中心室等，电控中心室位于二层纺丝甬道间的南侧，电控中心要求水磨石地面，墙面涂刷无光油漆，仪表盘面照明度不低于 200lx，室温保持在 20～25℃，相对湿度为 65%±5%。

为了方便现场操作，固相缩聚的控制屏内设在五楼，控制线和负荷线分别从控制屏向二楼敷设，在切片输送、固相缩聚工序及空调、冷冻、空压等部位，仪表盘就地安装，就近控制。

5. 仪表用能源

(1) 电源　仪表电源为 220V±5%，50Hz±1%，单相二线，要求与室温内照明，动力电源分开，有单独回路供电，每个控制室专设配电箱，采用双回路供电，电源线的敷设与仪表控制线分开，自控线敷设方式为沿车间线桥架敷设至设备处。仪表测量及信号线要避免干扰，以保证自控系统的检测精度。

(2) 气源　仪表气源为压缩空气，要求无油、无尘，压力为 0.5～0.7MPa，露点温度为 -40℃，平均用气量为 50Nm³/h。

十、空调设计

1. 设计基础资料

（1）室外设计气象参数

夏季大气压力	0.1MPa
冬季大气压力	0.1MPa
夏季空气调节室外计算温度	32.4℃
夏季空气调节室外计算湿球温度	27.3℃
冬季空气调节室外计算温度	8℃
冬季空气调节室外相对湿度	71%
夏季通风室外计算温度	31℃
夏季通风室外相对湿度	73%
冬季通风室外计算温度	16℃
冬季通风室外相对湿度	71%
夏季室外平均风速	5.8m/s
冬季室外平均风速	6.5m/s
夏季主导风向及频率	东，25%
冬季主导风向及频率	东，42%

（2）室内计算温湿度参数

环吹风	22～28℃，RH＝60%±5%
纺丝间	≤30℃（冬季≥20℃）
卷绕间	≤30℃（冬季≥20℃）
物检室	（20±1）℃，RH＝65%±5%
泵检室	（25±2）℃，RH＜50%
变频机室	＜28℃
牵伸电动机冷却	16～25℃

（3）围护结构传热系数

物检室、泵检室的房顶与墙壁

$$K=0.464\sim0.522W/(m^2 \cdot ℃)$$

2. 通风设计

全车间设四个排风系统。

① 为排除牵伸卷绕机热辊牵伸箱中油烟，在一楼卷绕间设机械排风。风量按工艺要求每纺丝位 710m³/h；六位时为 4260m³/h。

② 化验室使用苯酚、四氯乙烷等有毒且有异味的化学试剂，因此，在化验室设机械排风，风量为 1700m³/h。

③ 组件清洗采用 YH 真空清洗设备，因此需设计机械排风装置，以及时排除主件清洗过程中产生的 CO_2 等物，机械排风量应与清洗设备的处理能力相匹配，本设计排风量定为 2300m³/h。

④ 联苯的渗透性强，且有异味，为防止外溢联苯蒸气向其他房间扩散，造成环境污染，联苯间设机械排风，本设计排风量为 2300m³/h。

3. 空气调节设计

全厂共设 7 个空调系统。下面分别讨论各空调系统的设计。

（1）纺丝环吹风空调系统　环吹风的风温、风湿及风质对纺丝过程的影响很大，所以其设计至关重要。

① 送风状态　根据工艺要求，环吹风的温度基准为 22～28℃，温度偏差为 ±1℃，相对湿度基准为 60%，偏差为 ±5%。对特定规格的产品，环吹风的温度应控制在特定范围内 [如（25±1）℃]，且全年不变。因为空调设计应考虑到最不利的情况，所以在空调设计时，夏季应按（22±1）℃考虑，冬季应按（28±1）℃考虑。

② 风量的确定　本设计用于涤纶工业丝的生产，丝束纤度较大，速度较高，所以其风速范围可以适当放宽，可取 0.5～0.7m/s。

已知环吹风风窗高 $H = 300$mm，环吹头的直径 $\Phi = 300$mm，如果按风速 $v = 0.6$m/s 计算，

$$
\begin{aligned}
每位风量为 g &= \pi\Phi^2 H v \times 3600 \times 2 \\
&= 3.14 \times 0.3^2 \times 0.3 \times 0.6 \times 3600 \times 2 \\
&= 427.29 \ (\text{m}^3/\text{h})
\end{aligned}
$$

风压为 500Pa；考虑风道漏风等因素，空调系统处理风量能力应有 25% 的余量。

则 24 个纺丝位的总风量为 $G = 24 \times 427.29 \times 1.25 = 12818.74$（m³/h）

取 $G = 13000$m³/h。

下面校验此风量所含热量能否满足热平衡。

设高聚物的熔体温度为 310℃（上限值），冷却后高聚物的温度为 50℃，则高聚物带入丝室的热量

$$
\begin{aligned}
Q_p &= G_p C_p (T_i - T_c) \\
&= \frac{6000}{8000} \times 1000 \times 2.09 \times (310 - 50) \\
&= 407550 \text{kJ/h}
\end{aligned}
$$

式中　$C_p = 2.09$kJ/(kg·℃)

G_p——单位时间内产量，年产量/年工作小时数。

如果设空气进丝室温度为 28℃（如果该状态空气吸热量大于放热量，那么 28℃以下各温度下送风，均可带走高聚物热量，故而不一一计算），空气离开丝室的温度为 35℃，那么空气放热量：

$$
\begin{aligned}
Q &= G(i_j - i_c) = 13000 \times (109.5 - 76.5) \times 1.2 \\
&= 514800 (\text{kJ/h})
\end{aligned}
$$

热量衡算结果表明，空气带走热量（514800kJ/h）大于高聚物放出热量（407550kJ/h），故所选风量合理，应选 13000m³/h。

③ 调节过程的选择及用冷、用热计算　分别考虑夏季和冬季的情况。

夏季：用冷却水喷淋，使室外空气接近其露点状态（机器露点），然后用加热器加热，使之达到送风状态点，并送到各纺丝位。

首先分析全新风时（关闭回风机，回风阀及排风阀时）的用冷与用热。

a. 夏季空调系统的冷负荷 Q_x

$$
\begin{aligned}
Q_x &= G(i_{w_x} - i_{L_x}) \\
&= 13000 \times (86.5 - 39.7) \\
&= 608400 \text{kJ/h}
\end{aligned}
$$

b. 再热量 Q_{xz}

$$
\begin{aligned}
Q_{xz} &= G(i_{S_x} - i_{L_x}) \\
&= 13000 \times (47.3 - 39.7) \\
&= 98800 \text{kJ/h}
\end{aligned}
$$

如果用 90% 的卷绕间回风（$t = 30\%$，$i = 66.9$）时，空调系统的用冷与用热。

c. 用冷 Q'_x

$$
\begin{aligned}
Q'_x &= G(i_{H_x} - i_{L_x}) \\
&= 13000 \times (68.84 - 39.7) \\
&= 378820 \text{kJ/h}
\end{aligned}
$$

d. 再热量 Q'_{xz}

$$
\begin{aligned}
Q'_{xz} &= G(i_{S_x} - i_{L_x}) \\
&= 98800 \text{kJ/h}
\end{aligned}
$$

在冬季如果采用全新风系统，应先将空气预热，使预热后空气的焓与机器露点的焓相等，用循环水喷淋，再加热至送风状态。本设计采用部分卷绕间回风，则其调节过程应是选定新、回风比，使混合后空气的焓与机器露点状态空气的焓相等，用循环水喷淋，再加热至送风状态，这样可省去预热器，既可节约设备投资，又可降低设备的运行费用，是比较合适的调节方案。

通过以上分析，空调机组的基本性能参数已知（送风量 13000m³/h，冷量 400000kJ/h，再热量 100000kJ/h），如果计算出管道及空调系统的压头损失，便可选择定型的组装式空调机组。

④ 送排风达到送风状态点的空气经风管送至纺丝机环吹风风管界区接口处，由纺丝机上的风管和有关装置分别送至纺丝位。经过热交换的空气随丝束进入甬道并排向室外。回风采用上回方式，回风来自卷绕车间。

另外，为方便操作，提高控制精度，本系统还配有自动调节装置，控制方法采用露点调节法。

（2）纺丝间空调系统　纺丝间有纺丝箱体、后加热器等装置，这些设备在使用中散发大量热，为保证工人的劳动条件，拟在纺丝间采用空气调节系统。车间生产对湿度无特别要求，因此，可以直接送露点风。

① 车间内负荷的计算　车间位于 4.6m 平面，无北外墙，其他维护结构的传热可以不计。

车间内电动设备功率 25.2kW，电热设备 246kW，有一 $7.3 \times 1.4 \times 3\text{m}^2$ 表面温度约 100℃的热表面，热表面与周围空气的对流换热系数为 15W/(m²·℃)；车间内照明设备功率为 240×3kW，有工作人员 3 人，如果车间温度按 30℃计，则房屋热损失与房屋传热量及各设备散热量如下。

a. 冬季热损失

$$
Q_j = KF(T_n - T_w)
$$

式中　K——传热系数，kJ/(m²·h·℃)；

　　　F——传热面积，m²；

T_n、T_w——墙内温度和墙外温度，℃。

$$
Q_j = 0.522 \times 9 \times 3.4 \times (30 - 8)
$$

$$=351W=1262kJ/h$$

考虑方向附加 0～10%，取 5%，高度附加 8%，则

$$Q_1 = 1262 + 1262 \times 13\% = 1426kJ/h$$

b. 夏季传热量：按稳定传热计算（忽视太阳辐射）

$$Q_2 = KF(T_w - T_n)$$
$$= 0.522 \times 9 \times 3.4 \times (32.4 - 30)$$
$$= 38W = 136kJ/h$$

c. 电动设备散热

$$Q_3 = 1000 n_1 n_2 n_3 n_4 N/\eta$$

式中　n_1——电动机容量利用系数，取 0.8～1.0；

　　　n_2——负荷系数，取 0.5～0.8；

　　　n_3——同时使用系数，取 0.9～1.0；

　　　n_4——蓄热系数，取 0.8～0.95；

　　　N——电机功率，kW；

　　　η——电机效率，0.8。

$$Q_3 = 1000 \times 0.8 \times 0.6 \times 1 \times 0.95 \times 25.2/0.8$$
$$= 14364W = 51655kJ/h$$

d. 电热设备散热

$$Q_4 = 1000 n_1 n_3 n_4 N$$
$$= 1000 \times 0.8 \times 1 \times 0.95 \times 246$$
$$= 186960W = 673056kJ/h$$

e. 热表面散热

$$Q_5 = \alpha_w (T_w - T_n) F$$
$$= 15 \times (100 - 30) \times 7.3 \times 1.4 \times 3$$
$$= 32193W = 115770kJ/h$$

f. 照明散热

$$Q_6 = 1000 N'$$

式中　N'——白炽灯功率，kW。

$$Q_6 = 1000 \times 0.24 \times 3 = 720W = 2589kJ/h$$

g. 人体散热

$$Q_7 = nq$$

式中　n——车间的总人数；

　　　q——每人每小时散发的总热量。

$$Q_7 = 3 \times 84 = 252W = 2136kJ/h$$

h. 冬季车间负荷

$$Q_d = Q_1 - (Q_3 + Q_4 + Q_5 + Q_6 + Q_7)$$
$$= 1426 - (51655 + 673056 + 115770 + 2589 + 2136)$$
$$= -843780kJ/h$$

i. 夏季车间负荷

$$Q_x = Q_2 + Q_3 + Q_4 + Q_5 + Q_6 + Q_7$$

$$=136+51655+673056+115770+2589+2136)$$
$$=846324kJ/h$$

② 风量计算及设备的选用

如果送 20℃ 空气，则

$$夏季通风量\ G=Q_x/(i_n-i_{L_x})$$
$$=642921/(-13.6+16)$$
$$=267883kg/h$$

考虑漏风等原因，取通风量 280000kg/h。又因为应用部分回风系统，回风量可达到 85％，故新风应为

$$280000\times(1-85\%)=42000kg/h$$

所以第一次加新风的量是 280000kg/h，此后每小时加入新风量为 42000kg/h

$$夏季空调系统用冷量\ Q_x=G(i_{W_x}-i_{L_x})$$
$$=280000\times(86.3-56.8)$$
$$=8260000kJ/h$$

如果保持风量不变，冬季向室内送 15℃ 露点风（$i_{L_d}=44.5kJ/kg$），则室内空气的焓

$$i=i_{L_d}+Q_d/G$$
$$=44.5+641359/280000$$
$$=46.8kJ/kg$$

相应的室内温度为 24.6℃，符合要求，但此时设备运行负荷较高，所以再看送 12℃ 露点风（$i_{L_d}=33.4kJ/kg$）的情况：

则室内空气的焓

$$i=i_{L_d}+Q_d/G$$
$$=33.4+641359/280000$$
$$=35.7kJ/kg$$

相应的室内温度是 18.9℃，符合要求，此时设备用热量

$$Q=G(i_{L_d}-i_{W_d})$$
$$=280000\times(33.4-18.9)$$
$$=4060000kJ/h$$

所选的空调系统性能参数为风量 42000kg/h，用冷量为 8260000kJ/h，产热量为 4060000kJ/h。用六台 LD-40 型空调机可满足以上要求。

（3）卷绕间空调系统　为排除牵伸电动机和电热部分的放热，改善操作人员的劳动条件，卷绕间设置空调系统，其负荷计算与纺丝间的计算方法相似，在这里不再赘述。空调系统的通风量为 42000kg/h，空调系统的用冷量为 8260000kJ/h，用热量为 4060000kJ/h。采用 LD-90 型空调器 4 台，将露点风经风管上送至工作区，回风部分送入环吹风空调系统，部分回本车间空调机。

（4）牵伸卷绕电动机冷却用空调　为冷却牵伸电动机，向牵伸电动机设置区送风，送风量按工艺要求每纺丝位 1260m³，6 位时送风量应为 7560m³，采用 1 台 L-60 型冷风机组可满足要求。

空调风经风管送至牵伸卷绕机电动机冷却接管，并分别分配到各电机附近。吸收电机余热的空气进入车间，并与卷绕间送风混合。

（5）物检室空调系统 物检室需恒温恒湿，根据车间大小和设备的布置情况，可选用 H15 型恒温恒湿空调机，放在室内，由机组直接送风和回风，新风由机组接风管到外墙上的新风口处吸入。

（6）泵检室空调系统 根据工艺要求，泵板检验要保持恒温，可在室内设置 LD-15 空调机一台，调节室内温度。

（7）变频机空调系统 变频机一般在 28℃ 以下才能正常工作，所以在变频机室应设空调系统向变频机组送冷风，为节约能源，空调系统可采用部分回风，LD-40 型空调机可供使用。

十一、电气设计

按化纤厂工艺特点，生产过程为连续化。一旦电源中断生产秩序被打乱，产品大量报废，纺丝管道被填塞，清洗极为困难，恢复生产需较长时间，经济造成很大损失。参照电力设计技术规程规定，本工程供电属于二类负荷，应向当地电业部门申请 10kV 双回路供电（一用一备），以便在市区停电或事故断电时，保证纺丝机及其管道不致冻结。

1. 变电所规模

按用电负荷计算结果，变电所规模为 2×1000kW。变电所布置在生产厂房的一层，占地 6m×12m，变压器采用户内抬高式，自然通风。下设进风百叶窗，上设排风百叶窗，高低压开关室室内设置 1.8m 深的能通行的电缆沟，变电所各房间要求水磨石，油漆墙裙。

2. 主要设备选型

变电所高压侧结线方式为单母线不分段。低压侧配电系统采用单母线分段进行，进线及母线联络开关采用自动空气开头，正常时两台变压器分段独立进行，当其中一台变压器出现故障时，通过自动切换，同时予以减负荷，以使另一强变压器供全厂重要负荷，保证生产连续化。

变压器、高压开关柜、低压配电屏、电容屏均电业部门设计选型。

3. 车间动力配电

动力供电方式为 380V/220V 三相四线制，低压配电干线由变电所低压配电屏，沿室内电缆沟及车间内电缆桥架，竖井，呈放射式敷设至车间内各用电设备处。

为方便管理，生产线上纺丝与卷绕控制室的电控设备与变频器集中布置，在二层设置电控中心室，占地 6m×15m。

4. 电气控制

生产线上切片筛分输送，固相缩聚，螺杆传动，熔融纺丝，这几部分的主机为国内制造，其控制设备随主机一并应货。生产线上的牵引卷绕机为从瑞士引进。电控及变频装置均随主机一并引进，本设计只负责对主机配套电控设备的供电以及界区以外的辅机、公用工程如空调、变压、冷冻、水站等动力配电设计。

5. 动力设计选型

车间动力配电选用 XLF-21 型

动力干线选用 VV-1kV 铜心全塑电力电缆。

动力支线选用 BV-500V 或 BLV-500V 塑料绝缘电线。

控制线选用 BVR-500V 塑料软线及 KVV-500V 控制电缆。

6. 车间照明配电

① 照明与动力合用变压器，照明供电为 380V/220V 三线四线制，灯头电压为 220V，

局部照明及检修照明的电源电压为 36V。

照明干线由变电所专设的照明配电屏配出，沿车间电缆桥架敷至各层照明配电箱，照明回路可在照明配电箱上计量。

② 灯具与控制方式

生产车间的灯具，采用节能荧光灯具，吊挂式安装。

车间辅房及办公室，视其用途分别选用荧光灯或白炽灯。

空调、空压、冷冻等房间，采用小功率，日光色的高效节电金属卤素灯，加装防潮、防尘措施。

生产车间设节假日照明，平时作为工作照明的一部分，另外车间通道及出入口处，电梯口处，设置事故疏散照明，选用应急灯，一旦发生停电事故，应急照明灯仍能继续点燃半小时，供车间人员疏散之用。

生产车间工作照明，在照明配电箱内集中控制，可实行分相控制。车间辅房及办公室，用跷板暗开关分散就近控制。

③ 照度标准　根据部颁布标准，参照国内同类工厂，照度标准确定如下：

切排筛分输送工序：	100lx
固相缩聚工序：	100lx
螺杆挤压、熔融纺丝工序：	150lx
牵伸卷绕工序：	150lx
物检、化验室：	200lx
组件清洗、泵检：	150lx
电控中心室：	150lx
保全室：	100lx

7. 防雷与接地

① 生产厂房按第三类建筑物设计防雷装置，采用 $\Phi8$ 圆钢在厂房顶部设置避雷网格作为接闪器。用 25×4 镀锌扁钢作为防雷引下线，要求引下线不少于 2 根，要求冲击接地电阻值不大于 20Ω。

② 变电所接地系统，采用变压器低压侧中性点直接接地的接零保护系统。在变电所外侧做一组人工接地体，两路接地干线引入厂房内，在车间内沿电缆桥架或沿墙下敷设，接地干线采用 40×4 镀锌扁钢。接地支线采用 25×4 镀锌扁钢或用穿线钢管代替，在车间形成环形接地网络。防雷接地与保护接地连成一体，总接地电阻不大于 4Ω。

③ 切片输送管道、泵体等处。应有防静电措施，防静电接地与车间保护接网连成一体。

十二、建筑部分

1. 生产车间建筑结构设计

（1）设计依据和设计资料

① GBJ9—87　　　　建筑结构荷载规范

② GBJ7—89　　　　建筑地基基础设计规范

③ GBJ10—89　　　混凝土结构设计规范

④ GBJ11—89　　　建筑抗震设计规范

⑤ GBJ3—88　　　　砌体结构设计规范

⑥ GBJ17—88　　　钢结构设计规范

⑦ GBJ16—87　　　建筑设计防火规范
⑧ TJ36—79　　　工业企业设计卫生标准

（2）生产车间建筑结构设计

主厂房南北向 A—D 为 3×9m 柱网，D—E 为 1×6m 柱网，东西向柱距 1—2 为 1×6m，2—4 为 2×9m，4—11 为 6×6m，东西总长 61.4m，南北总长 33m。

2. 物料运输情况说明

本设计采用脉冲输送，车辆在一楼投料间进入，然后电动葫芦将物料投入料仓，经过振动筛和金属检出器后由两套脉冲输送运输到四个湿切片料仓。

卷绕后得到的产品经自动包装机包装后运输到成品区，然后再由车辆从成品库东门运输出厂。

3. 车间平面布置图说明

一层平面布置卷绕间，空压站、冷冻站、热力站，联苯贮槽，卷绕头清洗，物检化验，机修，油剂调配，投料间，变配电室及生活辅房，投料间局部设脉冲输送室，标高 −3.00m。占地面积 1980m²。

二层（+5.0m 标高）布置纺丝甬道间，电控中心，水站，空调间，生活间等。建筑面积 1188m²。

三层（+8.4m 标高）布置螺杆挤出间，组件清洗间，投料间，泵检间，镜检室，电仪保全及卫生间。建筑面积 1188m²。

四层（+12.4m 标高）布置干切片料仓，冷热油交换器，氮气站。建筑面积 810m²。

五层平面（+16.2m 标高）布置固相缩聚釜，抽真空系统，固相缩聚控制室，建筑面积为 810m²。

六层平面（+21.0m 标高）布置湿切片料仓，建筑面积 810m²。

4. 各部分做法

外墙为 240 厚砖墙，内隔墙为 180 厚砖墙，局部有恒温恒湿要求的房间为保温墙，砖墙内填岩棉保温层。

屋面采用刚性防水层，架空砖隔热层。

门窗为塑料门窗。

楼地面均为水磨石面层。

卫生间地面及墙面做清洁面墙。

内外墙粉饰：内墙为砖墙面抹灰，外墙除重点局部处理外，均为彩色外墙涂料罩面。

十三、设计概算（因市场变化，计算数据全部为假设数据）

1. 编制范围

总概算共分三个部分。

第一部分为工程费用，包括主要生产项目的建筑工程费用，工艺设备及安装，电气、空调、空压、冷冻、电梯等配套费用。公用工程的厂区供电外线、厂区给水外线，厂区排水外线，厂区通信工程。总图运输工程的车辆购置。服务性工程的综合楼工程项目。

第二部分为工程的其他费用。

第三部分为施工预备费。

2. 编制依据

本设计的建筑工程投资估算参照纺织工业部颁发的《纺织工程概算指标》、《建筑安装工程估价表》等。

通用机械设备，按产品目录及各厂家价格加运杂费，安装费按本地规定额计算。

（1）工艺设备安装费用　按纺织工业工艺概算指标：

①设备运杂费按设备费的 5％；

②设备安装费按设备费的 2.4％；

③备品备件按设备费的 2％；

④供器具及生产家具按设备费的 1％；

⑤工艺管道按设备费的 3.2％。

（2）引进设备费用的计算

国外运费：按离岸货价的 6％计算；

运输保险费：按离岸货价×1.062×3.5％；

银行手续费：按规定离岸货价的 5％；

外贸手续费：按规定为离岸货价，国外运费，运输保险费之和的 1.5％计算。

3．建设单位管理费

本费用为筹建到竣工验收所发生的管理费用。包括工作人员工资、差旅费，质量检测、技术资料等。按每月 400 元×24 人（管理人员＋服务人员）×30 个月（建厂期限）＝28.8 万元。

（1）总概算　根据编制依据的得出总概算见表 26。

表 26　概算

工程费用及名称	技术经济指标		计算依据	费用/万元
	数量	单价		
工艺设备费				3000
辅助设备费				1000
安装费			工艺设备费 2.4％	72
运杂费			工艺设备费 5％	150
管道费			工艺设备费 3.2％	96
自动仪表费				140
工具购置费			工艺设备费 1％	30
电气设备费				90
土地购置费	2100m²	500 元	系数 1.2	126
工人培训费	84 人	500 元	工人数 93％	3.9
建筑费用	6100m²	300 元		183
小计				4890.9
不可预见费			工艺设备 6％	180
设计费			按建筑费 1％	1.83
合计				5072.73

（2）成本核算

① 原料消耗　见表 27。

表 27　原料消耗

项　　目	消费量	单价/（元/t 成品）	成本/（万元/年）	项　　目	消费量	单价/（元/t 成品）	成本/（万元/年）
聚酯切片	6100t	7000	4270	包装袋	18t	0.3	5.4
油剂	75t	3000	22.5	包装带	12t	1500	18
硅油	1000kg	10	1	钢带	0.036t	2500	0.09
联苯	1.8t	8500	1.53	不锈钢网	1600 个	30	4.8
筒管	604800 个	1.3	78.6	过滤砂	10t	1500	1.5
包装箱	375000 个	1.5	56.25	小计			4389.67

272

② 公用工程　用量见表28。

表 28　公用工程用量

项　目	消耗量	单价	总额/(万元/年)	项　目	消耗量	单价	总额/(万元/年)
软水	16783.2t	2	3.36	一般压缩空气	20299680Nm³	0.002	4.06
脱盐水	12687.4t	2	2.54	除湿压缩空气	1366632Nm³	0.02	2.73
工业用水	21578.4t	1	2.16	电	64486648.8t	0.3	1935
循环冷却水	1745479t	0.5	87.27	小计			2042
冷冻水	97502.4t	0.5	4.88				

③ 工人工资

84名工人1万元/(年·人)

共84万元/年

④ 车间经费　见表29。

表 29　车间经费

项　目	计算方法	金额/万元	项　目	计算方法	金额/万元
折旧费	按15年计算	约400	车间管理费用		30
大修费	按设备费用5%	200	小计		630

⑤ 车间成本费　①到④相加，为7145.67万元。

⑥ 副产品回收　为96万元。

⑦ 车间净成本费　车间成本—副产品回收，为7049.67万元。

⑧ 企业管理费　按车间成本的6%，为428.74万元。

⑨ 工厂总成本　车间净成本+企业管理费，为7478.41万元。

⑩ 销售费用　按车间成本1.3%，为92.89万元。

⑪ 销售成本　工厂总成本+销售费用，为7571.3万元。

4. 经济分析

（1）销售收入估算

本产品售价：18000元/t

投产后负荷100%

产品年收入：$6000×18000=10800$万元

（2）税金与利率计算

① 税金

a. 产品税率为10%

城建税率为0.5%

教育附加税为0.1%

b. 产品税=产品年收入×10%

$\qquad=10800×10\%$

$\qquad=1080$万元

城建税=产品年收入×0.5%

$\qquad=10800×0.5\%$

$\qquad=54$万元

教育附加税=产品年收入×0.1%

273

$$=10800 \times 0.1\%$$
$$=10.8 \text{ 万元}$$

税金总计为 1144.8 万元。

② 利润

$$利润 = 销售收入 - 销售成本 - 税金$$
$$=10800 - 7571.3 - 1144.8$$
$$=2083.9 \text{ 万元}$$

5. 投资回收期

本设计预计建设一年

$$投资回收期 = (固定资产/正常年利润) + 建设期$$
$$=5072.73/2083.9 + 1$$
$$=2.43 + 1$$
$$=3.43 \text{ 年}$$

经济可行。

6. 财务评估

（1）利润年收益　见表30。

表 30　利润年收益

项目	指　标	金额/(万元/年)	备　注	项目	指　标	金额/(万元/年)	备　注
1	销售收入	10800		4	销售利润	2083.9	
2	销售税金	1144.8		5	所得税	687.69	销售利润的33%
3	销售成本	7571.3		6	企业收益	1396.21	

（2）综合经济指标　见表31。

表 31　综合经济指标

序号	项　目	指　标	备　注
1	年总产量/(t/a)	6000	
2	年总产值/(万元/a)	10800	
3	投资总额/万元	7000	2000万元流动资金
4	销售收入/(万元/a)	10800	
5	年总成本/(万元/a)	7571.3	
6	销售利润/(万元/a)	2083.9	
7	销售税金/(万元/a)	1144.8	
8	投资利润率/%	30	销售利润/总资产
9	投资收益率/%	46.1	税金+利润/总投资
10	产值利税率/%	29.89	税金+利润/销售收入
11	单位生产能力投资/(万元/t)	0.8454	固定资产/年产量
12	全员劳动生产率/(万元/人)	128.57	收入/定员

主要参考文献

1　张瑞志，徐德增，刘维锦. 高分子材料生产加工设备. 北京：中国纺织出版社，2002

2　沈新元等. 高分子材料加工原理. 北京：中国纺织出版社，2000

3　周镇江. 轻化工工厂设计概论. 北京：中国轻工出版社，2004

4　国家医药管理局上海医药设计院编. 化工工艺设计手册. 北京：化学工业出版社，1986

5　林福海等. 化纤厂空调节. 北京：中国纺织出版社，1994

6　郭大生，王文科. 聚酯纤维科学与工程. 北京：中国纺织出版社，2001

7　化学纤维工厂设计编写组. 化学纤维工厂设计. 北京：纺织工业出版社，1984

8　黄锐. 塑料成型工艺学. 北京：中国轻工出版社，2006

9　刘亚青. 工程塑料成型加工技术. 北京：化学工业出版社，2006

10　周殿明等. 塑料管挤出成型简明技术手册. 北京：化学工业出版社，2006

11　王辉，余若伟. 关于FDY纺丝牵伸机纺丝箱设计分析及计算，纺织机械. 1997，3：38～42

12　郭英. 合成纤维熔融纺丝装置设计基本知识. 第一讲. 熔融纺丝用纺丝箱的设计计算，合成纤维，1994，23（1）：31～33，41

13　郭英. 合成纤维熔融纺丝装置设计基本知识. 第二讲. 熔融纺丝用纺丝组件的设计计算，合成纤维，1994，23（2）：31～34

14　郭英. 合成纤维熔融纺丝装置设计基本知识. 第三讲. 熔融纺丝喷丝板的设计计算，合成纤维，1994，23（3）：29～31

15　余若伟，王辉. 纺织科学研究，FDY纺丝牵伸机纺丝箱的设计，1997，8（2）：4～12